本书配套资源

📚 **读者学习资源**

1. 书中历年真题的参考答案及解析。
2. 国家教师资格考试历年真题试卷及答案解析。
3. 国家教师资格考试全真模拟题试卷及答案解析。
4. 与国家教师资格考试相关的法律、法规、纲要等。

读者扫描右侧二维码，即可获取上述资源。

一书一码，相关资源仅供一人使用。

📚 **教师教学资源**

本书配有教学课件，如任课老师需要，可扫描右边二维码，关注北京大学出版社微信公众号"未名创新大学堂"（zyjy-pku）索取。

· 课件申请
· 样书申请
· 教学服务
· 编读往来

普通高等教育"十四五"规划教材

 教师教育"课证融合"系列教材

DEVELOPMENTAL PSYCHOLOGY OF PRESCHOOL CHILDREN

学前儿童发展心理学

（第二版）

组织编写　教师教育"课证融合"系列教材编委会
主　　编　王俏华
副 主 编　周雅梦　任　洁
参　　编　（按姓名拼音排序）
　　　　　陈文琦　付莹媚　沈婷婷
　　　　　文华玲　赵　浩

北京大学出版社
PEKING UNIVERSITY PRESS

图书在版编目（CIP）数据

学前儿童发展心理学 / 王俏华主编. —2版. —北京：北京大学出版社，2023.10
教师教育"课证融合"系列教材
ISBN 978-7-301-34345-6

Ⅰ.①学… Ⅱ.①王… Ⅲ.①学前儿童—儿童心理学—发展心理学—师资培训—教材 Ⅳ.①B844.12

中国国家版本馆CIP数据核字（2023）第163557号

书　　　名	学前儿童发展心理学（第二版）
	XUEQIAN ERTONG FAZHAN XINLIXUE（DI-ER BAN）
著作责任者	王俏华　主　编
策划编辑	巩佳佳
责任编辑	巩佳佳
标准书号	ISBN 978-7-301-34345-6
出版发行	北京大学出版社
地　　　址	北京市海淀区成府路205号　100871
网　　　址	http://www.pup.cn　新浪微博：@北京大学出版社
电子邮箱	编辑部 zyjy@pup.cn　总编室 zpup@pup.cn
电　　　话	邮购部 010-62752015　发行部 010-62750672　编辑部 010-62704142
印　刷　者	三河市北燕印装有限公司
经　销　者	新华书店
	787毫米×1092毫米　16开本　14.25印张　373千字
	2018年9月第1版　2023年10月第2版　2023年10月第1次印刷
定　　　价	55.00元

未经许可，不得以任何方式复制或抄袭本书之部分或全部内容。
版权所有，侵权必究
举报电话：010-62752024　电子邮箱：fd@pup.cn
图书如有印装质量问题，请与出版部联系，电话：010-62756370

教师教育"课证融合"系列教材

编 委 会

主　　任　蒋　凯

副 主 任　陈建华　傅建明

编　　委　（按姓名拼音排序）

　　　　　　陈春莲　程晓亮　寸晓红　董吉贺
　　　　　　范丹红　胡家会　李妹芳　李　琦
　　　　　　刘恩允　罗兴根　皮翠萍　漆　凡
　　　　　　孙　锋　王俏华　肖大兴　谢先国
　　　　　　叶亚玲　虞伟庚

教师教育"课证融合"系列教材

第二版总序

教师教育"课证融合"系列教材牢牢把握教材建设的政治方向和价值导向,将党的教育方针全面体现到教材中,注重思想性与专业性的结合,强化教师教育"课证融合",及时、准确反映学科发展最新成果,引导学生在掌握教育教学知识与技能的同时,提高思想政治素养,自觉践行社会主义核心价值观,实现知识掌握、能力培养与价值塑造的协同发展。

教师教育"课证融合"系列教材第一版出版后,受到了相关院校师生的充分肯定和欢迎,我们为之感到欣慰和鼓舞。本次修订深入贯彻落实党的二十大精神,坚持以习近平新时代中国特色社会主义思想为指导,在教材编写思路和理念上保持了原有特点,增加了学科理论与实践改革的最新成果和课程思政等内容,充分吸纳广大师生在教学中的意见和建议。

一、编写背景与意图

党的二十大报告指出,"教育、科技、人才是全面建设社会主义现代化国家的基础性、战略性支撑。必须坚持科技是第一生产力、人才是第一资源、创新是第一动力",我们要"完善人才战略布局,坚持各方面人才一起抓,建设规模宏大、结构合理、素质优良的人才队伍"。培养造就大批德才兼备的高素质人才,是国家和民族长远发展大计,也是我国当前重要且迫切的任务。提升教育质量,培养优秀教师,又是培养人才的前提和基础。

2000年9月23日教育部颁布《〈教师资格条例〉实施办法》,标志着教师资格制度在全国正式实施。该实施办法规定:"国务院教育行政部门负责全国教师资格制度的组织实施和协调监督工作"(第四条),"依法受理教师资格认证申请的县级以上地方人民政府教育行政部门,为教师资格认定机构"(第五条)。这个阶段教师资格认定的具体工作由地方政府教育行政部门负责。

2011年我国开始在浙江和湖北试行教师资格国家统一考试制度,并于2013年8月15日发布《中小学教师资格考试暂行办法》《中小学教师资格定期注册暂行办法》,明确规定,"教师资格考试实行全国统一考试"。

如此,师范生的培养将面临专业养成与资格证书获得的双重任务。师范院校就不得不思考一系列问题:职前教师教育与教师资格考试如何有机融合?教师教育的课程设置与教学方式应该如何适应国家教师资格考试?现有的教学大纲和内容如何与国家教师资格考试大纲相融合？职前教师教育的评估与考试如何进行？……为了应对上述问题，北京大学出版社经过多年的实地调查与理性论证，审慎地决定编写一套"教师教育'课证融合'系列教材"，力图保证教师教育专业的学术品位，同时又能兼容国家教师资格考试的考试大纲内容。

出于这样一种思路，"教师教育'课证融合'系列教材"在深入地分析了《教师教育课程标准（试行）》《幼儿园教师专业标准（试行）》《小学教师专业标准（试行）》《中学教师专业标准（试行）》，以及国家教师资格考试标准、教师资格考试大纲等若干文件的基础上，结合现有的师范院校全日制本科生及研究生所开设的相关教师教育类必修课程的知识结构梳理出编写框架，希望其既能具有学科的逻辑体系，又能覆盖教师资格考试大纲的知识要点，让师范生在获得毕业证的同时又能够获得教师资格证书；既能符合师范类各专业人才的培养目标，适应当前我国对教师教育领域的人才需求，又能满足国家教师资格考试的要求，帮助师范生在获得教师教育专业知识与技能的同时获得从事教师职业的资格。

二、编写原则与体例

（一）编写原则

"教师教育'课证融合'系列教材"在编写过程中，遵循以下三个原则：

1. 专业知识与应试技能相结合

尽管通过国家教师资格考试是本套教材所追求的目标之一，但通过考试并不是最重要的目标。更重要、根本性的目的是通过本套教材的学习能够让学生系统地掌握教育的基本原理，理解并能运用教育的基本规律与原则，获得从事基础教育工作的基本技能与技巧，为成为一名优秀的人民教师奠定坚实的理论与技能基础。因此，我们在编写时既注意学科知识与原理的系统介绍，也重视资格考试知识点的梳理与解释，更加关注教育教学能力的培养与解决问题能力的形成，使本套教材既能用于正规的课堂教学，又适用于学生应对国家教师资格考试。

2. 理论思维与实战模拟相结合

一名优秀的人民教师需要有深厚的教育理论修养，必须具备教育学的思维，因此我们在编写时特别注意对学生进行教育学思维的培养，强调教育基本逻辑与基本范式的学习，使学生能够运用教育学的思维阐释教育现实问题，进而形成自己的教育思想。但"有知识的人不实践，等于一只蜜蜂不酿蜜"（古波斯诗人萨迪语），因此，我们在编写时特别注意理论知识与实践操作之间的联结，每节都有原理与知识点的概括，并有针对性的案例分析、试题举例和学习方法导引等。概括地说，本套教材既强调教育原理运用于解释现实问题的方法论引导，又注重教师资格考试的针对性训练。

3. 课堂讲授与课外练习相结合

教材是教师和学生用于教与学的材料，是师生双方共同使用的材料，只有师生配合才能获得最大的效益。任何优秀的教材都有两个特点：内容安排科学，符合教学规律，教师使用方便，即"能教"；学科知识逻辑清晰，练习形式多样，即时练习资源丰富，即"能学"。因此，本套教材在编写时既强调要方便教师的教（配套的教学课件、重点知识提示等提供了这个方便），又强调要方便学生的实践运用和复习巩固（配套的同步练习与模拟考试卷提供了这个保障），保证教师指导作用和学生主观能动性的充分发挥，有助于避免"教师只讲不听，学生只听不练"的弊端。

（二）编写体例

在编写体例上，"教师教育'课证融合'系列教材"由学习目标、学习重点、学习导引、正文、知识结构等部分组成。学习目标，让师生明确教学的方向与标准；学习重点，明确知识的逻辑结构与核心知识点；学习导引，指明学习路径与学习方法；正文，系统地呈现相关知识；知识结构，简明地呈现本章的知识要点。正文部分，首先由一个简短的案例导入，引出本章的学习主题，激发学习者思考的兴趣。每小节在介绍相应的知识体系外，都有相关的试题样例供学生思考与练习。每节最后都有本节重要知识点的概括，并有相关的学习方法提示。每章最后都有一个简短的小结，让读者对本章的思路有一个总体的把握。

三、教材特色与使用建议

（一）教材特色

"教师教育'课证融合'系列教材"具有以下四个特色：

1. 内容体系完整

本套教材依据学科的逻辑结构，结合教师教育课程标准、教师专业标准、国家教师资格考试标准、教师资格考试大纲等进行编写，内容体系既保证有严密的学科逻辑，又保证国家政策文件规定的知识点的落实，力图将它们科学地加以融合，既保证学科内容体系的完整性，又兼具资格证考试的针对性。

2. 备考实用性强

本套教材在原有教材"学术性"的基础上增加"备考性"，即为通过国家教师资格考试做准备。教材通过真题的诠释，详尽细实地介绍各学科考试的基本内容、命题特点、考试题型、答题技巧、高分策略等，让考生对国家教师资格考试有一个具体而接地气的了解；书中罗列的真题与解析、练习题、模拟试题、知识结构图等，为考生提供模拟的考试环境，帮助考生在实战演练中提升自己的能力。

3. 考点全面覆盖

本套教材中知识点的选择基于两种路径：一是依据学科知识结构和教师资格考试大纲选择，二是根据对历年国家教师资格考试真题的考点梳理。据此梳理和确定每章每节的知识点，而后再根据学科的逻辑结构进行组织与编写。因此，本套教材几乎涵盖了国家教师资格考试的所有考试内容。

4. 线上线下融合

本套教材是一套创新型"互联网+"教材。教材在内容上力图融合学科内容与考试大纲规定的知识点；在体例上，坚持以学生为本，为学生掌握学科知识和应对教师资格考试提供支持；在呈现方式上，应用现代网络技术，教学资源立体配套，使教师和学生能够运用手机、计算机等电子设备随时随地学习。除了线下教学之外，手机二维码、微视频、在线咨询等拓宽了学生的学习时空。

（二）使用建议

"教师教育'课证融合'系列教材"是团队合作的产物，由北京大学出版社组织全国数十所高等学校联合编写，由于各校情况迥异，因而在使用时学校可以因校制宜，选择适合自己的方案。下面的使用建议仅供使用者参考。

1. 课时安排

课程	周课时	总课时	备注
教育学基础（中学）	2	36	不包括实践类课时
心理学（中学）	2	36	不包括实验课时
教育学基础（小学）	3	54	不包括实践类课时
心理学（小学）	3	54	不包括实验课时
学前教育学	3	54	不包括实践类课时
学前儿童发展心理学	3	54	不包括实验课时
学科课程与教学论	3	54	根据学科性质调整

2. 教学方式

建议以讲授与讨论为主。讲授时注意：①讲清学科逻辑结构，给学生一个完整的理论框架；②梳理每章的知识逻辑，特别注意根据知识的内在逻辑讲授各知识点，教给学生特定的教育学思维；③讲授过程中注意方法论的引导，讲清各种题型的答题技巧；④每次课后灵活运用国家教师资格考试历年真题进行同步练习，并即时分析与评价，让学生在实战中理解与运用解决问题的技巧。

3. 考核评价

课程考核由三大类组成：平时成绩（主要是课堂表现、练习册完成的数量与质量）、课程论文与社会实践或实验、期末闭卷考试。

计分采用百分制。平时各类成绩占60%，期末成绩占40%。

希望本套教材的出版，能够帮助考生顺利通过国家教师资格考试，并为国家培养教师教育领域的优秀人才做出我们应有的贡献。

教师教育"课证融合"系列教材编委会

2023年7月

目 录

第一章 学前儿童发展心理学概述
第一节 学前儿童发展心理学的研究对象与研究任务 …………………… 3
第二节 学前儿童发展心理学研究概述 …………………………………… 5
第三节 学前儿童发展心理学的主要理论流派 …………………………… 13

第二章 学前儿童发展的基本问题
第一节 学前儿童的一般发展 …………………………………………… 25
第二节 学前儿童发展的年龄特征 ……………………………………… 29

第三章 学前儿童的身体发育和动作发展
第一节 学前儿童身体的发育 …………………………………………… 39
第二节 学前儿童动作的发展 …………………………………………… 43

第四章 学前儿童的认知发展
第一节 学前儿童感知觉的发展 ………………………………………… 51
第二节 学前儿童注意的发展 …………………………………………… 62
第三节 学前儿童记忆的发展 …………………………………………… 67
第四节 学前儿童思维的发展 …………………………………………… 75
第五节 学前儿童想象的发展 …………………………………………… 89

第五章 学前儿童语言的发展
第一节 学前儿童语言发展概述 ………………………………………… 99
第二节 学前儿童语言的一般发展 ……………………………………… 104

第六章 学前儿童情绪情感的发展
第一节 学前儿童情绪情感的发生和发展 ……………………………… 119
第二节 学前儿童情绪情感发展的趋势和特点 ………………………… 124
第三节 学前儿童积极情绪情感的教育与培养 ………………………… 127

第七章　学前儿童个性的发展

  第一节　学前儿童个性发展概述 ………………………………………… 135
  第二节　学前儿童气质与性格的发展 …………………………………… 141
  第三节　学前儿童能力的发展 …………………………………………… 147
  第四节　学前儿童自我意识的发展 ……………………………………… 149

第八章　学前儿童社会性的发展

  第一节　学前儿童社会性发展概述 ……………………………………… 157
  第二节　学前儿童人际关系的发展 ……………………………………… 160
  第三节　学前儿童性别角色意识的发展 ………………………………… 170
  第四节　学前儿童社会性行为的发展 …………………………………… 173

第九章　学前儿童发展的个体差异

  第一节　学前儿童智力发展的差异 ……………………………………… 185
  第二节　学前儿童的认知风格差异 ……………………………………… 191
  第三节　学前儿童的性别发展差异 ……………………………………… 194

第十章　学前儿童发展中的常见问题

  第一节　学前儿童身体发展中的常见问题 ……………………………… 201
  第二节　学前儿童心理发展中的常见问题 ……………………………… 208

第一章

学前儿童发展心理学概述

☞ 学习完本章，应该做到：

◎ 了解学前儿童发展心理学的研究对象和研究任务，熟悉学前儿童发展心理学的整体脉络。

◎ 掌握学前儿童发展心理学的基本研究方法，能运用这些方法初步了解学前儿童的发展状况和教育需求。

◎ 了解学前儿童发展心理学理论主要流派的基本观点及其代表人物，并能运用有关知识分析学前儿童发展心理学的实际问题。

☞ 学习本章时，重点内容为：

◎ 学前儿童发展心理学的研究方法，尤其是观察法、谈话法、作品分析法和实验法。

◎ 学前儿童发展心理学理论流派的主要观点，尤其是班杜拉的社会观察学习理论、格塞尔的成熟势力说和维果茨基的最近发展区理论。

◎ 着重掌握皮亚杰的认知发展阶段理论。

☞ 学习本章时，知识要点与具体方法为：

本章主要对学前儿童发展心理学进行概述，帮助学生了解学前儿童发展心理学这门课程的性质、对象和任务等，熟悉和掌握学前儿童发展心理学研究的基本方法，厘清学前儿童发展心理学的脉络和主要的理论流派，这样有利于学生从整体上把握学前儿童发展心理学的框架，形成学科认知系统结构。本章的知识点主要属于记忆与理解层次，学习时应适当注意各种理论在学前教育实践中的运用。

【引子】

为什么姐妹俩这么不一样呢？

兰兰和天天是一对孪生姐妹，一周岁后，姐姐兰兰随奶奶到乡下生活，妹妹天天随爸爸妈妈留在城里生活。六岁时，姐妹二人同在城里一所小学上学。姐姐学习踏实，爱帮爸爸妈妈干活儿，爸爸妈妈给的零花钱都攒了起来。妹妹学习浮躁、贪玩，放学回家后有事无事总要围着妈妈闹一阵，要这要那。爸爸妈妈批评妹妹，要妹妹向姐姐学习，可她总不听。爸爸妈妈真的想不通，这两个孩子的性格咋相差那么大呢？

儿童的个性千差万别，影响儿童发展的因素也是纷繁复杂的，因而，对学前儿童的教育也应当是有针对性的，不应千篇一律。"学前儿童发展心理学"这门课程将陪伴大家一同走入儿童的内心世界，寻找儿童发展的奥秘和线索。

本书是对0~6岁儿童发展的整体性概述，涵盖这一时期儿童发展心理学的各个方面，如儿童发展心理学的理论流派、研究方法以及具体的学前儿童身心发展等。本书主要定位在儿童的早期发展（0～6岁），其目标是服务于早期教育的保教工作者，以及帮助有志于从事学前教育事业的人员取得准入资格，因而可以作为我国学前教育专业课程改革的核心教材。

第一节 学前儿童发展心理学的研究对象与研究任务

一、学前儿童发展心理学的研究对象

学前儿童发展心理学是发展心理学的一个分支。个体发展心理学主要研究个体从出生到死亡的全过程中，心理如何从简单的低级水平向复杂的高级水平发展变化，着重研究各年龄段的心理特征变化、心理发展与生理发展的关系，以及个体心理发展的年龄规律。[①] 学前儿童发展心理学以学前儿童为研究对象，主要研究儿童从出生到入学前的生理、心理和行为的发生、发展规律。

（一）学前儿童的生理发展

学前儿童的生理发展是指0～6岁儿童的身体正常发育和体质的增强，即0～6岁儿童的大脑和身体在形态、结构及功能上的生长发育过程，包括大脑的发育、身高和体重的变化、骨骼和肌肉的发展等。具体地说，研究学前儿童的生理发展就是研究学前儿童大脑和神经系统的变化与发展、躯干四肢的发育和比例变化、身体运动和行为的变化以及儿童的生理健康等。

（二）学前儿童心理的发生发展

研究学前儿童心理的发生发展就是研究学前儿童的心理现象和心理问题，并揭示学前儿童心理发生发展的规律。具体地说，学前儿童心理的发生发展表现为学前儿童个体心理的发生、学前儿童的一般心理现象和学前儿童心理发展的一般规律三个方面。

1. 学前儿童个体心理的发生

学前阶段是人生的早期阶段，各种心理活动与心理现象都在这个阶段开始发生。儿童刚出生时，只有最简单的感知活动，与生理活动难以区分。但随即，儿童的知觉、注意、记忆等心理便开始发生。因此，学前儿童个体心理的发生，是学前儿童发展研究的重要内容。

2. 学前儿童的一般心理现象

学前儿童的一般心理现象可以分为心理过程和个性心理两个部分。

（1）心理过程。

心理过程是指个体心理活动的发生、发展过程，包括认知过程、情绪情感过程和意志过程，反映正常个体心理现象共同性的一面。认知过程即认识过程，是个体在实践活动中对认知信息的接受、编码、贮存、提取和使用的心理过程。它主要包括感知

---

① 杨柯. 学前儿童发展心理学［M］. 成都：西南交通大学出版社，2015：1.

觉、记忆、思维、想象和注意等。情绪情感过程是个体在实践活动中对客观事物是否满足主体需要所产生的态度和体验的心理过程，如喜、怒、哀、惧等。意志过程是个体自觉地确定目标，并根据目标调节支配自身的行动，克服困难，以实现预定目标的心理过程。

这三种过程不是彼此孤立的，而是相互联系并相互作用的，构成个体有机统一的心理过程的三个不同方面。

（2）个性心理。

个性心理是指个体在社会生活实践中形成的相对稳定的各种心理现象的总和，包括个性倾向、个性特征和个性调控等方面，反映个体心理现象的个别性的一面。个性倾向是推动个体进行活动的动力系统。它反映了人对周围世界的趋向和追求，主要包括需要、动机、兴趣、理想、信念、价值观和世界观等。个性特征是个人身上经常表现出来的本质的、稳定的心理特征，主要包括气质、性格和能力。个性调控也称自我调控，是个性中的内控系统，包括自我认识、自我体验和自我控制三个子系统。

3. 学前儿童心理发展的一般规律

学前儿童心理发展的表现各不相同，个别差异表现明显，但学前儿童心理发展的过程都是从简单、具体、被动、零乱朝着较复杂、抽象、主动和成体系的方向发展的，其发展趋势和顺序大致相同。相同年龄阶段的儿童，一般具有大致相似的心理发展特征。同时，学前儿童心理发展的过程中均不可避免地要受到遗传、环境以及其他各种因素的影响。可以说，学前儿童的心理发展受客观规律所制约。研究这些规律，是研究学前儿童心理发展的另一重要内容。

二、学前儿童发展心理学的研究任务

学前儿童发展心理学的研究任务主要包括以下五个方面。

（一）研究学前儿童各种心理过程的发生和发展趋势

学前儿童并不是一出生就具备了人类的各种心理过程，其各种心理过程的发展具有一定的发展顺序和方向，且这些发展顺序和方向是客观的，不以人们的意志为转移。学前儿童心理学的重要研究内容之一就是探讨学前儿童各种心理过程带有规律性的发生发展趋势。

（二）研究学前儿童各年龄阶段的心理特征

研究学前儿童各种心理过程的发生和发展趋势是从纵向角度来谈的，而研究学前儿童各年龄阶段的心理特征则是从横向角度来谈的。学前儿童各个年龄阶段的心理发展会有规律地出现各自特有的、与其他年龄阶段不同的、典型的特征。

（三）研究学前儿童心理发展的个别差异

学前儿童的心理是各不相同、因人而异的，但个别差异的表现也是有规律可循的。我们不仅要研究学前儿童心理发展的个别差异的表现及其规律，还要研究这些差异是怎么形成的。

(四) 探讨关于学前儿童心理发展的基本理论问题

这主要包括探讨学前儿童心理发展的动因、各种影响学前儿童发展的因素，以及各种因素如何相互作用的规律等。

(五) 研究学前儿童身体发育和动作发展的规律

学前儿童的身体发育规律和动作发展规律也是学前儿童发展的研究任务之一。学前儿童的身体发育和动作发展有其特定的规律和发展趋势。

第二节 学前儿童发展心理学研究概述

人们对学前儿童发展心理学的研究经历了一个漫长的过程，但在相当长的时间内都是各学科各自孤立地进行研究。在最近一百年的发展过程中，学前儿童发展心理学的研究开始走向跨学科的整合阶段，来自心理学、社会学、人类学以及人体生物学等领域的专家开始了携手合作共同研究。1925年，美国著名心理学家伍德沃斯发起成立了国际性的专业学术组织——国际儿童发展研究协会，该协会的宗旨是从事跨学科的儿童发展研究。

一、学前儿童发展心理学研究的基本原则

(一) 客观性原则

客观性原则是指研究者的态度应实事求是，在教育领域的研究中，要按照心理或行为的本来面貌加以揭示，不能凭主观臆想下结论，这样才能揭示心理或行为的事实、本质、规律和机制。客观性原则实际上就是实事求是原则，客观地研究人的心理或行为应该具备下列条件。

(1) 所研究的心理或行为应当是可以观察的。

这是指所研究的心理或行为应该是有目共睹、有耳共听的。其他的人在大体相同的条件下也可以观察到，即所研究的心理或行为应该是可以得到共证的。

(2) 所研究的心理或行为应当是可以测量的。

所谓可以测量，是指所研究的心理或行为可以被科学地观察和记录。

(二) 系统性原则

系统性原则是指对心理或行为的研究必须在各个因素的前后联系、相互作用的关系中去分析认识。根据系统性原则，必须研究各个心理或行为过程、特征之间的相互联系、相互制约的关系，而不能把它们看成是孤立存在的内容去研究。

(三) 发展性原则

辩证唯物主义认为，客观事物是不断运动、变化和发展的。那么，作为对客观事

物的反映的心理或行为也是发展变化的。人的心理或行为的发展与其他事物的发展一样，是矛盾运动的结果。研究者遵循发展性原则，就是将个体的心理或行为看成是一个变化发展的过程，在发展中研究个体在不同年龄阶段上心理或行为的发生和发展。在发展中研究心理活动时，不仅要阐明个体已经形成的心理品质，而且要阐明那些刚刚产生、处于形成状态的新的心理品质。

（四）教育性原则

在进行心理或行为研究时，研究的选题、使用的方法和程序不应损坏研究对象的身心发展，而应该符合教育性原则，特别是当研究对象是儿童时，由于他们的身心正处在发展阶段，认识能力较差，而且善于模仿，研究者更要注意这个问题。所以，以人为对象进行心理或行为研究时，在选择方法和程序时不能只考虑对所需要研究的问题是否有利，还要考虑所用的方法对研究对象的身心是否会产生不良的影响。

二、学前儿童发展心理学研究的基本类型

（一）纵向研究

纵向研究是指在比较长的时期内，对某个或某些儿童的心理发展变化进行长期系统的跟踪研究，以探究其心理发展变化的规律。纵向研究的时间可长可短，长者可达几十年，如推孟对"天才群"的研究；短者可以是几个月、几周，如美国著名儿童心理学家格塞尔的双生子爬楼梯实验。短时的纵向研究一般只适用于年龄较小的儿童。

纵向研究要注意时间的安排问题。如果研究者与研究对象生活在一起，可随时进行研究，否则，研究可在一定的时间间隔内进行，但时间的间隔应该固定，间隔的长短要考虑到儿童的年龄。

纵向研究的优点是：可以比较系统、详尽地了解同一个或同一组儿童的心理变化过程，揭示其发展的连续性、顺序性和量变、质变的规律。纵向研究的缺点是：时间长，不易同时对大量的研究对象进行研究；由于研究需要经历较长的时间，因此，研究期间可能出现的难以控制的因素或变化会对研究产生影响，甚至使研究中断。

（二）横向研究

横向研究是指在同一时期内，对不同发展阶段的儿童的心理发展水平进行测量比较，以了解儿童的各种心理在这一时期内的发展变化情况。

横向研究应该特别注意研究对象的典型性。因此，应当慎重进行研究对象的年龄及年龄组的划分，还要使研究对象达到足够的数量，并且要照顾到研究对象的生活和教育背景。一般来说，儿童的年龄越小，年龄组内的儿童的年龄差距应当越小，这样有利于发现心理发展的质变和关键年龄。

横向研究的优点是：取样方便，可以在短时间内收集大量的资料，完成研究课题；结果也有较大的代表性，有助于了解某一个或几个年龄阶段儿童心理发展的典型特征；还可以通过各年龄的比较，发现儿童心理发展的一般规律。横向研究的缺点是：难以

了解到某一研究对象发展的具体进程和特点；由于结论往往根据较大数量的研究对象的资料而得出，通常不易查明儿童心理发展变化的较深背景，流于一般化。

（三）聚合交叉研究

聚合交叉研究也叫连续设计和纵向序列设计，是对个体心理发展的研究。聚合交叉研究综合了纵向研究与横向研究的特点，可以克服纵向研究和横向研究各自的缺点，同时，又兼具二者的优点，但是操作起来更为复杂。

聚合交叉研究使得研究者既可以在短时间内了解各年龄段个体心理特点的总体状态，又可以从纵向的角度把握某一心理特征的发展变化规律，并且使研究者分析社会历史因素对个体心理发展的影响成为可能。

具体来说，聚合交叉研究还有几大优势：可以通过对不同年份出生的儿童的某些心理特征进行对比，检验同质效应是否存在；将研究结果和纵向研究及横向研究的结果进行对比，如果非常相近，则可对所得的结论充满信心；可在较短时间内完成对较大年龄范围的资料的收集，具有高效性。聚合交叉研究的不足之处在于：结论是否能推广到其他群体还需进一步验证。

三、学前儿童发展心理学研究的具体方法

（一）观察法

1. 什么是观察法

观察法是指有目的、有计划地观察学前儿童在日常生活、游戏、学习和劳动中的表现（包括言语、表情和行为等），并根据观察结果分析学前儿童心理发展规律和特征的一种研究方法。观察法是对学前儿童进行心理研究最基本的方法。因为学前儿童的心理活动有突出的外显性，所以通过观察其外部行为，可以了解他们的心理活动。同时，观察法是在自然状态下进行的，可以比较真实地收集到学前儿童心理活动的资料。

观察法是幼儿教师了解学前儿童的最基本、最常用的方法。幼儿教师通过观察可以了解学前儿童的发展特点、兴趣、需要等，尊重学前儿童发展的主体性是幼儿教师应当具备的专业素养；幼儿教师运用观察法了解学前儿童的行为也是进行保教工作的基本依据，幼儿教师观察学前儿童的行为是进行适宜性教育的基础，是幼儿教师引导儿童的前提，是幼儿园课程设计和优化幼儿园一日活动的基本依据。另外，幼儿教师对学前儿童的观察也是进行家园沟通、家园合作、家园共育的前提。

2. 观察法的分类

根据不同的分类标准，可将观察法划分为不同种类。

（1）根据观察者的参与程度划分。

根据观察者是否直接参与儿童的活动，观察法可分为参与式观察和非参与式观察。参与式观察是指观察者以某种身份参加到儿童活动中，在和儿童的共同活动中观察儿童。非参与式观察是指观察者以旁观者的身份观察儿童的心理行为表现。

（2）根据观察者与儿童的接触程度划分。

根据观察者是否直接接触到儿童，观察法可分为直接观察和间接观察。直接观察

是指观察者直接和儿童相接触获得现场信息的观察。间接观察是指观察者通过感知与儿童有关的事物的变化情况来推测儿童的心理的观察，如通过玩具的磨损程度来判断儿童对玩具的兴趣。

（3）根据观察记录的特点划分。

根据观察记录特点的不同，观察法可分为叙述观察、取样观察和评定观察。叙述观察是指详细记录所观察儿童的心理活动事件的观察，如日记描述法、轶事记录法、连续记录法、样本描述法等。取样观察是指依据一定的标准选定儿童某一行为进行观察记录的观察，如事件取样法和时间取样法。评定观察是指按照既定的评价指标对儿童的行为进行的针对性观察，如核对表评定和等级评定等。

（4）根据观察过程的性质划分。

根据观察过程的性质，观察法可分为正式观察和非正式观察。正式观察是一种有严谨结构、周密计划和一定条件控制的观察。非正式观察是指在自然状态下的观察，又称自然观察，非正式观察是随机的、自然的，其结构是松散的。

3. 观察法的运用

（1）观察设计。

用观察法进行研究通常要进行观察设计，观察设计通常包括三个步骤：确定观察内容、选择观察策略和制定观察记录表。

（2）注意事项。

① 观察前观察者要做好准备，如要明确目的，并制订好观察计划（包括考虑好采用什么样的方式来记录等）。

② 制订观察计划时，必须充分考虑到观察者对被观察儿童的影响，要尽量使被观察儿童保持自然状态，最好不要让他们意识到自己是被观察的对象。

③ 观察记录要求详细、准确、客观。观察记录不仅要记录行为本身，还应记录行为的前因后果。为了使记录准确、迅速，可以采用适当的辅助手段，如录音、录像等，也可以依据事先设计好的表格进行记录。

④ 观察应排除偶然性。观察一般应在较长时间内系统地、反复地进行，通常需要两个观察者同时分别评定，以避免评定中的主观性。

4. 观察法的优缺点

观察法的主要优点是：在自然状态下学前儿童的言行反映真实自然，研究者获取的资料比较真实。观察法的缺点是：观察资料的质量容易受到观察者的能力及其他心理因素的影响；观察法只能被动记录被观察儿童的言行，不能进行主动选择或有控制的研究，因此，观察法得出的结果一般只能说明"是什么"，而难以解释"为什么"。

（二）实验法

1. 什么是实验法

实验法是指根据研究目的，通过控制和改变学前儿童的活动条件（自变量），以发现由此引起的身心的规律性变化（因变量），从而揭示特定条件与身心发展之间的联系的方法。

2. 实验法的分类

研究学前儿童常用的实验法有两种：实验室实验法和自然实验法。

(1) 实验室实验法。

实验室实验法是指在有特殊装备的实验室中，利用专门的仪器设备对学前儿童进行心理研究的一种方法。

实验室实验法的主要优点是：能严格控制条件；可以重复进行；可以通过特定的仪器探测一些不易观察的情况，从而取得有价值的科学材料。实验室实验法的缺点是：学前儿童在实验室环境中往往会产生不自然的心理状态，因此，将导致所得的实验结果有一定的局限性。

运用实验室实验法进行研究时应当注意以下几点：
① 实验室的布置应当接近学前儿童的日常生活环境；
② 应当通过学前儿童所熟悉的活动进行，如游戏等；
③ 实验开始前应先让学前儿童熟悉环境和主试人员；
④ 实验指导语应当简洁、肯定，确保学前儿童能听得懂；
⑤ 实验进行过程中应充分考虑学前儿童的情绪和生理状态；
⑥ 实验记录应当考虑到学前儿童表达能力的特点。

(2) 自然实验法。

自然实验法也称"准实验"，是指在自然情景中，通过控制某个条件或变量进行学前儿童心理研究的一种方法。自然情境是指学前儿童处于日常生活、游戏、学习和劳动等真实活动之中。

自然实验法的优点是：学前儿童的心理状态比较自然，研究者可以通过控制某个变量进行实验，所得数据较为真实。自然实验法的缺点是：自然活动场景中经常会出现无法预料或无法控制的因素，从而影响实验的效果。

教育心理实验法是自然实验法的一种重要形式。该方法把学前儿童心理研究和教育过程结合起来，研究者可以比较不同的教育条件对学前儿童心理发展的影响。研究者通过实验组和对照组的比较，可测查出某种变量对因变量的影响。

3. **实验法的运用**

(1) 实验前的精心准备。

实验前的精心准备具体包括：明确实验目的、建立研究假说、确定理论框架、控制实验变量、做好实验设计。

(2) 实验中的客观记录。

实验中的客观记录是指研究者应严格按照实验设计进行实验，全面观测实验过程，客观记录实验数据与相关信息。

(3) 实验后的统计分析。

实验后的统计分析具体包括选择统计工具、明确变量指标、科学处理与分析数据、得出科学结论、撰写实验报告。

（三）谈话法

1. 什么是谈话法

谈话法是指通过与学前儿童交谈，来研究他们的各种心理活动的一种方法。谈话法也是研究儿童心理的常见方法。谈话的形式可以是自由的，但内容要围绕研究者的目的展开。谈话者应有充足的理论准备，还应有非常明确的目的以及熟练的谈话技巧。

2. 谈话法的分类

研究学前儿童发展时，谈话法大致可以分成以下五类。

（1）摄入性谈话。这是指为了收集资料而进行的谈话，目的是了解学前儿童的基本信息。

（2）鉴别性谈话。这是指通过交谈和观察，确定使用何种测验和鉴别措施的谈话。

（3）治疗性谈话。这是指针对学前儿童的异常行为而进行的谈话。

（4）咨询性谈话。这是指针对学前儿童的主要问题，帮其分析原因，最后给出建议的谈话。

（5）危机性谈话。这是指在特殊情况下或发生意外事件时进行的干预性谈话。

3. 谈话法的运用

运用谈话法进行研究时，应注意以下几点：

（1）应当根据研究的目的和谈话对象的特点拟定谈话的话题和内容；

（2）谈话的话题和内容应是学前儿童能够回答和乐于回答的，并且便于研究者从中分析学前儿童的心理活动；

（3）与学前儿童进行谈话时，必须随机应变，随时提出足以了解有关学前儿童心理状态的灵活又恰当的问题；

（4）谈话的过程和结果应当由研究者本人或共同工作者做详细的记录，如用录音机记录则更为方便、可靠。

（四）调查法

调查法是指研究者通过对家长、教师或其他熟悉学前儿童的人进行调查，以了解学前儿童心理或行为的一种研究方法。调查法既可以采用书面调查的形式，也可以采取当面访问的形式。书面调查通常采用问卷的形式，当面访问一般采用访谈的形式。

1. 问卷法

（1）什么是问卷法。

问卷法是通过由一系列问题构成的调查表来收集资料，以测量个体的行为和态度的心理学基本研究方法之一。研究者根据一定的目的编制问卷，并将调查问题标准化。运用问卷法研究学前儿童的心理或行为时，所问对象主要是与学前儿童有关的人，即请被试按拟定的问卷进行口头回答和书面回答。书面问卷可以直接用于年龄较大的儿童。对不识字的学前儿童可以采用口头问答方式。

（2）问卷的结构。

问卷的结构一般包括题目、问卷说明和填写说明、问题、结束语等。

问题是问卷的主体，一般有开放式问卷和封闭式问卷两种。对于开放式问题，调查者不提供任何可供选择的答案，由调查对象自由答题，这类问题能自然、充分地反映调查对象的观点、态度，因而所获得的材料比较丰富、生动，但统计和处理所获得的信息的难度较大。开放式问题可分为填空式问题和回答式问题。封闭式问题的后面同时提供调查者设计的几种不同的答案，这些答案既可能相互排斥，也可能彼此共存，需要调查对象根据自己的实际情况在答案中选择。采用封闭式问题的问卷是一种快速有效的调查问卷，便于统计分析，但提供选择答案本身限制了问题回答的范围和方式，这类问卷所获得的信息的价值很大程度上取决于问卷设计自身的科学性和全面性的程度。封闭式问题一般可以分为是否式、选择式和评判式三种。

（3）运用问卷法时的注意事项。

运用问卷法时应注意以下几点：

① 不提敏感性、刺激性问题；

② 避免暗示效应；

③ 问题的备选答案应尽可能穷尽；

④ 问题的表述应通俗易懂，应没有歧义，同时应尽量不使用模糊词语；

⑤ 选项中不应出现"和""或"等多层意思。

（4）问卷法的优缺点。

问卷法的优点是：可以在较短的时间内获得大量资料，所得资料便于统计，较易做出结论。问卷法的缺点是：编制问卷不太容易；题目的信度和效度都需要经过检验。

2. 访谈法

（1）什么是访谈法。

访谈，就是研究性交谈。访谈法是指以口头形式，根据访谈对象的答复收集客观的、不带偏见的事实性材料，以准确地说明样本所要代表的总体的一种研究方法。访谈法通常用在研究比较复杂的问题时，或需要向不同类型的人了解不同类型的材料时。访谈法收集信息资料是通过研究者与访谈对象面对面直接交谈的方式实现的，具有较好的灵活性和适应性。访谈法广泛用于关于学前儿童个性、个别化方面的研究。

（2）访谈法的分类。

根据有无访谈提纲，访谈法可分为结构式访谈、非结构式访谈、半结构式访谈三种。结构式访谈是指研究者完全按照既定的访谈提纲进行访谈的一种研究方法。非结构式访谈是指研究者根据自己的需要，随机向访谈对象提出问题，并记录访谈结果的一种研究方法。半结构式访谈是指研究者根据访谈提纲进行提问，也会随机增加或减少一些访谈提纲中的问题，以更好地达到研究目的的一种研究方法。

（3）访谈法的运用。

访谈法一般包含以下四个步骤：

① 确定访谈对象；

② 编制访谈提纲；

③ 制订访谈计划；

④ 正式访谈。

在正式访谈之前，了解访谈对象，明确访谈的目的、内容和范围，以及编制切实可行的访谈提纲都会提高访谈的效果。

（4）访谈法的优缺点。

访谈法的优点是：访谈形式灵活；可观察到访谈对象的表情、动作等体态语言，能深入访谈对象的内心，进而加深对访谈对象的了解，促进问题的解决。访谈法的缺点是：需要访谈者花费较多的时间和精力。

（五）作品分析法

1. 什么是作品分析法

作品分析法是指通过分析学前儿童的作品，如手工作品、图画、作业等，去了解学前儿童的心理特点或某一方面的能力的一种研究方法。

2. 作品分析法的分类

作品分析法中的作品多种多样，一般包括作业、日记、作文、绘画作品、考试卷、手工作品等。在学前教育领域，作品以手工作品、绘画作品和日常作业为主。研究者可以通过学前儿童的作品，分析他们的个性特点，如兴趣、愿望、性格以及能力等。

3. 作品分析法的运用

作品分析法一般包括以下六个步骤。

（1）确定主题（或研究目标），即确定分析什么问题，如学前儿童想象力的发展问题。

（2）界定关键概念，即根据研究主题界定关键概念，如研究想象力，就要界定是研究再造想象，还是研究创造想象；儿童是小班儿童、中班儿童，还是大班儿童。诸如此类的问题都要给出一个操作性的界定。

（3）选择作品，可以根据作品的不同类型来选择，如选择手工作品、绘画作品等，也可以根据日期来选择，如选择几个月内的作品，一个学期的作品或一学年的作品等。

（4）确定分析维度与分析类目，即根据研究目标来确定分析维度与分析类目，并不断细化，直到可以分析为止。如想象可以分解为想象的新颖性、独特性和创造性等。

（5）数据采集与分析，即根据确定的维度与选择好的作品进行统计分析。

（6）描述分析结果。

历年真题

【1.1】在儿童的日常生活、游戏等活动中，创设或改变某种条件，以引起儿童心理的变化，这种研究方法是（　　）。

A. 观察法　　　　B. 自然实验法　　　C. 测验法　　　　D. 实验室实验法

【1.2】为了解幼儿同伴交往的特点，研究者深入幼儿所在的班级，详细记录其交往过程中的语言和动作等。这一研究方法属于（　　）。

A. 实验法　　　　B. 观察法　　　　　C. 作品分析法　　D. 访谈法

【1.3】教师根据幼儿的图画来评判幼儿发展的方法属于（　　）。

A. 观察法　　　　B. 作品分析法　　　C. 档案袋评价法　D. 调查法

【1.4】评估幼儿发展的最佳方式是（　　）。

A. 平时观察　　　B. 期末测查　　　　C. 问卷调查　　　D. 家长访谈

【1.5】在科学活动"奇妙的气味"中，教师准备了分别装有水、食醋、酱油等液体的瓶子，请幼儿看一看，闻一闻。幼儿在活动中使用了（　　）方法。

A. 实验　　　　　B. 参观　　　　　　C. 观察　　　　　D. 讲述

【1.6】通过分析幼儿手工成果来了解其心理的方法是（　　）。

A. 调查法　　　　B. 自然观察法　　　C. 实验法　　　　D. 作品分析法

【1.7】教师通过记录幼儿在日常生活与活动中的表现来分析其心理特点,这种研究方法是(　　)。

A. 观察法　　　　B. 谈话　　　　　　C. 测验法　　　　D. 实验法

【1.8】简述教师观察幼儿的行为的意义。

第三节　学前儿童发展心理学的主要理论流派

在学前儿童发展心理学这门学科的发展历史中,出现了许多心理学学派及著名的心理学家,每个学派的观点各不相同。其中有代表性的是精神分析学派、行为主义学派、日内瓦学派、社会文化学派和自然成熟理论等。

一、精神分析学派

精神分析学派是现代西方心理学的主要流派之一,代表人物是弗洛伊德和埃里克森。

(一) 弗洛伊德的心理发展理论

奥地利著名精神分析学家弗洛伊德是精神分析学派的创始人。他认为人格是一个整体,在这个整体之内包含着彼此关联且相互作用的部分。早期,弗洛伊德提出了"二部人格结构"说,即无意识和意识的结构说,实际上他把人的心理机制视为由意识、前意识和潜意识三个系统所构成。晚期,弗洛伊德在《自我与本我》(1923年)中对他的理论做了修正,提出了新的"三部人格结构"说,即人格是由本我、自我和超我三个部分组成的,这三个部分分别遵循着快乐原则、现实原则和道德原则。

弗洛伊德认为性本能的冲动是人一切心理活动的内在动力。当这种能量积聚到一定程度时就会造成机体的紧张,这时机体就要寻求途径释放能量。弗洛伊德根据刺激和快感的最大源泉(即动欲区)将儿童心理发展分为以下五个阶段。[①]

1. 口唇期(0~1岁)

这个时期的动欲区是嘴。在口唇期的初期(0~8个月),快感主要来自唇与舌的吮吸活动,吮吸本身可产生快感,婴儿不饿时也有吮吸手指的现象就是例证。根据弗洛伊德的观点,一个"停滞"在口唇期初期的人可能会从事大量的口唇活动,诸如沉溺于吃、喝、抽烟与接吻等,该人格通常被称为口欲综合型人格。在口唇期的晚期(8个月~1岁),体验的感受部位主要是牙齿、牙床和腭部,快感来自撕咬活动,一个"停滞"在口唇期晚期的人会从事那些与撕咬行为相等同的活动,如挖苦、讽刺与仇视。该人格通常被称为口欲施虐型人格。

2. 肛门期(1~3岁)

这个时期的动欲区在肛门。在这一时期,儿童必须学会控制生理排泄,使之符合

---

① 林崇德. 发展心理学[M]. 北京:人民教育出版社,1995:33.

社会的要求，也就是说儿童必须形成卫生习惯。在肛门期，快感主要来自对粪便的排出与克制，如果这一时期出现停滞现象，可能使人格朝着慷慨、放纵、生活秩序混乱、不拘小节或循规蹈矩、谨小慎微、吝啬、整洁两个不同的方向发展，分别形成"肛门排泄型"或"肛门滞留型"人格。

3. 性器期（3～6岁）

这个时期的动欲区在生殖器区域，它是五个阶段中最复杂和争议最大的阶段。在这个阶段里，最显著的两个行为现象是"恋亲情结"和"认同作用"。恋亲情结因儿童性别的不同有"恋母情结"（俄狄浦斯情结）和"恋父情结"（厄勒克特拉情结）之分。根据弗洛伊德的说法，男孩子到了这个年龄阶段，开始对自己的母亲产生一种爱恋的心理和欲求，同时又有杀死父亲以便独占母亲的心理倾向。另一方面，男孩子因为上面所说的一些想法而产生"阉割恐惧"，害怕自己的生殖器会被父亲割掉。为了应对由此产生的冲突和焦虑，男孩子终于抑制住了自己对母亲的占有欲，同时与自己的父亲产生认同感，学习男性的行为方式，这对个人的成长和社会化极为重要。弗洛伊德认为，与此类似的心理过程和行为反应也会在女孩子身上发生，这就是所谓的"恋父情结"。女孩子最后也与母亲发生认同作用，而开始习得女性的行为方式。

4. 潜伏期（6～12岁）

这里所谓"潜伏"，指的是儿童对性器兴趣的消失。这种情形的发生可能与儿童因年龄增大而其生活圈也随之扩大有关。儿童到了这个年龄，他们的兴趣不再局限于自己的身体，对于外界环境，也逐渐有了探索的倾向。由于这个时期的行为很少与身体某一部位快感的满足有直接关系，于是有"潜伏"的说法。

5. 青春期（12岁以后）

在这个时期，个人的兴趣逐渐地从对自己的身体刺激的满足转变为异性关系的建立与满足，所以又称两性期。儿童这时已从一个自私的、追求快感的孩子转变成具有异性爱权力的、社会化的成人。弗洛伊德认为，这一时期如果不能顺利发展，儿童就可能产生性犯罪、性倒错，甚至患精神疾病。

弗洛伊德强调"早期经验"在个体发展中的作用。他认为早期经验发生于儿童人格尚未完全发展的时候，某些人在成年以后，还保留着早期发展阶段的心理特征，更容易产生重大的结果，人格停滞或倒退等人格障碍产生的原因之一就是早期经验产生的心理印记或创伤。

（二）埃里克森的心理社会发展理论

美国著名精神科医师、新精神分析派的代表人物埃里克森认为，人的自我意识发展持续一生。他把自我意识的形成和发展过程划分为八个阶段，这八个阶段的顺序是由遗传决定的，但是每一阶段能否顺利度过却是由环境决定的，所以这个理论可称为"心理社会"阶段理论。[①] 每一个阶段都是不可忽视的。

1. 婴儿期（0～1.5岁）：基本信任感和不信任感的冲突

此时如果认为婴儿是一个不懂事的小动物，只要吃饱不哭就行，那就大错特错了。

---

① 陈帼眉. 学前心理学 [M]. 北京：人民教育出版社，1997：382-385.

此时是基本信任感和不信任感的心理冲突期，因为这期间婴儿开始认识周边的人了，当婴儿哭或饿时，父母是否出现则是建立信任感的重要问题。信任感在人格中形成了"希望"这一品质，它起着增强自我力量的作用。具有信任感的儿童敢于希望，富于理想，具有强烈的未来定向。反之则不敢希望，时时担忧自己的需要得不到满足。埃里克森把"希望"定义为：对自己愿望的可实现性的持久信念，反抗黑暗势力，标志生命诞生的怒吼。

2. 儿童早期（1.5～3岁）：自主感与害羞和怀疑的冲突

这一时期，儿童掌握了大量的技能，如爬、走、说话等。更重要的是，他们学会了怎样坚持或放弃，也就是说儿童开始"有意志"地决定做什么或不做什么。这时候父母与子女的冲突很激烈，也就是第一个反抗期的出现，一方面父母必须承担起控制儿童行为使之符合社会规范的任务，即促使其养成良好的习惯，如训练儿童文明如厕，使他们对随地大小便感到羞耻，训练他们按时吃饭、节约粮食等；另一方面儿童开始产生自主感，他们坚持自己的进食、排泄方式，所以培养良好的习惯不是一件容易的事。这一时期儿童会反复使用"我们""不"等语言来反抗外界控制，若父母听之任之，放任自流，将不利于儿童的社会化；反之，若过分严厉，又会伤害儿童的自主感和自我控制能力。如果父母对儿童的保护或惩罚不当，儿童就会产生怀疑，并感到害羞。因此，把握好"度"的问题，才有利于在儿童人格内部形成意志品质。埃里克森把"意志"定义为：不顾不可避免的害羞和怀疑心理而坚定地自由选择或自我抑制的决心。

3. 学龄初期（3～6岁）：主动感对内疚感的冲突

在这一时期，如果儿童表现出的主动探究行为受到鼓励，他们就会形成主动性，这会为他们将来成为一个有责任感、有创造力的人奠定基础。如果成人讥笑儿童的独创行为和想象力，那么儿童就会逐渐失去自信心，这将使他们更倾向于生活在别人为他们安排好的狭窄圈子里，缺乏自己开创幸福生活的主动性。当儿童的主动感超过内疚感时，他们就有了"目的"的品质。埃里克森把"目的"定义为：一种正视和追求有价值目标的勇气，这种勇气不为儿童想象的失利、内疚感和对惩罚的恐惧所限制。

4. 学龄期（6～12岁）：勤奋感对自卑感的冲突

这一时期的儿童大都在学校接受教育。学校是训练儿童适应社会、掌握今后生活所必需的知识和技能的地方。如果他们能顺利地完成学习课程，他们就会获得勤奋感，这将使他们在今后的独立生活和承担工作任务中充满信心。反之，就会产生自卑。埃里克森说，如果个体把工作当成他唯一的任务，把做什么工作看成是唯一的价值标准，那他就可能成为自己工作技能和老板们最驯服和最无思想的奴隶。当儿童的勤奋感大于自卑感时，他们就会获得有"能力"的品质。埃里克森说：能力是不受自卑感影响的，完成任务所需要的是自由操作的熟练技能和智慧。

5. 青春期（12～18岁）：自我同一性对角色混乱的冲突

这一时期，青少年本能冲动的高涨会带来问题，更重要的是青少年常因面临新的社会要求和社会冲突而感到困扰和混乱。所以，青春期的主要任务是建立一个新的同一感或自己在别人眼中的形象，以及在社会集体中所占的情感位置。这一阶段的危机是角色混乱。埃里克森把同一性危机理论用于解释青少年对社会不满和犯罪等社会问题上，他认为：如果一个儿童感到他所处的环境剥夺了他在未来发展中获得自我同一性的种种可能性，他就将以令人吃惊的力量抵抗社会环境。

6. 成年早期（18～25岁）：亲密感对孤独感的冲突

只有具有牢固的自我同一性的青年人，才敢于冒与他人发生亲密关系的风险。因为与他人发生爱的关系，就是把自己的同一性与他人的同一性融合为一体。这里有自我牺牲或损失，只有这样才能在恋爱中建立真正亲密无间的关系，从而获得亲密感，否则将产生孤独感。埃里克森把"爱"定义为：压制异性间遗传的对立性而永远相互奉献。

7. 成年期（25～65岁）：繁殖感对停滞感的冲突

当一个人顺利地度过了自我同一性时期，以后的岁月中他将过上幸福充实的生活，他将生儿育女，关心后代的繁殖和养育。埃里克森认为，生育感有生和育两层含义，一个人即使没生孩子，只要能关心孩子、教育指导孩子也可以具有生育感。反之，没有生育感的人，其人格贫乏和停滞，是一个自我关注的人，他们只考虑自己的需要和利益，不关心他人（包括儿童）的需要和利益。

8. 成熟期（65岁以上）：完善感对绝望感的冲突

这一时期，老人的体力、心理和健康每况愈下，对此他们必须做出相应的调整和适应，所以这一时期也被称为完善感对绝望感的心理冲突阶段。完善感是一种接受自我、承认现实的感受，是一种超脱的智慧之感。如果一个人的自我调整大于绝望，他将获得智慧的品质。埃里克森把"智慧"定义为：以超然的态度对待生活和死亡。

埃里克森认为，在每一个心理社会发展阶段中，解决了核心问题之后所产生的人格特质，都包括了积极与消极两方面的品质，只有各个阶段都保持向积极品质发展，才能完成这个阶段的任务，逐渐形成健全的人格，否则就会产生心理危机，出现情绪障碍，形成不健全的人格。

二、行为主义学派

行为主义是美国现代心理学的主要流派之一，也是对西方心理学影响最大的流派之一。行为主义的发展可以分为早期行为主义、新行为主义和新的新行为主义三个阶段。早期行为主义的代表人物以华生为首，新行为主义的主要代表人物有斯金纳等，新的新行为主义则以班杜拉为代表。

（一）华生的行为主义理论

美国心理学家华生在俄罗斯心理学家、生理学家巴甫洛夫条件反射学说的基础上提出了自己的行为主义理论。他认为一切行为都是刺激（S）和反应（R）之间的联结（S-R）。在儿童发展过程中，环境是最重要的影响因素，成人可以通过控制环境刺激与反应的联结，来影响儿童的行为。他认为人类的行为都是后天习得的，环境决定了一个人的行为模式。无论是正常的行为还是病态的行为，都是经过学习而获得的，也可以通过学习而更改、增加或消除。他认为查明了环境刺激与行为反应之间的规律性关系，就能根据刺激预知反应，或根据反应推断刺激，从而达到预测并控制动物和人的行为的目的。

（二）斯金纳的操作性条件反射理论

操作性条件反射这一概念，是美国心理学家斯金纳的新行为主义学习理论的核心。斯金纳把行为分成两类：一类是应答性行为，这是由已知的刺激引起的反应，如学生听到上课铃声后迅速安静坐好的行为；另一类是操作性行为，是个体自身发出的反应，与任何已知刺激物无关，如书写、讨论、演讲等。这种操作性行为的形成过程就是学习，其关键是强化的作用。在教学方面，教师充当学生行为的设计师和建筑师，把学习目标分解成很多小任务并且逐个地予以强化，学生通过操作性条件反射逐步完成学习任务。这种强化称为正强化，正强化的性质与奖励相同，但是负强化与惩罚有异。

知识拓展1

（三）班杜拉的社会观察学习理论

美国心理学家班杜拉于1977年提出了社会观察学习理论。社会观察学习理论着眼于观察学习和自我调节在引发人的行为中的作用，重视人的行为和环境的相互作用。所谓社会观察学习理论，班杜拉认为是探讨个人的认知、行为与环境因素三者及其交互作用对人类行为的影响。班杜拉的主要观点如下。

1. 儿童的社会行为主要通过观察、模仿他人（榜样）而获得

班杜拉认为，儿童的行为主要通过观察、模仿他人的行为（榜样）而获得。在他看来，人的行为，特别是人的复杂行为主要是后天习得的，既受遗传因素和生理因素的制约，又受后天环境和经验的影响。生理因素的影响和后天环境、经验的影响在决定行为上微妙地交织在一起，人们很难将两者分开。班杜拉认为行为习得有两种不同的过程：一种是通过直接经验获得行为反应模式的过程，他称之为通过反应的结果所进行的学习，即我们所说的直接经验的学习；另一种是通过观察示范者的行为而习得行为的过程，他称之为通过示范所进行的学习，即我们所说的间接经验的学习。

2. 观察学习包括注意、保持（记忆）、动作再现、动机四个过程

（1）注意过程。

班杜拉认为，注意学习的对象是观察学习的第一步，观察学习的方式和数量都由注意过程筛选和确定。什么样的榜样更容易引起人的注意从而使其加以模仿呢？班杜拉认为，应该从观察者的心理特征、榜样的活动特征和观察者与榜样的关系特征三方面考虑。首先，三个方面中，观察者与榜样之间的关系在某些方面对注意的影响更重要。如果榜样与观察者经常在一起，或者二者相似，那么观察者就可以经常学习或容易学会榜样行为。其次，观察者的心理特征，如觉醒水平、价值观念、态度定势、强化的经验也会影响观察学习的注意过程。最后，榜样的活动特征，如行为的效果和价值、榜样人物具有的魅力、示范行为的复杂性和生动性等，也会影响注意过程。

（2）保持（记忆）过程。

学习者对榜样行为的注意是观察学习的第一步，要使榜样行为对学习者的行为发生影响，学习者还必须记住榜样行为，即将其保持在头脑中。班杜拉认为，这种保持过程是先将榜样行为转换成记忆表象，然后将记忆表象再转换为言语编码（形成动作观念），最后表象和言语编码被同时储存在头脑中，对学习者以后的行为起指导作用。

（3）动作再现过程。

动作再现过程是将记忆中的动作观念转换为行为的过程，这是观察学习的中心环节。动作再现过程主要包括动作的认知组织、实际动作和动作监控三步。动作的认知组织就是将保持中的动作观念选择出来加以组织。实际动作就是将认知组织的动作表现出来。动作监控就是对实际动作的观察和纠正，分为自我监控和他人监控两种。观念在第一次转化为行为时很少是准确无误的，所以仅仅通过观察学习，技能是不会完善的，需要经过一个练习和纠正的过程，动作观念才能转换为正确的动作。

（4）动机过程。

动机是推动个体行动的内部动力。动机过程贯穿于观察学习的始终，它引起和维持着人的观察学习活动。

3. 替代强化是儿童进行观察学习的关键

个体活动的动机来自过去别人和自己在类似行为上受到的强化，包括替代性强化、直接强化与自我强化，其中，前两种属于外部强化，第三种属于内部强化。

（1）替代性强化。

替代性强化是指儿童通过观察他人的行为及其行为后果（如奖励或惩罚），从而使自己的类似行为得到加强或削弱的过程。例如，儿童看到别人成功的行为得到肯定，就加强产生同样行为的倾向；反之，看到别人的某种行为受到处罚，自己就会避免那样做。这种榜样可以扩大到电影、电视、小说中的人物。替代性强化是社会观察学习理论的最重要的概念，是儿童进行观察学习的关键。

（2）直接强化。

直接强化是指个体行为本身受到强化的过程，如教师对取得优秀学习成绩的学生进行表扬。直接强化的作用是明显的，教师常通过运用表扬、评分、升级等手段来强化学生的学习行为和控制学生的课堂行为。

（3）自我强化。

自我强化是指个体依靠信息反馈进行自我评价和调节，并以自己确定的奖励来加强和维持自己行为的过程。在儿童教育中，自我强化是通过成人向儿童提供有价值行为的标准，对达到标准的行为给予表扬，对未达到标准的行为加以批评，使儿童逐渐掌握这种标准，从而促使他们用自我肯定或否定的方法对自己的行为做出反应。之后，儿童就形成了自我评价的标准，并用来调节行为。自我强化系统包括自我评价、调节和自己规定的奖励。这里，强调了学习的认知性和学习者的主观能动性。

三、日内瓦学派

日内瓦学派是当代儿童心理学和发展心理学中的主要派别，又称皮亚杰学派，为瑞士心理学家皮亚杰所创立。该学派的主要代表人物也是皮亚杰。该学派致力于通过对儿童科学概念以及心理运算起源的实验分析，探索智力形成和认知机制的发生发展规律。

（一）儿童认知发展阶段理论

皮亚杰认为，儿童的心理发展是一个连续的过程，呈现一定的阶段性，而且阶段的先后顺序是不变的。

1. 感知运动阶段（0~2岁）

这一阶段儿童只有动作的智慧，而没有表象与运算的智慧。他们依靠感知运动的手段来适应外部环境。这个阶段的儿童行为发展一般会经历三个时期：本能时期、习惯时期和智慧活动萌芽时期。儿童出生的第一个月处于遗传性反射格式，即本能时期。之后，一些单一的反射动作进行了综合、联结，逐渐形成一些相对固定的习惯，如寻找声源，用眼睛追随运动的物体等。大约在9个月时儿童进入智慧活动萌芽时期，如儿童开始发声，并试图将语言和物体进行联结等。

这一阶段，儿童获得了客体永久性概念，即当客体从视野中消失时，儿童知道该客体依然存在，并未真正消失。皮亚杰及其后的一些研究者发现，处于感知运动阶段早期的婴儿，还不能把客体与自己的动作区分开来，当客体从其视野中消失后，他们便停止注视，会把目光转向其他物体。例如，用幕布把他们正在玩的玩具遮盖住，他们不会去找，好像客体已经真的不存在了。8~12个月的婴儿开始寻找被幕布遮盖住的玩具。随着运动协调能力的发展，儿童常在感知运动发展的中后期（12~18个月）获得客体永恒性概念。这一概念的获得是感知运动阶段智力发展的一个重要指标和成就，是儿童以后认知活动发展的基础。

2. 前运算阶段（2~7岁）

这一阶段儿童的思维特点包括：第一，以自我为中心，他们很难从别人的观点（角度）看事物，例如，在这一阶段后期，儿童可以说出自身的左右，但对对方的左右常常弄错（受自身左右的影响）；第二，思维具有不可逆性，缺乏守恒概念；第三，往往借助动作和直观事物进行思维；第四，往往具有刻板性，注意力不能转移，不善于分配注意力，在概括事物的性质时缺乏等级的观念。除上述四点外，这个阶段儿童的思维还具有不灵活性、泛灵性、具体形象性、单向性等特点。

3. 具体运算阶段（7~11、12岁）

这一阶段儿童思维的基本特点是：开始进行心理运算，能在头脑中依靠动作的格式对事物的关系系统进行逆反、互反、传递等运算。处于具体运算阶段的儿童，虽然在推理、问题解决和逻辑方面已经超过了前运算阶段的儿童，但其思维还具有局限性，不能进行抽象的语言推理，还离不开具体事物的支持。总的来说，这个阶段儿童的思维具有去自我中心、可逆性、具体形象性，并能运用一定的符号、规则等进行简单的抽象逻辑思维等特点。

4. 形式运算阶段（11、12~15岁）

这一阶段儿童已经达到了成人的成熟思维，是认知发展的最高阶段。他们能在头脑中将形式和内容分开，能根据假设来进行逻辑推理，可以进行复杂的思维运算，如判断、分析、比较、演绎、推理等，并能仅仅根据语言、命题、符号等进行抽象的逻辑思维。

（二）几个重要概念

皮亚杰认为，所有的生物（包括人），在与周围环境的作用中都有适应和建构的倾向。一方面，由于环境的影响，生物有机体的行为会产生适应性的变化；另一方面，这种适应性的变化不是被动的过程，而是一种内部结构的积极的建构过程。皮亚杰用适应的观点来解释个体的发展。

1. 图式

图式是指人们适应某一特定情境的内在结构，是皮亚杰用来解释个体的认知结构的概念。个体最初的图式来源于先天遗传，其结构与功能比较简单。在适应周围环境的过程中，个体不断建构和完善自己的认知结构，形成了一系列图式。其中，运算图式是最重要的图式，它体现个体的智慧发展水平。所谓运算，是指智力的或内化的操作，指通过逻辑推理将事物从一种状态转化成另一种状态的过程。儿童的运算图式在不同的年龄阶段会表现出不同的特点。

2. 同化和顺应

皮亚杰认为，发展就是个体在与环境的不断相互作用中其内部心理结构不断变化的过程。所有生物都有适应和建构的倾向。生物有机体的适应机能包括同化和顺应两种过程。同化是指个体把外界元素整合到一个正在形成或已经形成的认知结构中，而顺应则是有机体的内部结构受到所同化元素的影响而发生适应性的改变。当有机体面对一个新的刺激情景时，如果有机体能够利用已有的图式把刺激整合到自己的认知结构中，这就是同化；而当有机体不能利用原有图式接受和解释当前的刺激情景时，其认知结构由于刺激的影响而发生改变，这就是顺应。

3. 平衡

平衡是指不断成熟的内部组织在与外界物理和社会环境相互作用中不断调整认识结果的过程，也就是心理不断发展的过程。

四、社会文化学派

苏联心理学家维果茨基关注文化——价值观、信念、习俗和社会群体技能——是怎样传递给下一代的。他认为，社会交互作用，尤其是与更有知识的社会成员的对话，是儿童学习到符合所在社会文化的思维和行为的必要途径。这种观点被称为社会文化理论。维果茨基认为，成人和更老练的同伴能帮助儿童娴熟地从事具有文化意义的活动，所以他们之间的交流就成为儿童思维的一部分。一旦儿童把这些对话的本质特征加以内化，他们就能应用那些人的语言来指导自己的思想、行为，并学习新技能。维果茨基通过研究发现，教育对儿童的发展能起到主导作用和促进作用，但需要确定儿童发展的两种水平：一种是已经达到的发展水平；另一种是可能达到的发展水平，即儿童还不能独立地完成任务，但在成人的帮助下，在集体活动中，通过模仿，却能够完成这些任务。这两种水平之间的距离，就是最近发展区。教师把握好最近发展区，就能加速学生的发展。最近发展区的最大意义就在于提出了教学应当走在儿童发展的前面。

五、自然成熟理论

美国著名儿童心理学家格塞尔认为，儿童心理发展受生理成熟程度制约，有着自己的阶段性和顺序性。他认为，支配儿童心理发展的是成熟和学习两个因素。其中，成熟是推动儿童发展的主要动力。他的双生子爬楼梯的实验有力支持了这一观点，说明生理成熟是儿童学习的前提,即发展是遗传因素的主要产物。因为成熟是一个由内部因素控制的过程,呈现出较强的顺序性。外部环境给儿童的发展提供了适当的时机和条件,学习作为一种与外部环境有关的行为,仅在个体成熟时发生,并只是对成熟起到促进作用。格塞尔的自然成熟理论又称"成熟势力说"。他还认为,儿童生理和心理发展应遵循以下原则:①发展方向的原则;②相互交织的原则;③机能不对称的原则;④个体成熟的原则;⑤自我调节的原则。

历年真题

【1.9】根据皮亚杰的认知发展阶段理论,3~6岁的儿童处于（　　）阶段。
A. 感知运动阶段　　　　　　B. 前运算阶段
C. 具体运算阶段　　　　　　D. 形式运算阶段

【1.10】适合幼儿发展的内涵是（　　）。
A. 适合幼儿发展的规律与特点　　B. 跟随幼儿的发展
C. 任其发展　　　　　　　　　　D. 追随幼儿的兴趣

【1.11】照料者对婴儿的需求应给予及时回应,因为根据埃里克森的观点,婴儿在生命中的第一年所面临的基本冲突是（　　）。
A. 主动对内疚　　　　　　　　B. 信任对不信任
C. 自我同一性对角色混乱　　　D. 自主对羞愧

【1.12】按照皮亚杰的观点,2~7岁儿童的思维处于（　　）。
A. 具体运算阶段　B. 形式运算阶段　C. 感知运动阶段　D. 前运算阶段

【1.13】班杜拉的社会观察学习理论认为（　　）。
A. 儿童通过观察和模仿身边人的行为学会分享
B. 操作性条件反射是儿童学会分享的重要学习形式
C. 儿童能够学会分享是因为儿童天性本善
D. 儿童学会分享是因为成人采取了有效的惩罚措施

【1.14】教师拟定教育活动目标时,以幼儿现有发展水平与可以达到水平之间的距离为依据,这种做法体现的是（　　）。
A. 维果茨基的最近发展区理论　　B. 班杜拉的社会观察学习理论
C. 皮亚杰的认知发展阶段论　　　D. 布鲁纳的发现教学论

【1.15】毛毛第一次看到骆驼时惊呼道:"快看,大马背上长东西了。"按皮亚杰的理论,毛毛的反应可以用下列哪个概念解释（　　）。
A. 平衡　　　　B. 同化　　　　C. 顺应　　　　D. 守恒

【1.16】提出"最近发展区"这一概念的心理专家是（　　）。
A. 弗洛伊德　　B. 马斯洛　　　C. 皮亚杰　　　D. 维果茨基

【1.17】有些幼儿经常看电视上的暴力镜头,其攻击行为会明显增加,这是因为电视的暴力内容对幼儿攻击行为的习惯起到（　　）。
A. 定势作用　　B. 惩罚作用　　C. 依赖作用　　D. 榜样作用

【1.18】10个月大的贝贝看见妈妈把玩具塞进了盒子,他会打开盒子把玩具找出

来。这说明贝贝的认知具备了（　　）。

A. 守恒性　　　B. 间接性　　　C. 可逆性　　　D. 客体永久性

【1.19】4岁的瑞瑞不小心把小碗里的葡萄干撒在桌子上后，很惊奇地说："哦，我的葡萄干变多了！"这说明他的思维处于（　　）。

A. 感知运动阶段　B. 前运算阶段　C. 具体运算阶段　D. 形式运算阶段

【1.20】简述班杜拉社会观察学习理论的主要观点。

☞ 本章小结

本章是对"学前儿童发展心理学"这门课程的概述，从学前儿童发展心理学的研究对象、研究任务到研究方法，再到理论流派的历史发展概况，目的在于促进学生对"学前儿童发展心理学"这门课程的整体把握，建立课程的认知框架。结合国家教师资格考试的内容，本章的重点有两个方面：一是对研究方法的认识、理解和运用；二是学前儿童发展心理学的理论流派，学生应当熟记各种理论流派的代表人物与基本观点，并能在此基础上运用相关原理解释教育实践中的各种现象与问题。本章的知识点主要属于记忆与理解层次，适当注意理论的运用。

☞ 本章要点回顾

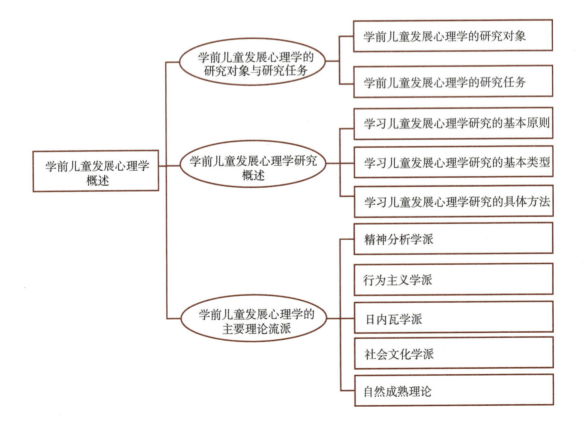

第二章

学前儿童发展的基本问题

☞ 学习完本章，应该做到：

◎ 理解学前儿童发展的含义及影响因素等。
◎ 了解学前儿童发展的基本规律，能运用相关知识分析保教实践活动。
◎ 了解学前儿童身心发展的年龄特征和发展趋势，能运用相关知识分析学前教育的适宜性。

☞ 学习本章时，重点内容为：

理解学前儿童发展的基本含义，尤其是学前儿童身心发展的基本规律和影响学前儿童身心发展的因素，并能运用该知识分析个体成长中的有关现象；了解学前儿童身心发展的年龄特征，着重了解幼儿初期、中期和晚期（小班、中班、大班）的年龄特征，能运用相关知识解决保教活动中的有关问题。

☞ 学习本章时，知识要点与具体方法为：

本章主要有两个基本问题：一是学前儿童发展的基本含义；二是学前儿童发展的年龄特征。首先，本章对学前儿童发展的概念进行阐述，帮助学生了解学前儿童发展的过程，总结学前儿童发展的规律，再详细阐述影响学前儿童发展的主要因素；其次，本章具体阐述学前儿童发展的年龄特征，帮助学生理解学前儿童在不同的年龄阶段的身心发展的特征，并结合具体的保教实践展开论述。本章的知识点主要属于记忆、理解和运用层次，运用时尤其要注意结合学前儿童身心发展的规律、影响因素和年龄发展特征。

【引子】

爱看电视的小雨

小雨5岁了，她特别喜欢看电视，无论是儿童的动漫节目还是成人喜欢的电视剧，她都爱看。她对其他的游戏活动或是外出玩耍都没有什么兴趣。每天从幼儿园放学回家，小雨就要去打开电视机。现在，小雨已经会自己操作遥控器了，不像以前需要大人的帮助才能打开。吃饭的时候，小雨也要对着电视才肯吃饭。吃完饭，小雨就和奶奶安静地窝在沙发上看电视。如果哪天妈妈不让她看电视，小雨就特别闹腾，又哭又闹，情绪很坏。小雨妈妈很着急，她也搞不懂，为什么小雨单单爱看电视，连电脑游戏和可爱的玩具也吸引不了小雨。请你帮小雨妈妈分析分析原因，并提出一些改掉小雨爱看电视的习惯的建议。

案例中的小雨之所以养成爱看电视的习惯，有多方面的原因。一方面，如果小雨在成长的关键期形成关于电视的"印刻现象"，那么，小雨就会对电视非常执着。婴儿出生后一个半月左右，耳朵基本上能听到声音，眼睛也能看见东西了。如果这时就给他看电视，婴儿的头脑里就会刻上电视的印迹。与此同时，婴儿对母亲的声音反而会变得没有反应，即使母亲把看到的东西讲给婴儿听或给婴儿唱歌，婴儿也会无动于衷。这种婴儿到了两三岁时，基本形成稳固的行为模式。另一方面，可能小雨的家人也特别爱看电视，在这样的环境中，小雨就养成了特别爱看电视的习惯。

第一节 学前儿童的一般发展

学前儿童的发展趋势是从简单到复杂、从低级到高级，不断趋于成熟的过程。

一、学前儿童发展的含义

发展是指事物连续不断地由低级到高级、由旧质到新质的有规律的变化运动过程。而人的发展是指作为复杂整体的个人在从生命开始到生命结束的全部人生中，不断发生的身心两方面的整体的、积极的变化过程。这里的"身"是指人的身体发展，具体指机体的各种组织系统，如骨骼、肌肉、心脏、神经系统、呼吸系统等的正常发育及其体质的增强，它是人的生理方面的发展；这里的"心"是指人的心理发展，如感觉、知觉、注意、记忆、思维、想象、情感、意志、性格等方面的发展，它是人的精神方面的发展。

需要区别的是，学前儿童的"发展"与"生长""成长""成熟"等概念稍有不同。"生长"主要是指身体方面的发展，如身高、体重、骨骼构造等机体方面的发育过程；"成长"主要是指身体和心理向成熟的阶段发展；"成熟"则是指身体和心理发展的一种状态和程度。

学前儿童发展包括0～6岁儿童的生理发展和心理发展。生理发展是指儿童身体的正常发育和体质增强，即儿童的大脑和身体在形态、结构及功能上的生长发育过程，包括大脑的发育、身高和体重的变化、骨骼和肌肉的发展；心理发展主要是指儿童的心理过程和个性心理方面的发展。

学前儿童的身体发展和心理发展是相互影响、相互作用的，它们是不可分割的统一体。一方面，身体的发展，特别是神经系统的发展，制约着心理的发展。如果儿童的身体有缺陷，如大脑发育不正常，那么其认知、性格、能力等都会受到影响。另一方面，身体的发展也受到认识、情感、意志等心理过程和特征的影响。

二、学前儿童发展的基本规律

学前儿童发展的过程有着自身的规律，主要表现在以下几个方面。

（一）学前儿童发展的顺序性

学前儿童发展的顺序性是指儿童的身心发展遵循着一定的顺序。在儿童期，人体的发展先从头部开始，然后逐渐延伸到尾部（下肢），即遵循"首尾律"，也称"头尾律"。另外，儿童的动作发展遵循着"近远律"，也称"中心四周律"，即儿童的动作发展从靠近头部和躯干的部位开始，然后是双臂和腿部的有规律动作，最后是手指的精细动作。在心理发展方面，学前儿童的心理发展过程也有自己的顺序，如儿童的记忆一般从机械记忆开始发展，然后逐渐过渡到意义记忆。

（二）学前儿童发展的阶段性

学前儿童发展的阶段性是指不同年龄阶段的儿童会表现出身心发展的典型特征或共同特征，即儿童的年龄特征。学前儿童可以分为：婴儿期（0～1岁）、幼儿早期（也叫先学前期，1～3岁）、学前期（也叫幼儿期，3～6、7岁）。其中，幼儿期又可以分为幼儿初期、幼儿中期和幼儿晚期。幼儿期儿童的典型思维是具体形象思维，但幼儿初期和幼儿晚期的儿童的思维特征会有一些明显的区别，前者通常带有直观行动的特征，后者可能出现抽象逻辑思维的萌芽。

（三）学前儿童发展的不平衡性

学前儿童发展的不平衡性是指在儿童发展的过程中，儿童在身心发展上所表现出来的发展起止时间、发展速度以及达到成熟的时期都是不同的。从总体上看，个体在不同阶段的发展速度是不均匀的。一般来说，年龄越小，发展的速度越快。婴幼儿阶段，儿童发展快速；小学阶段，儿童发展较为平缓；青春期是人生中的第二个发展加速期，之后，个体的发展逐渐平缓。以儿童的大脑发展为例，新生儿的脑重量约350～400克，1岁儿童的脑重量约900克，3岁儿童的脑重量约1000克，6岁儿童的脑重量约1300克，是成人脑重量的90%。可以说，整个婴幼儿阶段都是个体身心发展迅速的时期。

（四）学前儿童发展的个体差异性

学前儿童发展的个体差异性是指不同的儿童由于先天素质、内在机能、所处环境及自身主观能动性的不同，在发展中存在着差别的现象。如有的天资聪颖，有的大器晚成；有的活泼，有的内向；有的音乐素质高，有的逻辑思维能力强等。由于学前儿童发展存在个体差异，因而教育中应当根据儿童的特征因材施教。

（五）学前儿童发展的稳定性和可变性

学前儿童发展的稳定性是指在学前儿童发展过程中，其心理发展的年龄特征具有相对的稳定性。几十年前甚至一百年前儿童心理学所揭示的儿童心理发展年龄特征的基本点，仍然适用于当代儿童。但是，由于儿童心理发展的年龄特征是在一定的社会和教育条件下形成的，不同的社会环境和教育条件会使儿童心理发展的特征有所变化，这又构成了儿童心理发展年龄特征的可变性。从儿童个体的角度看，儿童的个性心理特征中有些因素较为稳定，如气质，但有些方面却在不断变化，如需要、动机等。

另外，学前儿童发展还具有互补性的特征，个体的某一方面机能受损或者缺失，可能会通过其他方面的超常发展得到部分补偿，如盲人的听力会异常敏锐等。

三、影响学前儿童发展的因素

影响学前儿童发展的因素既有客观因素，也有主观因素。这两者相辅相成，共同影响学前儿童的发展。

（一）客观因素

客观因素是指儿童心理以外的因素，它是儿童发展必不可少的外在条件。

1. 生物因素

生物因素包括遗传和生理成熟两个方面。

（1）遗传。

遗传是指个体从上代继承下来的与生俱来的生理解剖上的特点，也叫遗传素质，如机体的构造、形态、感官和神经系统的特征等。一方面，遗传为儿童的身心发展提供了可能性，而不是现实性；另一方面，遗传是儿童身心发展最基本的自然物质前提，奠定了儿童身心发展个体差异的最初基础。遗传素质具有一定程度的可塑性，随着环境、教育和实践活动的作用，人的遗传素质会发生一些改变。

（2）生理成熟。

生理成熟是指身体生长发育的程度或水平，也称生理发展。生理成熟因素对学前儿童发展的作用表现为：第一，生理成熟的程序制约着儿童心理发展的顺序；第二，生理成熟为儿童的心理发展提供物质前提；第三，生理成熟的个别差异是儿童心理发展的个别差异的生理基础。

格塞尔的双生子爬楼梯实验，说明生理成熟是婴幼儿学习的前提。格塞尔让双生子 T 和 C 在不同年龄学习爬楼梯，先让 T 在出生后第 48 周起开始练习爬楼梯，每日练习 10 分钟，连续练习 6 周，而让 C 在出生后第 53 周开始练习。结果，C 仅练习 2 周，就赶上了 T 的水平。

2. 社会因素

环境和教育是影响学前儿童发展的社会因素，提供了儿童发展的方向和速度等决定性条件，也将遗传提供的可能性转变为现实性。

（1）环境。

环境是指儿童生活的周围客观世界，包括自然环境和社会环境。自然环境提供儿童生存所需的物质条件，如阳光、空气、水分等。社会环境则包括儿童所在的家庭环境和社区环境，还包括社会大环境，其中家庭环境对儿童的影响最为突出。人成长的首要环境是家庭，而家庭是一个复杂的环境系统，其中由物、人、关系构成的家庭的结构、人际关系、社会地位、父母的教养方式和期望等都会影响儿童的成长。儿童从婴儿期步入幼儿期，随着年龄的增长，终将由家庭这个小环境步入大社会，接触家庭外的人群和事物。

知识拓展 2

（2）教育。

这里所讲的教育通常是狭义的教育，即学校教育。教育在儿童成长中有着非常重要的作用。家庭对儿童成长起着潜移默化的影响，这种影响可能是下意识的、不自觉的，父母自己可能也不清楚究竟想把孩子培养成什么样的人，但学校教育不一样，学校对儿童实施的教育影响是有意识、有计划、有明确目的的。教育在儿童发展中起主导作用：一方面，教育通过教育过程中的人际交往、集体活动等促进儿童的社会化；另一方面，教育也可以促进儿童的个性化。学校教育中的教师、同伴、教学内容和校风等都会对儿童的发展产生影响。

(二) 主观因素

主观因素是指学前儿童心理本身内部的因素，也称个体的主观努力、个性因素，如儿童的需要、兴趣、能力、努力状况、自我意识、实践活动等，其中，需要是最活跃的因素，实践活动是个体积极作用于外部世界的表现，最终决定了个体发展的样貌。

1. 儿童心理本身内部的因素是儿童心理发展的内部原因

遗传和生理成熟是促进儿童发展的自然物质基础，环境和教育是儿童发展的社会条件。前者为儿童的心理发展提供可能性，后者使这种可能性转变为现实。儿童心理发展还需要儿童自身内部因素的积极参与和努力，因为心理是人脑对客观现实的能动的、主动的反映。例如，想要训练儿童的口语表达能力，最重要的是要使儿童产生愿意学习说话的需要或愿望。

2. 儿童心理的内部矛盾是推动儿童心理发展的根本动力

儿童心理的内部矛盾是指新的需要和旧的心理水平之间的矛盾。新的需要总是否定着已有的心理水平，现有的心理发展水平无法满足日益增长的需要，必须提高现有的心理水平，去满足新的需要，适应环境。如儿童学会了爬，能够在一定范围内自主活动，但随着成长，儿童又想去探索更多的周围世界，就需要学会走路，才能满足他们的探索需要。儿童心理的内部矛盾不断促进儿童朝着更高水平发展。

(三) 主客观因素相互作用

影响学前儿童发展的客观因素与主观因素之间是相互联系、相互影响的。只有正确认识它们的相互作用，才能弄清学前儿童发展的原因。既要充分肯定客观因素对学前儿童发展的作用，也不可忽视主观因素对客观因素的反作用。

在学前儿童发展的过程中，生物因素和社会因素相互作用，主观因素和客观因素相互作用，任何单一因素决定论的观点都是错误的。

1. 遗传决定论

遗传决定论的主要代表人物是英国生物学家高尔顿。他认为遗传在学前儿童发展中起决定作用，儿童的心理发展是受先天不变的生物因素影响的，儿童的智力和品质完全由基因决定，后天是无法改变的，"龙生龙，凤生凤，老鼠的儿子打地洞""一两遗传胜过一吨教育"等就是典型的例子。

2. 环境决定论

环境决定论的主要代表人物是美国心理学家华生。他认为在儿童发展中起着决定性作用的是儿童生活的环境。他在《行为主义》一书中断言：给我一打健康的没有缺陷的儿童，把他们放在我所设计的环境里面，我可以把他们培养成任何一个我想培养的角色，如医生、律师、艺术家、小偷、强盗等，无论他们的天资、爱好、脾气，以及他们祖先的才能、职业和种族如何。这个论断完全否认了儿童的遗传素质、年龄特征以及内部状态的作用。

3. 教育万能论

教育万能论的主要代表人物是英国教育学家洛克和法国教育学家爱尔维修。他们认为教育是万能的，儿童犹如一块白板，人类之所以千差万别，就是由于教育之故。爱尔维修否认人与人之间的个别差异，断言人的形成只是教育的结果，人与人之间的才智差异也仅仅是教育造成的，即人接受了什么样的教育，就会成为什么样的人。他一方面认为，人是环境和教育的产物，改造人必须改造环境，另一方面又认为，人们的偏见统治着世界，改造环境又必须改造人的偏见，即通过教育改造社会，因而主张教育万能。

> 历年真题

【2.1】下表表明，儿童发展具有（　　）。

年龄/月	细致动作
4	能抓住玩具，握物时大拇指参与
8	用拇指和食指平夹取物
15	能几页几页地翻书
18	能叠放 2～3 块积木
24	会叠放 6～7 块积木，能一页一页地翻书
36	能叠放 9～10 块积木

A. 连续性　　　　B. 阶段性　　　　C. 不平衡性　　　　D. 差异性

【2.2】导致"狼孩"心理发展滞后的主要因素是（　　）。
A. 遗传有缺陷　　B. 生理成熟迟滞　　C. 自然环境恶劣　　D. 社会环境缺乏

第二节　学前儿童发展的年龄特征

学前儿童发展的年龄特征是划分学前儿童年龄阶段的重要依据，也是 0～6 岁儿童所特有的不同于成人的特征。

一、学前儿童各年龄阶段的特征

（一）婴儿期（0～1岁）

婴儿期又称"乳儿期"，一般为 0～1 岁。这个时期是学前儿童心理开始发生和心理活动开始萌芽的阶段，是学前儿童心理发展最为迅速和心理特征变化最大的时期。这个时期又可分为新生儿期、婴儿早期和婴儿晚期三个阶段。

1. 新生儿期（0～1个月）

新生儿期儿童出现本能反应，主要出现了四种先天反射，分别是达尔文反射、巴宾斯基反射、莫罗反射和巴布金反射。

（1）达尔文反射。

达尔文反射又称抓握反射，即触摸婴儿的手掌时，他就会紧握拳头。

（2）巴宾斯基反射。

巴宾斯基反射是儿童先天具有的反射之一，即当用钝物由脚跟向前轻划新生儿足底外侧缘时，他的拇趾会缓缓向上翘，其余各趾呈扇形张开，然后再蜷曲起来。

（3）莫罗反射。

莫罗反射又称惊跳反射，是一种全身动作，在婴儿仰躺着的时候看得最清楚，即当婴儿受到突如其来的刺激时，常常会出现惊跳反射，婴儿会出现双臂伸直、手指张开、背部伸展或弯曲、头朝后仰、双腿挺直、双臂互抱等动作。这种反射在3～5个月内消失。

（4）巴布金反射。

巴布金反射是指如果婴儿的一只手或双手的手掌被压住，他会转头张嘴；当手掌上的压力变小时，就会打哈欠。

2. 婴儿早期（1～6个月）

（1）视觉和听觉迅速发展。

半岁以内的婴儿认识世界主要靠视觉和听觉，2～3个月的婴儿对声音反应积极，视线能追随物体。

（2）手眼动作逐渐协调。

手眼协调动作是指眼和手的动作能够配合，手的运动能够和眼球运动（即视线运动）一致，按照视线去抓住所看见的东西。4～5个月时，婴儿的手眼动作逐渐协调。手眼协调动作的发生，大致需经历以下几个阶段：动作混乱阶段→无意抚摸阶段→无意抓握阶段→手眼不协调的抓握→手眼协调的抓握。

（3）主动招人。

5～6个月的婴儿会主动去招呼周围的人，以引起成人的注意。

（4）开始认生。

5～6个月的婴儿开始认生。这是婴儿认识能力发展过程中的重要变化。这一方面明显地表现了婴儿感知辨别和记忆能力的发展，另一方面，也表现了婴儿情绪和人际关系发展上的重大变化，表现出婴儿对亲人的依恋和对熟悉程度不同的人的不同态度。

3. 婴儿晚期（6～12个月）

（1）身体动作迅速发展。

在婴儿晚期，婴儿迅速掌握了坐、爬等身体动作，大约12个月时，婴儿开始学会站立、走等动作。

（2）手的动作开始形成。

随着五指分工动作的发展，婴儿开始出现双手配合、摆弄物体的情况，并能重复连续动作。大约8个月左右时，婴儿开始学会用拇指和食指夹物。

（3）言语开始萌芽。

6个月前，婴儿能发出许多不同的元音和辅音，8个月左右能连续发音，9～12个月左右，婴儿开始学习说话。

（4）依恋关系发展。

婴儿5～6个月开始认生，8个月左右，婴儿对熟悉的照料者的依恋更加明显，当与依恋对象分离时，婴儿常常表现出明显的恐惧、戒备等分离焦虑反应。1岁左右，婴儿的分离焦虑明显发展。

（二）先学前期（1～3岁）

先学前期又称幼儿早期，这一时期的儿童具有下列几个特点。

1. 学会了直立行走

1岁左右的儿童已经开始学会走路，1～2岁的儿童行走还不太自如，3岁左右的儿童能完全自如、平稳、协调地走，还学会了跑、跳、踢等动作。

2. 学会了使用工具

1岁半左右的儿童能逐渐根据物体的特性来使用它们，而不是简单地敲敲打打，这标志着工具使用的开始。2岁半以后，儿童能自己用小毛巾进行洗脸，用笔画画等。

3. 言语和思维的真正发生

2岁左右的儿童喜欢自言自语，喜欢模仿大人说话，思维随着言语和动作显现，能根据性别、年龄在称呼上进行分类。

4. 自我意识开始发展

2～3岁的儿童出现了最初的独立性。这种独立性的出现，标志着儿童自我意识开始发展。2岁左右的儿童能分清"你""我"，有了初步的自我意识。

（三）学前期（3～6岁）

学前期又称幼儿期，3～6岁是学前儿童个体心理活动系统形成的关键时期，也是儿童个性形成的最初阶段。学前期又可以分为幼儿初期、幼儿中期和幼儿晚期。

1. 幼儿初期（3～4岁，幼儿园小班）

（1）最初步的生活自理。

3岁左右的儿童，逐渐具有了初步的生活自理能力，能进餐、控制大小便，能在成人的帮助下穿衣，能通过语言表达想法和要求，能与他人进行游戏。

（2）认知依靠动作或行动。

3～4岁儿童的认知主要依靠动作或行动进行，其思维特点是先做后想，而不会想好再做。

（3）情绪不受理智支配。

3～4岁的儿童情绪的作用很大，往往不受理智支配，受兴趣左右，往往只注意自己感兴趣及喜欢的事物。

（4）爱模仿。

模仿是这一时期儿童学习的主要方式。

2. 幼儿中期（4～5岁，幼儿园中班）

（1）更加活泼好动。

这一时期的儿童反应、动作灵活，能经常不停地变换姿势和活动方式，喜欢做各种小动作。他们总是不停地看、听、摸，见到新鲜的东西就要摸一摸、拿一拿，甚至咬一咬、尝一尝。中班的儿童不像小班那么听话、顺从，也不能像大班的儿童那样展开更多的动脑活动。

(2) 思维具体形象。

中班的儿童能够根据具体的事物进行简单的推断，具体形象性是中班儿童的典型特征。

(3) 开始接受任务。

这一时期儿童的有意注意、记忆、想象有较大发展，坚持性行为发展迅速；学前儿童最初的责任感开始发展。

(4) 开始自己组织游戏。

4岁左右的儿童会自己分工、安排角色并组织游戏。人际关系由亲子关系、师生关系发展到了同伴关系，同伴影响逐步增大。

3. 幼儿晚期（5～6、7岁，幼儿园大班）

(1) 好问好学。

5～6岁的儿童有强烈的求知欲望和认知兴趣，喜欢探索和动脑筋。

(2) 抽象思维开始萌芽。

5～6岁的儿童知道了一些相对的概念，如多少、冷热等；能根据概念对事物进行分类，概念依据的就是事物的本质；对因果关系开始有所了解。

(3) 开始掌握认知方法。

5岁左右的儿童已经掌握了一些认知方法，能按照一定顺序进行观察，如从左到右、从上到下等。

(4) 个性初具雏形。

5～6岁的儿童开始有了自己的兴趣和较为稳定的态度，情绪相对稳定，在生活和游戏中形成了对人对事的态度和较为稳定的习惯。大班的儿童开始初步形成自己的个性。

二、学前儿童心理发展

（一）学前儿童心理发展中的几个重要概念

1. 转折期

儿童在心理发展的两个阶段之间，有时会出现心理发展在短时期内急剧变化的情况，我们将这个时期称为儿童心理发展的转折期。在心理发展的转折期，儿童往往容易产生强烈的情绪表现，也可能出现儿童和成人关系的突然恶化。3岁儿童常常出现反抗行为或执拗现象，常常对成人的任何指令都说"不""偏不"，以示反对。

由于儿童在心理发展的转折期常常出现对成人的反抗行为或各种不符合社会行为准则的表现，因此，也有人把转折期称为"危机期"。但实际上，儿童心理发展的转折期并不一定会出现"危机"。转折期是儿童心理发展过程中必然出现的，但"危机"却不是必然出现的。"危机"往往是由于儿童心理发展迅速，而导致心理发展上的不适应。如果成人在掌握儿童心理发展规律的情况下，能正确引导儿童的心理发展，化解其一时产生的强烈情绪，"危机"会在不知不觉中度过，或者说，"危机期"可以不出现。

2. 关键期

"关键期"这一概念最早是从动物心理的实验研究中提出的。奥地利著名动物心理学家劳伦兹在研究小动物发育的过程中，发现刚出壳的小鹅（或其他幼雏）会把它们出壳后几小时内看到的活动对象（人或其他东西）当作是母鹅一样紧紧尾随（尾随反应）。这种现象仅在极为短暂的关键期内发生，错过了这个时刻，尾随反应则不能发生。劳伦兹把这段时间称为"关键期"。

儿童心理发展的关键期是指儿童最容易学习某种知识技能或形成某种心理特征的某个时期,一旦过了这个时期,发展的障碍就难以弥补。儿童心理发展的关键期主要表现在语言发展和感知觉发展两个方面。有资料表明,学前期是儿童学习口语的关键期,如果错过了这个时期,儿童就难以学会人类的语言。印度曾有一个被狼哺育长大的孩子卡玛拉,7岁后才获救回到人类社会,开始学习人类的语言,但始终没能学会。

3. 敏感期(最佳期)

敏感期(最佳期)是指儿童学习某种知识和形成某种能力比较容易、儿童心理某个方面发展最为迅速的时期。其与关键期的不同在于,儿童错过了敏感期(最佳期),不是不可以学习或形成某种知识或能力,只是与敏感期(最佳期)比起来,其他时期做同样的事情较为困难或发展比较缓慢。整体来说,学前期是儿童心理发展的敏感期(最佳期)。

知识拓展4

4. 最近发展区

苏联心理学家维果茨基把儿童能够独立表现出来的心理发展水平,和儿童在成人指导下所能够表现出来的心理发展水平之间的差距,称为最近发展区。儿童能够独立表现出来的心理发展水平,一般都低于他在成人指导下所能够表现出来的水平。

最近发展区是儿童心理发展潜能的主要标志,也是儿童可以接受教育程度的重要标志。查明儿童心理发展的最近发展区,可以向其提出稍高的,但是力所能及的任务,促进儿童达到新的发展水平。最近发展区是儿童心理发展每一时刻都存在的,同时,又是每一时刻都在发生变化的。最近发展区因人而异。家长、教师如果时时关注每个儿童,把握好儿童心理发展的最近发展区,并利用之,就可以有效地促进儿童心理的发展。总之,教育要走在儿童发展的前面。教学目标的设计要使儿童经过努力之后才能达到,即"跳一跳,摘桃子"。

(二)学前儿童心理发展的年龄特征

学前儿童心理发展的年龄特征是指学前儿童在一定的社会和教育条件下,在每个年龄阶段中形成并表现出来的共同的、典型的、本质的心理特征。

学前儿童心理发展的年龄特征具有稳定性和可变性。学前儿童的心理发展以生理发展为基础,年龄越小,生理年龄特征对心理发展的制约相对越大,而个体的生理成熟受年龄的影响。但年龄对每个个体的影响是有差异的,因而年龄只在一定程度上制约儿童心理发展的特征,而不能决定儿童心理发展的特征。学前儿童心理发展随年龄的增长呈现出以下特征:从简单到复杂、从具体到抽象、从被动到主动、从零乱到成体系。

1. 从简单到复杂

学前儿童最初的心理活动,只是非常简单的反射活动,以后越来越复杂化。这种发展趋势表现在两个方面:一是从不齐全到齐全;二是从笼统到分化。儿童最初的心理活动是笼统、弥漫而不分化的。无论是认识活动还是情绪,发展趋势都是从混沌或暧昧到分化和明确。也可以说,最初是简单和单一的,后来逐渐复杂和多样化。例如,幼小的婴儿只能分辨颜色的鲜明和灰暗,3岁左右的儿童能辨别各种基本颜色。又如,最初婴儿的情绪只有笼统的喜怒之别，以后几年会逐渐分化出愉快和喜爱、惊奇、厌恶以至妒忌等各种各样的情绪。

2. 从具体到抽象

学前儿童的心理活动最初是非常具体的，以后越来越抽象和概括化。儿童思维的发展过程就典型地反映了这一趋势。幼儿对事物的理解是非常具体形象的。比如，他们会认为"儿子"总是小孩，他们不理解"长了胡子的叔叔"怎么能是儿子，成人典型的思维方式——抽象逻辑思维在幼儿晚期才开始萌芽并发展。

3. 从被动到主动

学前儿童心理活动最初是被动的，其主动性是后来才发展起来的。这种主动性逐渐提高，到成人时便形成极大的主观能动性。儿童心理发展的这种特点主要表现在两个方面。

（1）从无意向有意发展。如新生儿会紧紧抓住放在他手心的物体，这种抓握动作完全是无意识的，是一种本能活动。随着年龄的增长，儿童逐渐开始出现了自己能意识到的、有明确目的的心理活动。如大班学前儿童不仅知道自己要记住什么，而且知道自己是用什么方法记住的，这就是有意记忆。

（2）从主要受生理制约发展到自己主动调节。幼小儿童的心理活动，在很大程度上受生理局限，随着生理的成熟，儿童心理活动的主动性也逐渐增强。比如2~3岁的儿童注意力不集中，主要是由于生理上不成熟所致。4~5岁的儿童在有的活动中注意力集中，而在有的活动中注意力却很容易分散，表现出个体主动的选择与调节。

4. 从零乱到成体系

学前儿童的心理活动最初是零散杂乱的，各种心理活动之间缺乏有机的联系。比如，幼小儿童一会儿哭，一会儿笑，一会儿说东，一会儿说西，都是心理活动没有形成体系的表现。正因为不成体系，学前儿童的心理活动非常容易变化。随着年龄的增长，学前儿童的心理活动逐渐被组织起来，有了系统性，形成了整体，有了稳定的倾向，出现特有的个性。

历年真题

【2.3】"童言无忌"从儿童心理学的角度看是（　　）。
A. 儿童心理落后的表现　　B. 符合儿童年龄特征的表现
C. "超常"的表现　　D. 父母教育不当所致

【2.4】婴儿喜欢将东西扔在地上，成人捡起来给他后，他又扔在地上，如此重复，乐此不疲，这一现象说明婴儿喜欢（　　）。
A. 抓握物体　　B. 重复连锁动作　　C. 手的动作　　D. 玩东西

【2.5】婴儿手眼协调的标志动作是（　　）。
A. 握住手中的东西　　B. 玩弄手指
C. 伸手拿到看见的东西　　D. 无意触摸到东西

【2.6】幼儿教师选择教育教学内容最主要的依据是（　　）。
A. 幼儿发展　　B. 社会需求　　C. 学科知识　　D. 教师特长

【2.7】婴儿手眼协调动作发生的时间是（　　）。
A. 2～3个月　　B. 4～5个月　　C. 7～8月　　D. 9～10个月

【2.8】婴幼儿的"认生"现象通常出现在（　　）。
A. 3～6个月　　B. 6～12个月　　C. 1～2岁　　D. 2～3岁

【2.9】某一时期，儿童学习某种知识和形成某种能力比较容易，心理某个方面的发展最为迅速。儿童心理发展的这个时期被称为（　　）。
A. 反抗期　　B. 敏感期　　C. 转折期　　D. 危机期

【2.10】小班同一个"娃之家"中，常常出现许多"妈妈在烧饭，每位幼儿都感到很满足"。这反映小班幼儿游戏行为特点是（　　）。
A. 喜欢模仿　　B. 喜欢合作　　C. 协调能力差　　D. 角色意识弱

【2.11】材料题：阅读下列材料，回答问题。

不，一百种是在那里

罗里斯·马拉古奇

孩子是由一百种组成的
孩子有
一百种语言
一百双手
一百个念头
还有一百种思考、游戏、说话的方式
有一百种欢乐，去歌唱去理解
一百种歌唱与了解的喜悦
一百种世界去探索去发现
一百种世界去发明
一百种世界去梦想

（资料来源：马拉古奇. 孩子的一百种语言［M］. 南京：南京师范大学出版社，2008.）

问题：
（1）你能从诗中读到幼儿心理发展的什么特点？
（2）依据这些特点，教师应该怎么对待幼儿？

本章小结

本章对学前儿童发展的基本问题进行了概述，主要是两个方面的问题：一是学前儿童的一般发展，包括学前儿童发展的含义、基本规律和影响学前儿童发展的要素；二是学前儿童发展的年龄特征，包括学前儿童各个时期的典型发展特征，以及幼儿园各个年龄阶段幼儿发展的基本特点。结合国家教师资格考试的内容，本章的重点有：学前儿童心理发展的年龄特征，婴儿期各种动作出现的关键年龄，以及幼儿园小、中、大班幼儿的年龄特征。本章的知识点主要属于记忆、理解和运用层次，学习时应注意结合学前教育实践活动进行理解并运用。

☞ 本章要点回顾

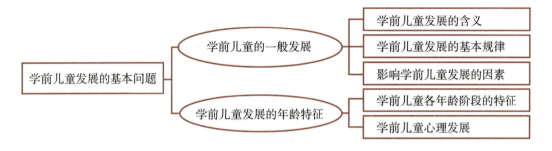

第三章

学前儿童的身体发育和动作发展

☞ **学习完本章，应该做到：**

◎ 了解学前儿童身体发育的基本情况，包括学前儿童的大脑和身体发育基本规律和特点。
◎ 掌握学前儿童动作发展的基本规律和特点。
◎ 能运用学前儿童动作发展的基本规律，解决保教活动中的具体问题。

☞ **学习本章时，重点内容为：**

了解学前儿童身体发育和动作发展的基本规律和特点。侧重掌握学前儿童动作发展的基本规律和特点，明确影响学前儿童动作发展的基本因素，并能运用学前儿童动作发展的基本规律解决保教活动中的有关问题。

☞ **学习本章时，知识要点与具体方法为：**

本章主要有两个基本问题：一是学前儿童的身体发育，二是学前儿童的动作发展。本章主要对学前儿童的身体发育和动作发展进行具体阐述，帮助学生了解学前儿童身体发育情况，熟悉和掌握学前儿童动作发展的基本规律与特点，明晰影响学前儿童动作发展的主要因素，这样可以帮助学生理解学前儿童的心理发展规律和特点。本章的知识点主要属于记忆与理解层次，适当注意运用学前儿童的动作发展规律解决学前教育实践中的具体问题。

【引子】

儿童的成长从身体开始

我是小宝，他们都这样叫我。我吧唧一下嘴巴，马上有一股暖暖的液体流进了喉咙，我努力地睁开眼睛，可是只看到白茫茫的一片，似乎总有声音在耳边萦绕。过了好久好久，我终于能看见了，先是远处的一个点，然后慢慢地能看见身边具体的人和物体了，不久，颜色也丰富起来了。我伸了个懒腰，去抓身边的长条，可惜呀，掉了。我不断地去够，哈哈，我终于抓住它了。很快，我就能分清谁是妈妈了。我最喜欢她了，她总是很快地知道我想要什么。不久，我就能翻身、坐起来了，蹬蹬小腿，好像还能爬了，喉咙里能发出"咿咿呀呀"欢快的声音了，还能吐出清晰的字了，这下终于不用像以前那样动不动就哭了。我总想知道门外面的世界究竟是怎样的，我千百次试着站稳，然后迈开腿，有一天早晨居然成功了，我摇摇晃晃地走出家门，哇，好多小朋友啊！我已经迫不及待想要融入这个世界了……

从上述文字中，我们看到了婴儿的反应，从而知道婴儿已经有感觉了，听到婴儿的哭声就知道他有情绪了。再略微仔细观察，我们可以了解到婴儿既有探索外在环境的驱动力，同时也拥有探索他内在环境的驱动力。但所有的探索首先都是从身体开始的。身体是人真正"存在"的处所，是一个人情绪、感觉、心理、认知、精神和心灵的家园。我们相信儿童的成长都将从身体开始，同步经历着情绪与感觉，然后上升到心理、认知与精神，这是人内在不同的层面。这些不同的层面创造了一个内在拥有自我的生命伊甸园。这个生命的内在世界就如同花园一样，鸟语花香、景象万千。

第一节　学前儿童身体的发育

身体发育是指组织、器官的结构与功能从简单到复杂，从低级到高级的分化演变过程。身体发育是学前儿童各方面发展的基础，学前儿童的运动能力和感知觉、情绪等心理发展都以学前儿童的身体发育为前提。学前儿童身体发育是按照一个可以预期的顺序进行的，比较严格地受到时间的制约。

一、学前儿童大脑的发育

大脑是人体中最精巧、最高效的结构，在学前儿童的成长中优先发育。在分娩时，大脑的发育程度比其他器官更成熟，脑的基本结构已经具备，脑细胞开始分化，大脑皮层已有六层，细胞构筑区和层次分化基本完成，大多数沟回也已经出现。出生后的前两年中，大脑发育特别迅速。出生时新生儿的脑重量一般为成年人脑重量的25%。出生后儿童脑的重量随着年龄的增长以先快后慢的速度增长。儿童出生后第一年的脑重量增加最快，2.5～3岁时脑重发展到相当于成年人脑重的75%。此后几年大脑发育渐慢，6～7岁时儿童的脑重量已接近成人水平，约占成年人脑重量的90%。此后缓慢增长，到20岁左右停止增长。

出生后，儿童大脑的发展包括脑结构的复杂化和机能的完善化两个方面。根据大脑生理学的研究，儿童大脑重量的增加并不是脑神经细胞的增殖，而主要是神经细胞结构的复杂化和神经纤维的伸长。新生儿的大脑皮质表面较光滑，沟回很浅，构造十分简单，以后神经细胞突触数量和长度增加，细胞体积增大，神经纤维开始向不同方向延伸，越来越多地深入到皮质各层。与此同时，神经纤维的髓鞘化逐渐完成，髓鞘化是脑内部成熟的重要标志。髓鞘化保证了神经兴奋沿着一定路线迅速传导。新生儿的脑低级部位（脊髓、脑干）已开始髓鞘化。以后先是与感觉运动有关的部位，后是与智慧活动直接有关的额叶、顶叶区髓鞘化。6岁末时儿童几乎所有的皮质传导通路都已髓鞘化。

二、学前儿童身体发育的基本情况及特点

身体发育是学前儿童心理发展的物质基础和前提，良好的身体素质为学前儿童的发展奠定了基础。

（一）学前儿童身体发育的基本情况

学前儿童的身体发育主要体现为身高与体重的变化、骨骼与肌肉的生长和身体各器官系统的发育三个方面。

1. 身高与体重的变化

身高与体重的变化是学前儿童身体发育最为明显的标志，也是评价学前儿童生长

发育的重要指标。胎儿中期（4～6个月）身长增长最快，3个月约增长27.5厘米，约为出生身长的55%，是一生中身长增长最快的时期。胎儿后期（7～10个月）体重增长最快，3个月约增加2.3千克，约为出生体重的77%。新生儿出生时身长约为50厘米，体重约为3千克。1岁时，儿童身长约75厘米，体重约9千克。出生后一年中儿童身长增长约25厘米，体重增长约6千克，是出生后发育最快的时期。出生后第二年，儿童身长增长约10厘米，体重增长2.5～3.5千克，生长发育的速度也比较快。2岁以后，儿童生长发育的速度下降，每年身高增长4～5厘米，体重增长1.5～2千克，直到青春发育期，生长发育再次加快。

2. 骨骼与肌肉的生长

（1）骨骼的长生。

婴儿出生后，骨骼发育非常迅速，骨龄是身体发育成熟度的最重要指标。刚出生时，女婴的骨龄发育比男孩超前。随着年龄增长，这一差距会逐渐扩大。到青春期，女孩较男孩平均超前2年。骨骼系统发育的一个重要指标就是牙齿的生长，5～6岁时，儿童开始换牙。

（2）肌肉的生长。

学前儿童肌肉组织的生长发育相当明显。学前儿童的体重每年都在增加，而其中75%的增加是肌肉发育的结果。3岁左右，儿童的大肌肉群发育迅速，肌肉组织纤维在长度和力量上不断增加，因而儿童喜欢整天不停地活动，如跑、跳、拍球等。4岁左右，儿童肌肉发育的速度已能跟上整个身体生长的速度。儿童的小肌肉群在5～6岁才开始发育，此时儿童能够从事一些精细的动作，如写字、手工和弹琴等。这时期儿童的小肌肉群虽开始发育，但并不发达，而且精细动作的协调性差，因而对他们的动作质量不宜要求过高。

3. 身体各器官系统的发育

儿童从出生开始，身体不同的器官系统开始出现不同程度的发育。身体各器官系统主要包括神经系统、免疫系统、一般系统和生殖系统。

（1）神经系统。

儿童的神经系统发育较早，主要包括脑、脊髓和周围神经等的发育。从脑和头部的发育来看，大脑在整个生命的前几年发育得最早，神经系统在儿童6岁前发育迅速，但儿童神经系统的发育速度不均衡，一般是先快后慢，婴幼儿时期儿童的神经系统发育已基本成熟，6岁后趋于平稳发展。

（2）免疫系统。

儿童自身的免疫系统处于发育的起始阶段，婴儿会经常生病，特别是呼吸系统容易感染。在儿童7个月后至12岁前是人体一生中免疫功能最差、呼吸系统性疾病最多发生期。比如，儿童小的时候很容易扁桃体发炎，长大了发病率就小了。儿童自身的免疫依靠淋巴系统来辅助完成，儿童的淋巴系统在学龄期发育迅速，12岁达到高峰，以后逐渐下降至成人水平。例如，儿童的扁桃体在2岁以后明显增大，近青春期开始萎缩至成人水平。

（3）一般系统。

儿童一般系统的发育，包括身体外形以及内脏各系统（呼吸系统、消化系统、泌尿系统、运动系统等）的发育。学前儿童的心脏、肝脏、肾脏、肌肉的发育与体格生长平行，比如说胸廓与肺发育了，胸围就会相应增加。例如，3～7岁儿童的心脏发育速度较之前缓慢，心肌柔弱、心壁薄、容积小，此时植物性神经对心脏的调节功能在发育当中，当肌肉、肢体负荷量增加时，儿童主要是依靠提高心率来增加供血量的。

(4) 生殖系统。

儿童的生殖系统在学前期处于潜伏阶段，基本没有发育。

（二）学前儿童身体发育的特点

学前儿童身体发育有其自身的特点，主要表现在身长中心点、体围和器官系统等方面。

1. 身长中心点随着年龄的增长下移

学前儿童身长的增长主要是下肢长骨的增长。刚出生时，婴儿的身体比例不协调，下肢很短，身长中心点位于肚脐以上。随着年龄的增长，儿童下肢增长的速度加快，身长的中心点逐渐下移。1岁时儿童的身长中心点移至肚脐，6岁时移到下腹部，青春期身长的中心点近于耻骨联合的上缘。学前儿童上肢的长骨在不断增长。我们把两上肢左右平伸时两中指间的距离叫指距，主要代表两上肢长骨的长度。出生时儿童的指距约为48厘米。儿童上肢长骨增长的情形与身长相似，在一生中指距总比身长略短。

2. 体围发育的顺序是由上而下、由中心而末梢

体围是指绕身体某个部位周围线的长度，通常由头围、胸围、腰围、臀围等指标组成。但对学前儿童的体围一般只测量其头围、胸围、腰围等。学前儿童身体发育的顺序是由上而下、由中心而末梢。头部最先发育，然后是躯干、上肢，最后才是下肢。婴儿初生时头长约为身长的1/4，2个月时的胎儿头长相当于身长的1/2，而到成人时头长仅为身长的1/8，这说明头的发育最早。头脑是人整个身体的"司令部"，它的成熟程度直接影响和制约着整个身体的生长发育。婴儿手的发育较早，在其会走路以前几乎已经掌握了手的各种功能。如在婴儿刚刚学会爬的时候，主要是靠手的力量向前爬行，而此时腿部还不会与手的力量相互协调。婴幼儿下肢的发育较晚，主要是在会直立行走后才开始逐渐发育的。学前儿童四肢的发育，无论是骨骼、肌肉、血管，还是神经，都是按先中心后末梢的顺序进行的。

3. 各器官系统发育不平衡，有先后快慢的差别

学前儿童各器官系统的发育呈现不平衡的特点。其神经系统最先发育成熟，而生殖系统到儿童期末期才加快发育。当儿童生殖系统发育成熟也就是性成熟的时候，就会让人感觉到他们一下子长大并进入青春期了。儿童肌肉的发育有两个高峰：一个是在五六岁以后，另一个是性成熟期以后。肺的发育要在青春期才完全成熟。婴儿出生后的几个月内，心脏大小基本维持原状；2～3岁时，它的重量迅速增加到初生时的3倍；之后生长速度减慢，到青春期又激增到出生时的10倍。

三、学前儿童身体发育的规律

学前儿童身体发育的规律就是学前儿童在生长发育过程中所表现出来的一般现象，它受到环境、营养、体育锻炼、疾病等因素的影响，主要体现在以下五个方面。

（一）学前儿童的身体发育呈现连续性和阶段性的统一

学前儿童的身体发育是一个连续的过程，不是间歇式、跳跃式的过程。在这个连续的过程中，为了便于研究和保健，我们又可将其分为若干阶段，这些阶段是相互联系的。前一个阶段是后一个阶段发育的基础，后一个阶段是前一个阶段发育的延续，如果前面阶段出了问题，就会影响后面阶段的发育。例如，婴儿动作的发育是一个连续的过程，可以总结为"二抬四翻六会坐，七滚八爬周会走"。婴儿两个月会抬头，四个月会翻身，六个月会坐，七个月会滚，八个月会爬，一周岁会走。抬头、翻身、坐、滚、爬、走等这些动作是婴儿动作发育连续过程所分的几个阶段，如果没有让婴儿在爬的阶段得到锻炼，婴儿就较难掌握走路的方法，走路时就容易摔倒。

（二）学前儿童身体发育的速度呈现波浪式

学前儿童身体发育的速度不是匀速的，而是有快有慢呈波浪式发育。在人的生长发育过程中，共有两个生长发育的高峰，被称为生长发育的突增期：第一个突增期在2岁以前，第二个突增期在青春期。

（三）学前儿童的身体发育呈现顺序性

学前儿童的身体发育呈现顺序性，其中有两个规律：一是头尾律，二是近远律。

1. 头尾律

头尾律也称首尾律，是指在胎儿时期，头部最先发育，头部的生长快于躯干和四肢。婴儿出生时，头围已达成人头围的65%左右。出生以后，婴儿的头颅继续快速发育，然后是躯干，最后才是四肢。这种从头部到下肢的发育规律称为"头尾律"。从"二抬四翻六会坐，七滚八爬周会走"的动作发育程序中，也能发现这一规律。总的来说，学前儿童的身体发育是按从头到脚的顺序进行的，即头部发育最早，其次是躯干，再是上肢，然后是下肢。儿童的身长中心点随着年龄的增长会逐步下移。

2. 近远律

近远律也称正侧律、近侧律或中心四周律，是指从人体中部到人体边缘的发展顺序，即婴儿躯干的生长发育先于四肢，四肢近端的生长发育先于远端。也就是说，学前儿童首先发展的是靠近身体中轴的躯干，然后向身体的边缘延伸，即四肢。婴儿开始拿东西时是满把抓，到了5~6个月时，大拇指逐渐和其他四个手指头相对起来，然后是几个指头拿东西，后来可以用两个指头拿，最后能用指尖捏东西。这就是儿童身体发育的近远律。从出生到发育成熟，人体各部的增长具有这样的规律：头颅增长一倍，躯干增长两倍，上肢增长三倍，下肢增长四倍。经过这样的过程，新生儿会从一个具有巨大的头颅、较长的躯干、短小的四肢的不均衡体型，逐渐生长发育成一个具有较小的头颅、较短的躯干、较长的四肢、体型较为均衡的成人。

（四）学前儿童各系统的发育不均衡，但又统一协调

如前所述，人类身体各器官系统主要包括神经系统、免疫系统、一般系统和生殖系统。学前儿童体内各大系统成熟的顺序是：神经系统最早成熟，一般系统中的运动

系统次之，最后是生殖系统。

学前儿童各系统的发育是不均衡的，但这种不均衡恰恰反映了机体整体协调发展的需要。

（五）学前儿童的生长发育呈现个体差异

尽管每一个儿童在发育过程中，都存在上述的发育规律，但由于遗传和环境的不同，每个儿童在发育的过程中都存在着胖瘦、高矮、智愚、强弱等方面的差异。没有哪两个儿童的发育是完全一样的。

> **历年真题**

【3.1】评价幼儿生长发育的重要指标是（　　）。
A. 体重和头围　　B. 头围和胸围　　C. 身高和胸围　　D. 身高和体重

【3.2】人体各大系统中，发育最早的是（　　）。
A. 淋巴系统　　B. 生殖系统　　C. 神经系统　　D. 消化系统

第二节　学前儿童动作的发展

婴儿出生后，开始只能躺在床上乱动，以后才逐渐会走、会跑、会跳，会用手灵活地拿东西，这是动作的发展过程。学前儿童动作的发展主要依靠神经、肌肉和骨骼的协调发展，但是它和学前儿童心理的发展也有十分密切的关系。因为，学前儿童在活动过程中，通过动作接触周围事物，认识周围事物，产生及发展他们的心理活动的同时也表现着他们的心理活动。学前儿童动作的发展在3岁以前已基本完成，以后只是向更准确、更有组织、更匀称协调的方向发展。3岁前学前儿童动作的发展，是有规律地按一定顺序进行的。

一、学前儿童动作发展的特点

学前儿童动作的发展，主要表现在头部、躯体、行走和抓握动作等方面。

（一）学前儿童头部动作的发展

头部动作是儿童最早发展、完成也较早的动作。头部动作的发展顺序大体是这样的：婴儿出生时，仰卧时头会左右转动，俯卧时会抬头片刻。这时如果不用手托着婴儿的头，他的头就会下垂。婴儿1个月左右时，头部仍不能竖直，俯卧时能抬起下巴。2个月的婴儿，抱着时头能竖直，但还是摇摆不稳。3个月的婴儿，头部能竖直而且平稳。大约4个月的婴儿，头部能平稳竖直，俯卧时能抬头，抱着时头部能保持平稳。7个月左右的婴儿，仰卧时能抬头。

（二）学前儿童躯体动作的发展

学前儿童躯体动作的发展，主要表现为婴儿翻身和坐的动作的发展。2个月左右，婴儿能抬头。大约3个月时，婴儿能从侧卧翻到仰卧。大约4个月时，婴儿能扶着坐。5个月左右，婴儿能从仰卧翻到侧卧。6个月左右，婴儿能坐在有扶栏的椅子上，坐着时身体前倾，还会用手支撑身体。8个月左右，婴儿能扶着站起来。10个月左右，婴儿能毫不费力地从平躺状态坐起。12个月左右，婴儿站着时能自己坐下。

（三）学前儿童行走动作的发展

学前儿童行走动作的发展，要经历爬行、站立和行走三个阶段。大约7个月时，婴儿能试着爬行，主要依靠膝盖和大腿的移动。大约8个月时，婴儿能匍匐爬行，腹部贴地，用腹部、手臂带动身体和两腿前进；扶着能站立。10个月左右，婴儿用手和膝盖爬行，手臂和腿交替移动，并能扶着东西自己站起。12个月左右，婴儿能扶着行走。大约14个月，婴儿能独自站立。15个月左右，婴儿能独自行走。18个月左右的婴儿，跑步不稳，容易摔倒。2岁左右时，儿童行走自如，能大步稳跑，会踢皮球，能自己上楼下楼。2.5岁的儿童，能双脚跳，会用单脚站立片刻（2秒钟左右）；能踮着脚，用脚尖走几步，并能从椅子上跳下。大约3岁时，儿童不仅能单脚站立，也会踮着脚走，并且跑步稳当，还会骑三轮脚踏车。

（四）学前儿童抓握动作的发展

抓握动作的发展，是手的动作发展的重要标志。抓握动作的发展，以眼睛注视物体和手抓握物体动作的协调，以及五个手指活动的分化为特点。婴儿出生后大约6个月时，正式的抓握动作才开始发展。3个月以前的婴儿，手基本上是握成拳头，手脚一起乱伸乱动。4～5个月的婴儿，虽然会伸手抓身旁的东西，但往往是整个手一把抓，拿不住。这种手的动作带有很大程度的无意性，手接触到什么就抓什么。6个月左右，婴儿拿物体时还是一把抓，不会使用拇指，能够把东西从一只手换到另一只手；这时，手眼协调开始发生，婴儿能在看到物体后用手抓住它。大约8个月，婴儿抓握物体时能将大拇指和其他四个手指分开，能使用拇指抓握住物体。10个月左右，婴儿能协调地配合手眼动作，把一样东西放到另一样东西上。大约18个月，儿童能将2～3件东西搭叠起来，能推拉玩具，会同时使用四个手指和拇指，抓握动作得到充分发展。2岁左右的儿童，能用手一页一页地翻书。2.5岁左右，儿童手与手指的动作相当协调，手指活动自如，会用手指拿筷子、拿笔。3岁时，儿童能用手拿笔画圆圈，会自己往杯子里倒水，能自己解开和扣上纽扣。

儿童早期的动作发展，虽然主要与身体发育的成熟程度相关，但是也与环境影响有关系。例如，行走动作是随着腿、腰部骨骼、肌肉发育而成熟的，儿童到一定时间，就会扶着东西站立和行走。但是独立行走的动作，却需要在成人的帮助下进行，练习得越多越熟悉。有些动作，没有相应的环境和练习，不可能得到很好的发展。例如，印度"狼孩"卡玛拉由于长期在狼群中生活，没有行走动作发展的环境。到14岁时，她走路的动作还没有2岁的儿童平稳。到17岁死去时，她始终没有平稳地走或跑过。因此，成人应当根据儿童动作发展的规律和顺序，帮助儿童完善动作，为儿童提供动作练习的机会，促进儿童动作的发展。

二、学前儿童动作发展的规律

（一）从上到下——头尾律

在学前儿童动作发展的过程中，身体上部的发展先于身体下部的发展，呈现出从头部到尾部，从上肢到下肢逐渐发展的规律。婴儿最早出现的是眼部的动作和嘴的动作。上肢动作发展先于下肢动作。婴儿先学会抬头，然后俯撑、翻身、坐、爬，最后学会站和行走，即从离头最近的部位开始发展。

（二）从大到小——大小律

学前儿童动作的发展，先从粗大动作开始，然后儿童逐渐学会比较精细的动作。也就是说，儿童最初发展的是与大肌肉相联系的动作，之后逐渐发展到与小肌肉相联系的动作。如儿童手的动作的发展，先发展的是与手臂大肌肉相联系的伸臂，以后逐渐发展起来与手指小肌肉相联系的抓、握、拿等动作。生活中，我们可以看到婴儿通常先用整只手臂和手去够物体，然后才会用手指拿东西。粗大的动作也是大肌肉群的动作，包括抬头、翻身、坐、爬、走、跑、跳等。大肌肉动作常常伴随强有力的大肌肉的伸缩和全身神经的活动，以及能量的消耗。精细动作指小肌肉的动作，如吃、穿、画画、剪纸、翻书、串珠子等。

（三）由近而远——近远律

学前儿童动作的发展先从头部和躯干的动作开始，然后发展到双臂和腿部动作，最后是手的精细动作，即靠近脊椎中央部分（头和躯干）的动作先发展，然后才发展边缘部分（臂、手、腿）的动作。例如，婴儿看见物体时，一般先是移动肩肘，用整只手臂去接触物体，然后才逐渐学会用手腕和手指去接触并抓取物体。

（四）从无意到有意——无有律

学前儿童的动作最初是从无意动作向有意动作发展，以后则是从以无意动作为主向以有意动作为主的方向发展。动作的无意性和有意性，是从动作的主动性和目的性角度来区别的。儿童的动作，最初是无意动作，无目的，由客观刺激引起，如头会随着光线的方向转动，当有东西接触儿童的手时，儿童就去抓、摸。之后，有意性动作逐渐发展起来，这时客观刺激不在眼前或没有直接接触儿童时，动作也会出现，而且儿童逐渐会通过动作，主动地、有目的地去接触事物、认识事物。例如，儿童在"藏猫"的活动中，主动地把头转来转去寻找"猫"，这就是一种有意动作。

（五）由整体到局部的规律

学前儿童最初的动作是全身性的、笼统性的、弥散性的，之后动作逐渐分化、局部化、准确化和专门化。学前儿童动作发展的趋势体现了从整体到局部的规律。儿童的动作最初是"牵一发而动全身"，如打开瓶盖这一手部动作通常要用到腿部动作，甚至脚部动作，做得慢且不够准确；但随着年龄的增长，儿童逐渐能较快且精确地完成动作。

三、影响学前儿童动作发展的因素

影响学前儿童动作发展的因素不是单一的，是多个系统协调作用的结果。儿童个体的遗传因素、环境因素、教育以及活动等都会对儿童个体的动作发展产生重要影响。

（一）生物学因素

生物学因素为学前儿童动作的发展提供必要的物质前提和可能性。生物学因素包括遗传因素、身体各系统（如神经系统、运动系统）的成熟程度等。

1. 遗传因素

遗传因素是个体成长和发展的主要生物学基础。行为动作产生的主要物质基础是神经系统，尤其是中枢神经系统，神经元和神经系统的分化、发育以及最终形成的行为功能等都受到遗传基因的调控。例如，有些儿童动作迟缓，有些儿童动作灵活，可能都与神经和气质类型有关。

2. 身体各系统的成熟程度

身体各系统的成熟程度也是影响学前儿童动作的一个很重要的因素，诸如坐、站立、行走等动作很大程度上取决于神经系统的成熟程度。[1] 格塞尔的"双生子爬梯实验"充分说明，肌肉、骨骼、神经的成熟程度可以加速或延缓儿童的某种动作。因为儿童大部分的肌肉运动由中枢神经系统控制，如果中枢神经系统本身不够成熟，会直接影响儿童的肌肉发展，从而延缓儿童的动作发展。

（二）非生物学因素

除了遗传和身体各系统的成熟程度等生物学因素外，环境以及个体主观因素等非生物学因素也会对学前儿童的动作发展产生重要影响。

环境的影响既有来自自然环境方面的（如气候、地理特征等）因素，也有来自社会心理、文化背景和家庭方面的因素，这些都在一定程度上影响学前儿童动作的发展。一般来说，气候寒冷地区的儿童常年穿着较厚，因而会延缓其动作发展；来自山区的儿童在攀爬方面的动作表现更佳；生活在海边的儿童游泳技能相对较好。社会文化背景、生活方式和风俗习惯等也会对儿童的动作发展有一定的影响，例如，在崇尚滑雪运动的社会生活背景中，经过不断练习后儿童的滑雪技巧会相对较好；牧民家的孩子，会表现出较高的骑马的动作技能和技巧。家庭环境和教育方面的因素对儿童的动作发展也有极大的影响。父母良好的动作示范与教养方式可以促进儿童的动作发展，如我们熟悉的篮球明星姚明，其父母均是篮球运动员，早期对姚明的篮球动作进行了准确的指导与示范，极大地提高了姚明的篮球运动的能力。

另外，学前儿童自身的努力和面临的动作任务等也是他们动作发展的动力。学前儿童在特定情境中的动作活动特点在很大程度上取决于个体自身的努力状态和外部环境提出的要求。

---

[1] 伊萨. 儿童早期教育导论 [M]. 马燕，等译. 北京：中国轻工业出版社，2012：274.

【3.3】下列符合儿童动作发展规律的是（　　）。
A. 从局部动作发展到整体动作　　　　B. 从边缘部分动作发展到中央部分动作
C. 从粗大动作发展到精细动作　　　　D. 从下部动作发展到上部动作

【3.4】由于幼儿的肌肉中水分多，蛋白质及糖原少，不适合他们的运动项目是（　　）。
A. 投掷　　　　B. 跳绳　　　　C. 拍球　　　　D. 长跑

【3.5】下列哪一种活动重点不是发展幼儿的精细动作能力？（　　）
A. 扣纽扣　　　B. 使用剪刀　　C. 双手接球　　D. 系鞋带

【3.6】下列最能体现幼儿平衡能力发展的活动是（　　）。
A. 跳远　　　　B. 跑步　　　　C. 投掷　　　　D. 踩高跷

【3.7】婴儿动作发展的正确顺序是（　　）。
A. 翻身→坐→抬头→站→走　　　　B. 抬头→翻身→坐→站→走
C. 翻身→抬头→坐→站→走　　　　D. 抬头→坐→翻身→站→走

【3.8】简答题
根据图 3.1 说明儿童动作发展的规律。

图 3.1　儿童动作发展的规律

本章小结

学前儿童的身体发育和动作发展是学前儿童心理发展的物质基础和前提，只有了解了这一前提，才能更好地掌握学前儿童的心理发展的知识内容。本章主要阐述两个问题：一是学前儿童的身体发育，包括学前儿童身体发育的基本情况、特点和规律；二是学前儿童动作的发展，包括学前儿童动作发展的特点、规律和影响因素。本章的重点是学前儿童的身体发育和动作发展的规律，学生要在熟悉学前儿童身体发育和动作发展规律的基础上，能运用这些规律去解决保教实践中的具体问题。

本章要点回顾

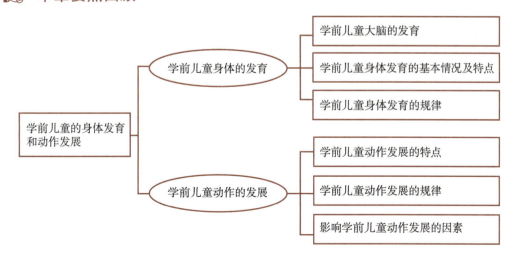

第四章

学前儿童的认知发展

☞ 学习完本章，应该做到：

　　◎ 了解学前儿童感知觉发展的特点，掌握学前儿童的感觉、知觉规律，并能运用这些规律解决保教实践中的具体问题。
　　◎ 了解学前儿童注意发展的特点，掌握学前儿童的注意规律，并能运用这些规律解决保教实践中的具体问题。
　　◎ 了解学前儿童记忆发展的特点，掌握艾宾浩斯的遗忘规律及影响记忆的因素。
　　◎ 了解学前儿童思维发展的一般情况，掌握皮亚杰认知发展阶段理论，并能运用这一理论解决保教实践中的具体问题。
　　◎ 了解学前儿童想象发展的特点，分清学前儿童夸张和想象的区别，并能运用有关知识解决保教实践中的具体问题。

☞ 学习本章时，重点内容为：

　　本章是学前儿童心理发展中的认知发展，既是这门学科的基础部分，也是重点部分。学前儿童的认知发展包括感知觉、注意、记忆、思维和想象等内容，其中感知觉是一切心理活动产生的基础，思维是学前儿童认知发展的重要标志，注意、记忆和想象也是学前儿童认知发展的重要衡量指标。本章的重点是学前儿童的思维发展部分，包括学前儿童的思维特征、各类思维能力的发展以及皮亚杰的认知发展阶段理论中提到的前运算阶段等。

☞ 学习本章时，知识要点与具体方法为：

　　本章讲述学前儿童的认知发展，涉及的内容较多，主要包括学前儿童的感知觉、注意、记忆、思维和想象等五个方面的内容。每一节都会围绕三个方面展开：概述、年龄发展和相关规律的应用。概述主要帮助大家了解感知觉、注意等心理活动的一般情况，包括概念、类型、属性、品质等；年龄发展主要阐述儿童的感知觉、思维等在学前阶段的特征；相关规律的应用则会结合保教实践中的具体案例展开阐述，旨在帮助大家理解并学会运用心理学的有关知识。

【引子】

冬冬是个"出尔反尔"的人吗？

　　冬冬是个3岁6个月的男孩，虎头虎脑，十分活泼可爱。冬冬的爸爸妈妈都很喜欢他。可令冬冬妈妈不解的是：冬冬无论做什么事情，之前从不爱多思考。比如，玩插塑时，让他想好了再去插，而他却是拿起插塑就开始随便地插，插出什么样，就说插的是什么；在绘画时，有时候他想着画个小孩，却突然很兴奋地指着自己的画喊"气球"；要解决别的问题时也是这样，冬冬总是说一样，做的又是另一样。爸爸认为冬冬总这样"出尔反尔"不太好，便要求冬冬想好了再去行动，可冬冬却常常做不到。

爸爸妈妈为此感到非常烦恼，却不知该如何是好。

冬冬的表现在同龄人中并不少见，3岁左右的孩子处于直觉行动思维阶段。这时候儿童的语言能力还很低，所以他们进行的思维总是与对事物的感知和自身的行动分不开的。也就是说，他们的思维是在动作中进行的，离开所接触的事物，离开动作就没有了思维。冬冬的爸爸妈妈没有必要为此感到烦恼，这是学前儿童思维发展的必经阶段。

第一节　学前儿童感知觉的发展

个体对事物的认识是从感知觉开始的。可以说，感知觉是人生最早出现的认知过程，个体从出生开始直至儿童早期，都是感知觉发展的关键时期。感知觉是一切复杂的高级心理活动的基础。

一、感知觉概述

（一）感觉

感觉是人脑对直接作用于感觉器官的客观事物的个别属性的反映。对个体来说，感觉获得的经验是最直接、最及时的，是一切高级心理现象产生和发展的基础。人对客观事物的认识是从感觉开始的，感觉是最简单的认识形式。例如，当橘子作用于我们的感觉器官时，我们通过视觉可以反映它的颜色，通过味觉可以反映它的酸甜味，通过嗅觉可以反映它的清香气味，通过触觉可以反映它表皮的粗糙和凸起。人类是通过对客观事物的各种感觉认识到事物的各种属性的。感觉不仅反映客观事物的个别属性，而且也反映我们身体各部分的运动和状态。例如，我们可以感觉到双手在举起，感觉到身体的倾斜，以及感觉到肠胃的剧烈收缩等。

感觉虽然是一种极简单的心理过程，可是它在我们的生活实践中却具有重要的意义。有了感觉，我们才能分辨外界各种事物的属性，因此才能分辨颜色、声音、软硬、粗细、温度、味道、气味等；有了感觉，我们才能了解自身各部分的位置、运动、姿势、饥饿、心跳；有了感觉，我们才能进行其他复杂的认识过程。失去感觉，我们就不能分辨客观事物的属性和自身状态。因此，可以说，感觉是各种复杂的心理过程（如知觉、记忆、思维）的基础，从这个意义上来说，感觉是个体关于世界的一切知识的源泉。

1. 感受性和感觉阈限

感觉通过感受性和感觉阈限来认识刺激物。人们对刺激的感觉能力叫感受性。感受性的大小是用感觉阈限的大小来度量的。每种感觉都有两种感受性和感觉阈限：绝对感受性与绝对感觉阈限，差别感受性与差别感觉阈限。

（1）绝对感受性与绝对感觉阈限。

刺激只有达到一定的强度才能被人觉察到，像空气中的尘埃等过弱的刺激落在人的皮肤上，人是觉察不到的。我们把人们刚刚能够觉察到的最小刺激量称为绝对感觉阈限；相应地，我们把人们刚刚能够觉察出最小刺激量的能力称为绝对感受性。

绝对感觉阈限不是一个单一的强度值，而是一个统计学上的概念。按照惯例，心理学家把有50%的次数被觉察到的刺激值定为绝对感觉阈限。

绝对感受性与绝对感觉阈限在数量上成反比关系。如果用E代表绝对感受性，R代表绝对感觉阈限，则它们之间的关系可以用下列公式表示：

$$E = 1/R$$

不同感觉的绝对感觉阈限是不同的。在适当的条件下，人的感觉阈限是很低的。不同个体的绝对感觉阈限有相当大的差异，即使是同一个体，其绝对感觉阈限也会因机体状况和动机水平而发生变化。

（2）差别感受性与差别感觉阈限。

在刺激物能引起感觉的基础上，如果变化刺激量，并不是刺激量的任何变化都能被人们觉察出来的。只有刺激增加或减少到一定的数量，才能引起一个差别感觉。我们把刚刚能够引起感觉变化的事物属性的最小差异量叫作差别感觉阈限；相应的，我们把人能够觉察到事物属性的最小差异量的能力叫作差别感受性。差别感受性和差别感觉阈限也是成反比关系的。例如，我们在感受50人团体的合唱时，增加一两个人的声音，大多数人并不能精确感知；但如果增加十几人的声音时，便能清楚地感知。

2. 感觉的规律

感觉的规律主要包括感觉适应、感觉对比、感觉后效、联觉、感觉补偿五个方面。

（1）感觉适应。

感觉适应是指同一种刺激物持续地作用于某一特定感受器而使感受性发生变化的现象。在生活中，感觉适应是很普遍的。例如，俗语"入芝兰之室，久而不闻其香；入鲍鱼之肆，久而不闻其臭"说的就是感觉适应。再如，味觉上的感觉适应则会表现为吃得越来越辣，口味越来越重而不自知。

感觉适应可以引起感受性的提高，也可以引起感受性的降低。这在视觉的适应中表现得特别明显。例如，一个人由亮处到暗处时，开始什么也看不清，过一会儿之后，才能逐渐分辨身边的物体。我们把这种对暗的适应过程，称作"暗适应"。同样，一个人从暗处进入亮处，开始也是视线不清，需要一段时间以后才能分辨周围的物体。我们把这种对光的适应过程，称作"明适应"。

此外，不同感觉的适应速度和适应程度也会表现出明显的差异性。

（2）感觉对比。

感觉对比是指两种不同的刺激物作用于某一特定感受器而使感受性发生变化的现象。感觉对比可以分为两种：同时对比和继时（先后）对比。当两种刺激物同时作用于某种特定的感受器时，产生同时对比。例如，蓝天白云、红花绿叶、批改作业用红笔等，两种对比中的颜色显得特别明显。当两种刺激物先后作用于同一感受器时，会产生继时（先后）对比。例如，先吃完巧克力，再吃话梅，就会令人感觉话梅酸得掉牙；相反，先吃话梅，则会令人觉得巧克力甜到发腻。

（3）感觉后效。

当刺激物对感受器的作用停止后，感觉现象并不立即消失，它能保留一个短暂的时间,这种现象就是感觉后效。例如,"绕梁三日,余音不绝"就是一种感觉后效。各种感觉中,痛觉后效特别显著,视觉后效也很显著。视觉后效也叫后像,后像有正负之分,与刺激物的品质相同的后像叫正后像,与刺激物的品质相反的后像叫负后像。正后像保持着原来效应刺激物所具有的同一品质的痕迹。例如,在暗室里把灯点亮,在灯前注视灯光三四秒钟,再闭上眼睛,就会看见在黑的背景上有一个灯的光亮的痕迹,这就是正后像,因为它保持着原来效应刺激物——灯光的"亮"的品质。随着正后像出现以后,如果继续注视灯光,就会发现在亮的背景上出现一个黑斑的痕迹,这就是负后像,因为它保持的"黑"品质和原来效应刺激物——灯光的"亮"品质相反。

(4) 联觉。

有时某种感官受到刺激时会出现另一种感官的感觉和表象,这种现象就是联觉。例如,用刀子沿着玻璃边摩擦出来的吱吱声,往往使人的皮肤产生寒冷的感觉;微弱的听觉刺激能提高视觉对颜色的感受性;咬紧牙关或握紧拳头,会使人感到身体某一部位的痛苦似乎减轻了些。可见,对某种刺激的感受性,不仅取决于效应刺激物对该感受器的直接刺激,而且还取决于同时受刺激的其他感受器的机能状态。这种不同感觉相互作用的一般规律是:较弱刺激能提高另一种感觉的感受性,而较强刺激则使这种感受性降低。文学修辞中的"通感"现象,就是心理学中的联觉作用。

(5) 感觉补偿。

感觉补偿是指人的某种感觉能力丧失后,其他感觉能力获得突出的发展,以资补偿的一种现象。例如,盲人丧失了视觉,但其听觉和触觉、振动觉等却得到了特别的发展。这种补偿作用是经过长期不懈的练习获得的,感觉补偿的现象说明了人的感受性存在巨大的潜力,在长期训练的条件下会表现出惊人的能力。例如,染料工人能分辨40多种不同的黑色,音乐教师能精确分辨微弱的音高偏差等。这给特殊儿童教育带来了启示,相关人员可以对特殊儿童进行感觉补偿训练,从而为特殊儿童的生活自立创造充分的条件。这种训练宜早进行。

(二) 知觉

知觉是指人脑对直接作用于感觉器官的客观事物的整体属性的综合反映。知觉和感觉一样,都是客观事物直接作用于感觉器官,在头脑中形成的对客观事物的直观形象的反映,通常合称"感知觉"。客观事物一旦离开感觉器官所及的范围,对这个客观事物的感觉和知觉也就停止了。感觉和知觉都是人类认识世界的初级形式,反映的是事物的外部特征和外部联系。但是,知觉又和感觉不同,感觉反映的是客观事物的个别属性,而知觉反映的是客观事物的整体属性。知觉以感觉为基础,但不是感觉的简单相加,知觉往往会借助经验,对大量的感觉信息进行综合加工后形成有机整体。

知觉的基本属性主要包括整体性、选择性、理解性和恒常性等。

1. 知觉的整体性

当知觉的对象由不同的属性、部分组成时,我们的知觉并不将它感知为个别、孤立的部分,而总是把相似的物体当作一个有组织的整体。例如,图4.1所示图形就反映了知觉的整体性。这种特殊性通常被称为"知觉的整体性"或"知觉的组织性"。格式塔心理学家曾对知觉的整体性做过许多研究,提出知觉是按照一定的规律形成和组织起来的。这种组织的规律有很多，如接近因素：人们倾向于将时间或空间上接近的部分看成一个整体（如浙江、江苏、上海等省市由于空间接近，通常被看作是中国的东部城市）；又如相似因素：人们常常会将道路两旁形状相似的路灯看作是一个整体。

图 4.1　知觉的整体性举例

2. 知觉的选择性

知觉的对象与背景是互相依存、互相转化的。例如，当我们从注意教师的板书转移到挂图时，挂图成为清晰的对象，而黑板上的文字则成为知觉的背景。知觉对象和背景的互相转化在双关图形中表现得更为清楚（如图4.2所示）。从背景中区分出知觉对象，依存于两个条件：一是对象与背景之间的差别。对象与背景之间的差别越大，把对象从背景中区分出来就越容易，反之则越困难。二是注意的选择作用，当注意指向某个事物时，该事物便成为知觉的对象，而其他事物则成为知觉的背景。当注意从一个对象转向另一个对象时，原来的知觉对象就成为背景，知觉对象便发生了新的变化。因此，支配注意选择性的规律，也是知觉对象从背景中分离出来的一条规律。

图 4.2　知觉的选择性举例

知觉对象往往会受到背景的制约和影响。例如，用粉笔在黑板上和白色的墙壁上画同样的一个圆，它的物理特性并没有变化，但我们看到的黑板上的圆更清楚分明，而墙壁上的圆却模糊不清、不易被注意。再如，傍晚赏月，月亮实际上是相对静止的，但我们有时却觉得月亮在云朵后面移动。

3. 知觉的理解性

对于知觉对象，个体总是以自己过去的经验加以解释，并用词来表示它。我们把这种现象称为知觉的理解性。例如，一张满是斑点的图像，人们会凭借经验，认为它是一只斑点狗（如图4.3所示）。知觉的理解性有助于我们从背景中区分知觉的对象，有助于我们形成整体知觉，从而扩大知觉的范围，使知觉更加迅速。又如，同样是飞机，大人和孩子的理解往往不太一样，大人将其看成是交通工具，孩子则会将飞机理解为"一只大鸟"。

图 4.3　知觉的理解性举例

4. 知觉的恒常性

当知觉对象的物理特性在一定范围内发生了变化的时候，知觉形象并不因此发生相应的变化，我们把这种现象称为知觉的恒常性。例如，对同一个人，当我们从不同的距离、角度和明暗条件下去看他时，虽然视网膜上的物像各不相同，但我们仍将其看作同一个人。知觉的恒常性在视知觉中表现得很明显、很普遍，主要有大小恒常性、形状恒常性、明度恒常性、颜色恒常性、对比恒常性等。图 4.4 就是知觉形状恒常性的一个例子。

图 4.4　知觉的恒常性举例

知觉的恒常性是过去经验作用的结果。当然，并不是知觉条件的任何变化都能保持知觉的恒常性。例如，当你站在桥头看汽车开往远方时，你会看到它越来越小，最后就逐渐消失了。知觉的恒常性仅仅是在知觉条件发生变化的一定范围内才起作用的。

二、学前儿童感知觉的发展

在学前儿童尤其是幼小儿童的认知活动中，感知觉占据重要地位。与思维相比，感知觉在 3～6 岁儿童的认知活动中仍占优势。幼儿依靠感官获得关于物体的形状、颜色、声音等属性的直接经验，从而认识世界。3～6 岁儿童的思维活动虽有一定程度的发展，但仍需依靠感知觉的帮助。儿童的感知觉是记忆、思维、情绪等心理活动发展的基础。

个体感知觉的发展开始于出生之前，在母体子宫环境中，胎儿就能感受到声音、光线、温度等。胎儿阶段的感知觉的发育情况如表 4.1 所示。

表 4.1　胎儿阶段感知觉的发育情况

胎儿月龄	感知觉发育情况
2 个月	出现了动觉；嗅觉接收器开始发育
3 个月	手、口、身体表面开始有触觉；耳蜗初步形成，平衡觉开始发挥作用
4 个月	能感受到刺激和疼痛；味觉成熟

续表

胎儿月龄	感知觉发育情况
5个月	视杆细胞分化
6个月	有按压、疼痛、冷热等感觉;平衡觉发育成熟
7个月	可以用手进行感知;嗅觉发育成熟;听觉发育成熟;能对子宫外刺激做出反应
8个月	大部分感知觉发育成熟
9个月	能接受光的刺激
出生	运用所有的感官

(资料来源:秦金亮.早期儿童发展导论[M].北京:北京师范大学出版社,2014:76.)

(一) 感觉的发展

新生儿已经具备人类大多数基本感觉,如视觉、听觉、触觉、味觉、嗅觉以及对身体位置和机体状态变化的感觉等。人生最初的两年,即言语形成之前,儿童主要依靠感知觉来认识世界。西方儿童心理学鼻祖、德国生理学家和实验心理学家普莱尔所著的《儿童心理学》的英译本的书名就是《幼儿的感觉和意志》,主要研究幼小儿童的感觉。下面着重从视觉、听觉、触觉三个方面来介绍学前儿童感觉的发展。

1. 视觉的发展

学前儿童视觉的发展主要表现在视敏度和颜色视觉上。视敏度是指个体能精确辨别物体在体积和形状上差别的能力,俗称"视力"。视力主要依靠晶状体的变化来调节。晶状体是扁平状富有弹性的组织,它借助睫状肌的松紧调节,使物体的视觉形象恰巧折射到视网膜上。

在新生儿的感觉发展中,视觉是发展相对较晚,相对不成熟的感觉。

美国学者阿斯林等人的研究表明[①],出生1天的婴儿具有大约相当于20/150的视力,即婴儿在6.67米(20尺)处才看得见具有正常视力的成人的50米(150尺)处看见的东西,大约相当于视力表的0.01~0.02。到了3个月时,婴儿能够注视和追随玩具,头也会转动。到4个月时,婴儿开始建立立体视觉,对距离的判断能力开始发展。到6个月时,婴儿开始双眼同时看物体,从而获得正常的"两眼视觉",视敏度相当于成人的20%。1岁之前是婴儿视力的"可塑期";2~4岁时幼儿的立体视觉接近完成,视力水平为0.6~0.8;4岁时幼儿的正常视力可达0.8~1.0;5~7岁时大多数幼儿的视力可达到1.0;8~9岁儿童的视力基本发育完成。

颜色视觉能力的发展主要表现在掌握颜色辨别与颜色命名之间的关系,即区别颜色细微差异的能力。德国心理学家威尔纳等人的研究证明:新生儿出生时就具备辨别各种颜色的能力;3个月左右的婴儿的颜色知觉就已经接近成人,不但能根据明度辨别颜色,而且能根据色调辨别颜色;4个月左右的婴儿对颜色的爱好和成人的评定相似。

幼儿期,儿童区别颜色细微差异的能力继续发展。3岁之前的儿童可以辨别不同的颜色,但对颜色命名的准确性不高;3~6岁儿童对红、黄、绿3种颜色辨认的正确率

---

① 陈帼眉.学前心理学[M].北京:人民教育出版社,1997:65-66.

最高，对其他颜色的辨认及命名能力随年龄的增长逐步提高。从4岁开始，儿童开始认识混合色；5岁的儿童不仅能注意到色调，而且还能注意到颜色的明度和饱和度。幼儿往往能掌握颜色，但不一定能准确地说出颜色的名称，这可能还与幼儿的生活经验有关。

2. 听觉的发展

听觉是个体对声音的高低、强弱、品质等特性的感觉。婴儿的听觉能力包括对声音的检测、对音色音调的辨别、音源定位、语音知觉等能力。5个月左右的胎儿能对母体内的声音、母亲的呼吸和心跳，甚至外界的声音做出不同的反应，说明胎儿的听觉已经开始发展。新生儿对人说话的声音比较敏感，能对沉闷、愤怒与愉快、温柔的语调做出不同反应，甚至对不同声音的音调、纯度、响度、持续时间等都有不同的反应。在新生儿的感觉发展中，听觉是发展相对较早、相对成熟的感觉。美国心理学家皮克等人的研究证明，新生儿对音强在40～70分贝的声音会发生心率、肌电、呼吸、眨眼等变化反应。

加拿大心理学教授缪尔的实验表明，半个月左右的婴儿开始出现把头转向声源、视觉和听觉相协调的现象。婴儿对母亲的高度依恋还表现在视觉的追踪和听觉的喜好上。相对于其他的语言来说，婴儿更喜欢听母亲的本族语言。3个月左右的婴儿能通过听觉感受到他人的情感信息，婴儿在听他人说话时也会出现身体同步运动，语音消失后，身体的同步运动也会消失。

随着年龄的增长，学前儿童的听觉不断发展。在辨别声音的细微差别上，大班幼儿比小班幼儿强得多。小班幼儿往往不能区别发音上的细微区别，因此，常常不能学会正确发音。幼儿期儿童的音高差别感受性逐步提高。研究表明，5～6岁的儿童平均能在55～65厘米处听到钟表摆动的声音；6～8岁的儿童平均在100～110厘米处就能听到，听觉的感受性大约提高一倍。皮克等对5～14岁儿童的听觉研究发现，在12～13岁之前，儿童的听觉感受性一直在增长。

3. 触觉的发展

触觉是个体最早发展的感官系统之一，32周的胎儿已经对触摸有敏感性。对新生儿来说，他们的手掌、脚掌和面颊相当敏感，或者说婴儿具有天生的无条件反射，如吮吸反射、抓握反射、防御反射等，这些都是触觉的反应。如在生活中，婴儿的尿布湿了，他们便会做出哭闹反应，这就是触觉反应现象。

在1岁之前，婴儿的口腔触觉都是一种探索反应，大多数婴儿喜欢啃咬自己的小手小脚，他们通过啃咬来认识自己的存在和周围其他事物的存在，这通常被称为"试探性嘴咬现象"。4～5个月时，婴儿开始出现听触协调和视触协调现象。视触协调也称手眼协调，手眼协调活动的出现是婴儿认知发展过程中的重要里程碑。婴儿学会手眼协调之后，啃咬的动作逐渐减少，手开始成为儿童认识世界的重要工具。6个月左右，婴儿开始出现眼、手和嘴的协调连续动作，如婴儿看见汤勺，便会拿起汤匙，然后放进嘴里。1岁左右，婴儿手的触觉探索逐渐发展起来，婴儿逐渐只用手摸索就能认识规则物体。

触觉是学前儿童认识世界的主要手段。2岁以前，触觉在儿童的认知活动中占有重要地位。2岁以后，随着儿童知觉表象的发生和发展，远距离感知的作用（如听觉和视觉的作用）越来越多，触觉的作用逐渐减弱，但在整个学前期，儿童还是较多地依靠触觉或触觉与其他感官协同活动来认识世界的。

3～6岁的儿童趋向于用手指摸索物体的外形，认识物体，触觉能力随着年龄的增长会稳步提高。

另外，痛觉、嗅觉和味觉也是儿童感觉发展的组成部分，在学前期都会得到不同程度的发展。研究表明，新生儿具备疼痛的敏感性，这在早产儿身上表现得尤为明显，疼痛特征也表现得很多，如哭闹、心率增快、面色青紫、掌心出汗、呕吐等。痛觉虽是生存必需的保护性感受，但反复的疼痛刺激会影响新生儿的大脑发育。随着年龄的增长，儿童的痛觉感受性逐渐提高，并与情绪状态密切相关。

新生儿已经能对不同的气味做出反应，3个月左右的婴儿能对不同的气味进行区分，4个月左右，婴儿的嗅觉相对稳定。通过气味，婴儿能区分配方奶和母乳，能分辨母亲和其他成人。味觉和嗅觉可以互通，人们主要通过味蕾区分不同的食物。新生儿的味觉发达，喜欢吃甜的东西；4个月以后，他们开始喜欢摄入咸味食物。婴儿对味觉上的差异比较敏感，3个月左右能区分不同程度的甜。随着年龄的增长，儿童会逐渐形成自己的口味习惯，清淡适宜的味道更能保护儿童味觉的发展。

（二）知觉的发展

学前儿童知觉的发展处在由低到高发展的过渡时期。儿童原始的感知能力是与生俱来的，最初的感觉是生理性的活动，也是原始的心理活动，知觉在儿童出生不久便在感觉的基础上发展起来，随着年龄的增长不断发展，并日益分化，逐渐出现多种感知协调活动。出生后的第一年，婴儿出现了知觉恒常性。2岁以后，婴儿的语言和思维真正发生，逐渐从知觉的恒常性向思维的概括性过渡。3岁以后，儿童对物体的感知渐渐地和有关概念联系起来，而且感知的目的性也逐渐提高，形成观察能力。4～5岁以后，儿童能够逐渐有意识地支配自己的感知活动，掌握了观察方法。学前儿童知觉的发展主要体现在整体知觉与部分知觉、空间知觉、时间知觉等方面。

1. 整体知觉与部分知觉

整体知觉是指个体对物体各部分关系及其整体构成的知觉。人的知觉系统具有把个别属性、个别部分综合成整体的能力。在格式塔心理学家看来，通过知觉感受到的东西要大于眼睛见到的东西；任何一种知觉的现象，其中的每一部分都牵连到其他部分，每一部分之所以有其特性，是因为它与其他部分具有关系。在知觉活动中，人们对整体的知觉常常先于对部分的知觉。如走进一间房子，我们通常会先感受到作为整体的房间，然后才会注意房间的细节，如门窗、桌椅、摆设等。

4～5岁的儿童最先关注物体的个别部分；6岁左右的儿童开始关注物体的整体，但不够确定；7～8岁左右的儿童既能看到整体又能看到部分，但不能把整体和部分结合起来，出现了"逻辑上的慢动作"；8～9岁的儿童一眼就能看出部分和整体的关系，实现了二者的统一。

2. 空间知觉

空间知觉是指个体对物体的距离、形状、大小、方位等空间特性、空间关系以及个体自身在空间所处位置的知觉。空间知觉主要包括形状知觉、方位知觉和深度知觉。

(1) 形状知觉。

形状知觉是个体对物体各部分排列组合的认识。3 岁左右的儿童已经能区分简单的几何图形，如圆形、正方形。根据难易程度，儿童掌握图形的顺序为：圆形→正方形→半圆形→长方形→三角形→八边形→五边形→梯形→菱形。3~4 岁儿童通常会用一些形象的词来称呼几何图形，如把圆形叫作皮球，把半圆形叫作月亮等。5 岁半左右是儿童认知平面几何图形能力迅速发展的时期。6~7 岁的儿童只对个别陌生的图形采用实物名称表示，如把梯形说成花盆、轮船等。

(2) 方位知觉。

方位知觉是指个体对物体在空间中所处的方向和位置的知觉。在 3 岁时儿童已经可以正确地辨别上下方位，4 岁时则能够正确地辨别前后方位。在 5~7 岁时，儿童初步掌握左右方位，不过这时要依靠自己为中心才能完成任务，如儿童能正确辨认自己的左右手，但不能辨认对面人的左右手。如在做操时，幼儿园老师通常需要通过"镜面示范"的方式让儿童掌握动作要领。由于方位本身具有相对性，儿童从具体的方位知觉上升到方位概念需要经过较长一段时间。

(3) 深度知觉。

深度知觉是指个体判断自身与物体或物体与物体之间距离的知觉。美国心理学家沃克和吉布森发明了"视崖"装置[①]，把儿童放在厚玻璃板的平台中央，平台一侧下面紧贴着方格图案，造成视觉上的"悬崖"。在实验时，母亲轮流在两侧呼唤儿童。实验结果表明，6~14 个月的婴儿，大多数只能爬到浅滩，即使母亲在深侧一旁呼唤，婴儿也不愿意爬过去，这说明 6 个月以上的婴儿已经具有深度知觉能力。

3. 时间知觉

时间知觉是指个体对客观事物运动过程的先后和时间长短的辨认，即对客观现象的顺序性和延续性的知觉。时间通常是非直观的，我们无法直接感知，需要借助一些媒介来认识它，如太阳的升起落下、月亮的圆缺变化等。儿童的时间知觉主要和识记的事件相联系，即儿童对事件的记忆是时间知觉和时间表象的主要来源。日夜、季节的变化都和儿童的生活经历有关，如太阳升起来了就是早晨，日历上的红字就是星期天，到黑字就该上学了，等等。

学前儿童的时间知觉发展较迟，5 岁儿童的时间知觉不准确、不稳定，不会使用时间标尺；6 岁儿童对短时距（如 3 秒、5 秒）判断的准确性和稳定性有所提高；7 岁儿童大多能利用时间标尺，长时距知觉的准确性较高。7 岁是儿童时间观念发生质变的年龄。

三、学前儿童感知觉的发展在教育教学中的应用

(一) 利用感知觉发展的规律组织教育教学活动

感知觉的发生和发展具有一定规律，教师在组织教育教学活动时，如果能运用好这些规律，可以提高活动效果，对儿童感知觉的发展也有积极作用。学前儿童的感知

---

① 陈帼眉. 学前心理学 [M]. 北京：人民教育出版社，1997：89.

觉能力可以通过活动来培养，每次新的感知，对学前儿童来说都是一次有用的经验。教师在日常活动中应引导学前儿童说出自己的感受，启发他们多思考、记忆这些感受，并帮助学前儿童正确地表达自己的体验。

教师如果利用知觉的选择性原理和感觉对比规律组织教学活动，往往会有意想不到的效果。因为人在感知事物时，并非面前所有的刺激都能同时被清楚地反映，人总是只能清晰地感知一些刺激，这些刺激便成为知觉对象；其余的成为背景，对背景的反映则不甚清晰。对象是感知的中心，背景则是衬托部分。如教师上图画课时，画在黑板上的图是学前儿童知觉的对象，而黑板与墙壁等是作为背景呈现在学前儿童的视野中的。如果学前儿童注视图中的一个人像，这个人像便成为知觉的对象，而图中的其他人或物便成为背景。应当注意的是，在一般情况下，知觉对象与背景的差别越大，知觉对象越容易被区分出来。这种差别可以是颜色上的差别，也可以是形状、大小以及声音高低等方面的差别。例如，"万绿丛中一点红"中的红花之所以容易被感知，就是因为它和绿叶有明显差别。反之，知觉对象与背景的差别越小，知觉对象越难从背景中被分辨出来。

此外，在固定不变的背景中，活动的事物容易成为知觉对象。如仲夏之夜，繁星满天，一颗飞逝的陨石很容易被人感知。刺激物本身的组合形式，也是使一些刺激物成为知觉对象的重要条件。在视觉刺激中，凡是距离接近，或颜色、形式相同或相似的事物都更容易成为完整的知觉对象。例如，在行人如流的大街上，一队上穿白衬衣、下穿蓝裤、胸前飘着红领巾的少先队员排队前进，很自然地会引人注意，成为知觉对象，在满街行人的背景中被区分出来。又如，遥望一条伸向远方的公路，路旁两排整齐的树木容易成为知觉对象，从整个原野的背景中区分出来。假如远远驶来一辆汽车，这个正在运动的汽车也很容易从静止的背景中被区分出来，成为知觉对象。

在听觉方面，刺激物各部分在时间上的组合（即"时距"的接近），也是知觉对象从背景中被分离出来的重要条件。例如，学前儿童唱出一首儿歌，很容易在喧闹的背景中被分出，成为知觉的对象。

教师可以利用知觉的理解性原理来组织保教活动。过去的经验和对对象理解的规律在儿童对事物产生知觉时，不仅能反映对象整体，也能反映对象的意义，而且往往只要感知到对象的某些部分或一些主要属性，就可以把整个对象完整地反映出来。例如，我们听别人说"儿童是祖国的希望，民族的未来""教师是园丁"等语句时，虽然没有把每个字都感知清楚，却能将全句完整地反映出来。这就是因为有过去经验的补充，凭着过去形成的暂时联系，能够充实当前知觉的内容，理解当前知觉对象的意义。因此，欲使学前儿童对当前的知觉对象正确而迅速地理解，教师平时就必须从各方面丰富学前儿童的生活经验。例如，组织学前儿童进行参观、游览可以扩大学前儿童的视野。在教学中，教师应尽量充实教材内容，将教学内容多与学前儿童的实际生活相结合，丰富学前儿童的生活经验，这样有利于学前儿童对知觉对象的理解。

（二）根据学前儿童感知觉的发展特点来组织教育教学活动

学前期是儿童感知觉发展的主要时期，学前儿童感知觉的发展主要表现在分析综合水平的提高和感知过程主动性的增强上。其主要的发展特点和趋势是：感知觉的分化日益细致;感知的过程趋向组合和协调;感知过程出现概括化和系统化;感知过程的主动性不断加强以及感知过程的效率不断提高。根据以上趋势,学前儿童的感知觉发展大约要经过三个发展阶段:原始的感知阶段→从知觉的概括向思维的概括过渡阶段→掌握感知标准和观察方法阶段。原始的感知阶段通常为婴儿期,为0~1岁,其主要特征是感知觉不断发展、日益分化,并出现手眼协调等现象。第二阶段为1~3岁,出现了知觉的概括性,如知觉的恒常性。随着语言的萌芽和发展,儿童反映客观事物的概括性水平不断提高,渐渐出现对物体的形状、大小、方位等空间知觉。2岁左右,儿童对事物的概括性水平逐渐向思维的概括性过渡。3岁以后,儿童对物体的感知逐渐和概念联系起来,即开始掌握"感知标准"。这标志着儿童的感知觉进入第三阶段。4~5岁以后,儿童感知的目的性增强,开始掌握了一定的观察方法。

在幼儿园的日常活动中,教师可以根据学前儿童时间知觉的发展特点,开设"上午"和"下午"的课程活动。在户外体育活动中,教师要依据学前儿童知觉发展的特点进行示范。如在体育游戏中,教师要根据学前儿童方位知觉发展的特点,以学前儿童为中心做动作的镜面示范。在园区内,教师可以设定专门的感知觉活动区域,突出主题,投放丰富的材料,按不同年龄儿童感知觉发展的特点引导学前儿童进行操作。此外,教师还可以结合相关课程,有针对性地给学前儿童布置课外感知觉活动作业,如观察秋天树叶颜色的变化、观察家中玩具的形状、感觉自己每天的餐饮食物的味道等。

历年真题

【4.1】某5岁儿童画的西瓜比人大,画的两颗尖牙也占了人脸的大部分,这个时期儿童画画的特点是(　　)。
A. 感觉的强调和夸张　　　　　　B. 绘画技能稚嫩
C. 未掌握画面布局比例　　　　　D. 表象符号的形成

【4.2】一名4岁幼儿听到教师说"一滴水,不起眼",结果他理解成了"一滴水,肚脐眼"。这一现象主要说明幼儿(　　)。
A. 听觉辨别力弱　　　　　　　　B. 想象力非常丰富
C. 语言理解凭借自己的具体经验　D. 理解语言具有随意性

【4.3】下面几种新生儿的感觉中,发展相对最不成熟的是(　　)。
A. 视觉　　　　B. 听觉　　　　C. 嗅觉　　　　D 味觉

【4.4】幼儿是以自我为中心辨别方向的,教师在进行动作示范的时候应该(　　)。
A. 面对幼儿,采用正常示范　　　B. 背对幼儿,采用正常示范
C. 背对幼儿,采用镜面示范　　　D. 面对幼儿,采用镜面示范

【4.5】教师在区角中投放了多种发声玩具,小班幼儿在摆弄这些玩具时(　　)。
A. 能概括不同声音产生的条件　　B. 对声音产生兴趣,感受不同的声音
C. 能描述出玩具是怎么发声的　　D. 能描述不同玩具的发声特点

【4.6】 在引导幼儿感知和理解事物"量"的特征时,恰当的做法是( )。
A. 引导幼儿感知常见的大小、高矮、粗细等
B. 引导幼儿识别常见食物的形状
C. 和幼儿一起手口一致点数物体,说出总数
D. 为幼儿提供按数取物的机会

第二节　学前儿童注意的发展

注意是个体认知发展的伴随性心理过程,它不独立发生,与感知觉、记忆、思维、想象等心理过程关系密切。在个体选择并维持某一活动的过程中,注意的作用十分重要,如果缺少了注意过程,那么,学习、游戏、工作等活动就会失去效率。

一、注意概述

(一) 注意的概念

注意是指心理活动对一定对象的指向和集中,是人的心理活动的一种能动的积极的状态。注意伴随着感知觉、记忆、思维、想象等心理过程而产生,是一种伴随性的心理状态。

(二) 注意的特点

注意具有指向性和集中性两个基本特点。

1. 注意的指向性

注意的指向性是指在某一时刻,人的心理活动选择了某个对象而离开了另外一些对象,能使人有选择地反映事物,从而获得对事物的清晰印象。如在闹市中,有各种各样的刺激,有些人的注意倾向于各种吆喝声,有些人的注意却指向各种食物的香味,还有些人看见的是张贴的各种海报等。

2. 注意的集中性

注意的集中性是指同一时间内各种有关心理活动聚集在个体所选择的对象上,或这些心理活动在一定方向上达到一定的强度和紧张度。注意的集中性使得当注意指向了某一特定对象后,能维持一段时间,并随同其他的心理活动进行深度加工。例如,个体在背英语单词的活动中,能维持一段较长的时间,并协同多种感官通道进行记忆。此时,注意伴随记忆过程发生,并帮助记忆活动持续一段较长的时间。

(三) 注意的功能

1. 选择功能

注意的基本功能是对信息进行选择,使心理活动选择有意义的、符合需要的和与当前活动任务相一致的各种刺激;避开或抑制其他无意义的、附加的、干扰当前活动的各种刺激。注意可以使儿童对环境中的各种刺激做出选择性反应并接受更多的信息。

2. 维持功能

外界信息输入后，每种信息单元必须通过注意才能得以保持，如果离开注意，这些信息就会很快消失。因此，需要将注意对象的映像或内容保持在意识中，一直到完成任务，达到目的为止。注意可以使儿童的心理活动对所选择的对象保持一种比较紧张、持续的状态，从而使儿童的游戏、学习等活动顺利进行。

3. 调节功能

有意注意可以控制活动向着一定的目标和方向进行，使注意适当分配和适当转移。注意可以使儿童发觉环境变化，调整行为，为应对外来刺激做出相应的准备，从而更好地适应周围环境的变化。

（四）注意的分类

我们一般可将注意分为无意注意、有意注意和有意后注意三种。

1. 无意注意

无意注意也叫不随意注意，是指事先没有预定目的，不需要意志努力，自然而然产生的注意。无意注意与生俱来，但也有发展过程，主要受客观因素和主观因素的影响。

（1）影响无意注意的客观因素。

影响无意注意的客观因素主要包括事物的刺激强度、对比度、活动变化以及新奇性等，事物的特征越明显，越容易引起无意注意。强度越大、对比越明显、活动性越强的刺激物，如强光、巨响、黑白分明的事物、正在飞的小鸟等，越容易引起儿童的注意。

（2）影响无意注意的主观因素。

影响无意注意的主观因素主要包括个体的兴趣、精神状态、情绪状态和生理疲劳等。儿童越感兴趣的事物，越容易引起儿童的无意注意。处于疲惫或情绪激动状态的儿童通常不易注意到身边的事物。

2. 有意注意

有意注意又称随意注意，是指事先有特定目的，需要一定意志努力的注意。有意注意是人类所特有的一种注意形式。影响有意注意发生的因素主要是个体主观方面的因素，如儿童的间接兴趣，意志状态，类似的经验，对活动目的、任务的理解以及是否有合理的组织活动等。任务的目的越明确，越能引起儿童的有意注意。

3. 有意后注意

有意后注意也称随意后注意，是指事先有预定目的，但不需要意志努力的注意。有意后注意是注意的一种特殊形式。从特征上讲，它同时具有无意注意和有意注意的某些特征。有意后注意通常是有意注意转化而成的。例如，在刚开始做一个工作的时候，人们往往需要一定的努力才能把自己的注意保持在这个工作上；但是，当对工作发生了兴趣以后，人们便不需要意志努力也可以继续保持注意，这种注意仍是自觉的和有目的的。

（五）注意的品质

1. 注意的稳定性

注意的稳定性是指个体在同一对象或同一活动上注意能维持的时间。狭义的注意稳定性是指注意能在同一对象上维持的时间，广义的注意稳定性是指注意能在同一活动上维持的时间。年龄越小的儿童，其注意能维持的时间相对越短。当儿童的注意力集中于某一个事物时，也会出现"注意的起伏现象"。例如，儿童有时能听到钟摆的嘀嗒声，有时则不能。当个体的注意力不能集中时，就出现了注意的分散。

2. 注意的广度

注意的广度就是注意的范围，是指同一时间内能清楚地把握对象的数量。影响注意广度的因素主要有两个，一是知觉对象的特点，二是个体知觉活动的任务和知识经验。例如，"一目十行"表述的就是注意在同一时间的注意范围。年龄越小的儿童，注意的范围通常越小，如年龄小的儿童在看书时，往往需要用手指点着文字，一个字一个字地看过去。

3. 注意的分配

注意的分配是指同一时间内把注意指向不同的对象。注意的分配对人的实践活动是必要的，也是可能的。俗话说："一心二用"，一边唱歌一边弹琴，一边写字一边背书等，都属于注意的分配。需要注意的是，注意分配的发生通常须由两种不同的器官参与，其中有一种活动须达到熟练的程度。

4. 注意的转移

注意的转移是指根据新的任务要求，个体主动地将注意从一个对象或活动转移到另一个对象或活动上。注意转移的速度是思维灵活性的体现，也是快速加工信息形成判断的基本保证。例如，某儿童看完动画片后，父亲给他讲解数学题的解题思路，如果该儿童能迅速地把注意从动画片中转移到数学解题当中，该儿童的注意转移性就不错。

二、学前儿童注意的发展

随着年龄的发展，学前儿童的注意在类型、品质方面均有不同程度的发展。总的来说，0～6岁的儿童仍以无意注意为主，有意注意逐步开始发展。

（一）0～1岁儿童注意的发展

1. 新生儿注意的特征（0～1个月）

（1）注意的最初形态——定向性注意出现。

定向性注意在新生儿期出现，婴儿期较明显，成人也可被观察到，这是本能的无条件反射，也是无意注意的最初形态。

（2）选择性注意的萌芽。

视觉偏爱法研究表明，选择性注意在新生儿期已经萌芽。视觉搜索运动轨迹的实验也证明了新生儿选择性注意的萌芽。

2. 2～12个月儿童注意发展的特征

这时期儿童注意的发展主要表现在选择性的发展上，这时期的儿童出现了视觉偏好。儿童注意的选择性带有规律性的倾向，这些倾向主要表现在视觉方面，因而也称视觉偏好。儿童注意的选择性的变化发展过程，表现出了从注意局部轮廓到注意较全面的轮廓、从注意形体外周到注意形体的内部成分的特征。1岁左右，经验在儿童的注意活动中开始起作用。

（二）1～3岁儿童注意的发展

儿童的注意力是一个逐渐发展、不断完善的过程，注意力的发展与儿童的大脑、语言、认知水平等相关，并且相互促进。2岁以后，儿童仍以无意注意为主，但有意注意开始发展，经验、表象等因素逐渐开始影响儿童的注意发展。

1. 有意注意开始发展

2岁左右的儿童有意注意开始萌芽并逐步增强。儿童会根据自己的兴趣、喜好等锁定自己的关注点。3岁左右的儿童能根据要求，将注意力集中在一个学习或游戏活动中，但有意注意能维持的时间通常较短，为3～5分钟。

2. 客体永久性的出现

这是儿童认知物体守恒及注意力提升的一个象征。1岁以后，儿童已经能知道一个物品从眼前消失但这个物体仍然存在的道理。这种认知让儿童的注意活动就更加具有了持久性和目的性，而不再受物体出现与否的影响，也使其注意活动更具有探索性和积极主动性。所以，这个阶段也是培养儿童探索能力的关键时期。

3. 表象的影响

表象是指物体不在眼前时，其特征在人头脑中的反映。儿童一般在1.5～2岁后产生表象这一心理现象。由于表象的出现，儿童的注意开始受表象的直接影响。当眼前的事物和其表象出现矛盾或较大差距时，儿童会产生最大的注意。

4. 语言的作用加强

这个时期儿童的语言飞速发展。2岁之后，儿童基本就能和大人用语言进行正常沟通了。语言也逐渐成为儿童注意的指示，儿童会根据大人的语言对各种事物进行关注。他们开始对图书、图片、儿歌、故事、电影、电视等感兴趣。这个时期，家长可以有针对性地培养儿童的语言感受力，借助语言的作用，培养儿童良好的注意力和关注习惯。

（三）3～6岁儿童注意的发展

1. 无意注意占主导地位

3～6岁儿童的无意注意仍占有优势地位。刺激物的物理特性仍然是引起儿童无意注意的主要因素。兴趣和需要与儿童的无意注意关系密切，也是引起儿童无意注意的重要因素。

小班儿童的无意注意较突出，且不稳定。在面对新异的刺激时，他们很容易转移注意目标。中班儿童的无意注意进一步发展，且比较稳定，对于自己感兴趣的事物，他们能保持较长的注意时间。大班儿童的无意注意高度发展，并且相当稳定。相对于中班儿童，大班儿童对于自己感兴趣的活动，能保持更长时间的注意。

2. 有意注意初步形成

3～6岁儿童的有意注意初步形成，处于发展的初级阶段。而且，这时期儿童的有意注意水平低、稳定性差，他们常常依赖成人的组织和引导。此阶段儿童的有意注意有如下特点：儿童的有意注意受大脑发育水平的限制；儿童的有意注意是在外界环境，特别是成人的要求下发展的；儿童逐渐学习一些注意方法；儿童的有意注意是在一定活动中实现的。

小班儿童的有意注意初步形成，需要在成人的帮助下，主动调节自己的注意。中班儿童的有意注意进一步发展。他们可以通过用手指着看书帮助自己提高注意，在适当条件下，注意集中的时间可以达到10分钟左右。中班儿童注意对象的范围扩大，能够同时注意几种对象。大班儿童的有意注意迅速发展。他们可以长时间地投入某一游戏中，能够遵守游戏规则，可以观察到事物的细节，注意集中时间可达10～15分钟。

三、学前儿童注意的发展在教育教学中的应用

（一）利用学前儿童注意的品质开展学前教育

幼儿园教师应充分认识到学前儿童的注意品质及发展规律，并结合学前儿童注意品质发展状况，设计教学环境和教学过程。

根据学前儿童的注意范围的特征，幼儿在同一时间能注意的对象相当有限，因而不能同时呈现数量过多的刺激物给幼儿，否则他们就会产生注意选择困难，不能将注意指向并集中到某一个对象上。

根据注意的稳定性品质，小班幼儿的注意能维持3～5分钟，中班幼儿的注意能维持8～10分钟，大班幼儿的注意能维持10～15分钟，幼儿园教师在设计和安排不同年龄阶段的课程时应充分考虑这一点。小班的集体活动一般以15分钟为宜，中班的集体活动以15～25分钟为宜，大班的集体活动以20～30分钟为宜。幼儿园教师应当把握学前儿童的注意时间，优化课堂结构，提高教学质量。

根据注意的分配和转移的品质，单调的教学易引起学前儿童大脑的疲劳，从而分散注意。幼儿园教师如果能在教学过程中注意联合幼儿的视觉、听觉、触觉等感觉和小肌肉运动，那么将能有效引起幼儿的注意，减轻他们的疲劳感，并提高他们的兴趣。

（二）利用学前儿童注意发展的特征开展教育教学活动

幼儿园教师应灵活运用学前儿童无意注意和有意注意的发展特点，对于年幼的儿童，需要集中注意时，应当尽量避免无关刺激的干扰，不要一次呈现过多的刺激，用完的教具应立即收起。对于年龄较大的儿童，应明确教学目的，除了设计生动形象的教学环节外，还要有意强调知识的重要性，激发他们集中注意力的自觉性和自制性。

由于无意注意是学前儿童注意发展的主要方面，幼儿园教师应当更多地利用无意注意的特征来引导幼儿的注意力，以提高教学效果。例如，幼儿园小班时，让幼儿认识颜色和形状，幼儿园教师可以利用快速闪躲法，利用刺激物特点中的"刺激物之间的对比关系"。刺激物在强度、形状、大小、颜色和持续时间等方面与其他刺激物存在显著差别时，更会引起学前儿童的无意注意。同样，幼儿园教师可以在讲故事时声音突然提高或降低，就是利用"刺激物特点中的强度"，这样也可以让幼儿集中注意。强烈的刺激物，比如一道强光、一声巨响、一种浓烈的气味，都会引起幼儿的无意注意。在喧闹的大街上，大声说话不大会引起注意，但在寂静的夜晚，轻微的耳语声也可能引起注意。此外，幼儿园教师还可以利用玩具进行教学，以引起幼儿的注意。因为活

动的刺激物、变化的刺激物比不活动、无变化的刺激物更容易引起幼儿的无意注意。

3～6岁儿童的有意注意也有了一定程度的发展，幼儿园教师应充分认识这一点，应有意识地引导幼儿在活动之前明确目的，根据目的有针对性地开展活动，这样也可以发展幼儿对这一活动的间接兴趣。在活动过程中，幼儿园教师应不断观察幼儿的表现，当幼儿出现松懈、不能坚持等状态时，应适当地开展意志训练，通过多种方式鼓励幼儿坚持，并帮其将注意力调节回到活动中来。

> **历年真题**

【4.7】在良好的教育环境下，5～6岁儿童大约能集中注意（　　）。
A. 5分钟　　　B. 10分钟　　　C. 15分钟　　　D. 7分钟

【4.8】儿童一进商场就被漂亮的玩具吸引，这一刻出现的心理现象是（　　）。
A. 注意　　　B. 想象　　　C. 需要　　　D. 思维

【4.9】小班集体教学活动一般都安排15分钟左右，是因为幼儿有意注意的时间一般是（　　）。
A. 20～25分钟　　B. 3～5分钟　　C. 15～18分钟　　D. 10～12分钟

【4.10】幼儿认真完整地听完老师讲的故事，这一现象反映了幼儿注意的什么特征。（　　）
A. 注意的选择性　B. 注意的广度　　C. 注意的稳定性　D. 注意的分配

【4.11】幼儿期注意发展的特点是（　　）。
A. 无意注意占优势，有意注意逐渐发展　B. 有意注意占优势，无意注意逐渐发展
C. 无意注意逐渐发展，有意注意未发现　D. 有意注意逐渐发展，无意注意未出现

【4.12】简答题：教师可以从哪些方面观察幼儿的注意是否集中？

第三节　学前儿童记忆的发展

记忆是个体认知过程的重要组成部分，是联系感知与想象、思维的桥梁。记忆是在感知觉的基础上产生的，同时又是想象、思维过程产生的直接前提。记忆是学前儿童认知发展研究中备受关注的领域，研究者主要关注记忆的内容、记忆发展的规律等方面。

一、记忆概述

记忆同感知觉一样也是人脑对客观现实的反映，但记忆是比感知觉更复杂的心理现象。感知过程是反映当前直接作用于感官的对象，它是对事物的感性认识。记忆反映的是过去的经验，它兼有感性认识和理性认识的特点。

（一）记忆的概念

记忆是指人脑对经历过的事物的反映。所谓经历过的事物，是指过去感知过的事

物，如见过的人或物、听过的声音、嗅过的气味、品尝过的味道、触摸过的东西、思考过的问题、体验过的情绪和情感等。这些经历过的事物都会在头脑中留下痕迹，并在一定条件下呈现出来，这就是记忆。例如，我们读过的小说、看过的电视节目或电影，其中某些情景、人物和当时激动的情绪等都会在头脑中留下各种印象，当别人再提起时或在一定的情境下，这些情景、人物和体验过的情绪就会被重新唤起，出现在头脑中。

（二）记忆的种类

1. 根据记忆的内容进行划分

根据记忆内容的不同，记忆可分为形象记忆、运动记忆、情绪记忆和语词-逻辑记忆。

（1）形象记忆。

形象记忆是指以感知过的事物形象为内容的记忆，它可以是视觉的、听觉的、嗅觉的、味觉的、触觉的。例如，我们对见到过的人或物、看到过的画面、听过的音乐、嗅过的气味、尝过的滋味、触摸过的物体等的记忆都属于形象记忆。

（2）运动记忆。

运动记忆是指以过去做过的运动或动作为内容的记忆。例如，对游泳时一个接一个动作的记忆，对体操、舞蹈动作的记忆等都属于运动记忆。运动记忆是运动、生活和劳动技能的形成及熟练的基础，对形成各种熟练的技能、技巧是非常重要的。运动记忆一旦形成，保持的时间往往比较长久。在运动记忆中，大肌肉的动作不容易发生遗忘，而小肌肉的动作较易发生遗忘。

（3）情绪记忆。

情绪记忆是指以体验过的某种情绪和情感为内容的记忆。例如，对过去的一些美好事情、曾经受过的一次惊吓或对过去曾做过的错事的记忆等都属于情绪记忆。情绪记忆的印象有时比其他记忆的印象表现得更为持久、深刻，甚至终生不忘。在某种条件下，它还可以引起习惯性恐惧等异常症状。

（4）语词-逻辑记忆。

语词-逻辑记忆是指以语词、概念、原理为内容的记忆。这种记忆所保持的不是具体的形象，而是反映客观事物本质和规律的定义、定理、公式、法则等。例如，我们对心理学概念的记忆，对数学、物理学中的公式、定理的记忆等都属于语词-逻辑记忆。语词-逻辑记忆是人类所特有的，具有高度理解性、逻辑性的记忆，对学习理性知识起着重要作用。

2. 根据记忆材料保持时间的长短进行划分

根据记忆材料保持时间的长短，记忆可分为感觉记忆、短时记忆和长时记忆。

（1）感觉记忆。

感觉记忆是指刺激物停止作用后，其印象在人脑中只保留瞬间的记忆，因而又叫瞬时记忆。感觉记忆的特点是：在感觉记忆中，信息是未经任何加工、按刺激原有的物理特征编码的。例如，视觉性刺激通过眼睛被登记在图像记忆中；听觉性刺激通过耳朵被登记在音像记忆中。感觉记忆以感觉痕迹的形式保存下来，具有鲜明的形象性。

感觉记忆的容量较大，它在瞬间能存储较多的信息。感觉记忆内容保存的时间很短，据研究，视觉的感觉记忆在 1 秒钟以下，听觉的感觉记忆在 4～5 秒钟之内。在感觉记忆中呈现的材料如果受到注意，就转入记忆系统的第二阶段——短时记忆；如果没有受到注意，则很快消失。

(2) 短时记忆。

短时记忆是指记忆的信息在头脑中存储、保持的时间比感觉记忆长些，但一般不超过 1 分钟的记忆。实验表明，短时记忆的容量大约是 7±2 个组块。组块就是记忆的单位。究竟多大的范围和数量为一个组块，没有一个固定的说法，它可以是一个或几个数字、一个或几个汉字、一个或几个英文字母，也可以是一个词、一个短语、一个句子。因此短时记忆的容量往往不取决于记忆的项目数，而取决于组块数。组块化提供了一个超越短时记忆存储空间度的一种手段。对短时记忆的材料适当加以组织，可使个体在短时间内记住更多的内容。实验研究表明，短时记忆保持的时间在没有复述的情况，18 秒后回忆的正确率就下降到 10% 左右；大约 1 分钟之内短时记忆的内容就会衰退或消失。短时记忆的内容若加以复述、运用或进一步加工，就被输入长时记忆中。短时记忆的编码方式往往为表象、命题。

(3) 长时记忆。

长时记忆是指信息在记忆中的存储时间超过 1 分钟以上，直至数日、数周、数年乃至一生的记忆。长时记忆的容量是没有限制的，其信息存储时间长，可随时提取使用。与短时记忆相比，长时记忆受干扰的程度小。短时记忆的内容经过复述可转变为长时记忆，但也有些长时记忆是由于印象深刻而一次形成的。最近的研究表明，长时记忆的信息是以组织的状态被存储起来，主要以意义的方式对信息进行编码，通过整理、归类、存储并提取的。长时记忆的编码方式为表象、命题和命题网络、产生式和产生式系统等。

3. 按记忆的意识参与程度划分

根据记忆的意识参与程度不同，记忆可以分为外显记忆和内隐记忆。

(1) 外显记忆。

外显记忆是指当个体需要有意识地或主动地收集某些经验，用以完成当前任务时所表现出的记忆。它是有意识提取信息的记忆，强调的是信息提取过程的有意识性，而不在意信息识记过程的有意识性。外显记忆能随意地提取记忆信息，能对记忆的信息进行较准确的语言描述。例如，自由回忆、线索回忆以及再认等，都要求人们参照具体的情境将所记忆的内容有意识地、明确无误地提取出来，因而它们所涉及的只是被试明确地意识到的并能够直接提取的信息，用这类方法所测得的记忆即为外显记忆。

(2) 内隐记忆。

内隐记忆是指在不需要意识或有意回忆的情况下，个体的经验自动对当前任务产生影响而表现出来的记忆。它是未意识其存在又无意识提取的记忆。它强调的是信息提取过程的无意识性，而不管信息识记过程是否有意识。也就是说，个体在进行内隐记忆时，没有意识到信息提取这个环节，也没有意识到所提取的信息内容是什么，而只是通过完成某项任务才能证实其保持有某种信息。正因为如此，对内隐记忆进行测量研究时，不要求被试有意识地去回忆所识记的内容，而是要求被试去完成某项操作任务，被试在完成任务的过程中会不知不觉地反映出他曾识记过的内容的保持状况。如果人们在完成某种任务时受到了先前学习中所获得的信息的影响，或者说由于先前的学习而使完成这些任务变得更加容易了，我们就可以认为内隐记忆在起作用。

（三）记忆的过程

根据信息加工的观点，记忆的过程一般包括识记、保持和再认（或回忆），即人脑对外界输入的信息进行编码、存储和提取的过程。记忆使心理活动的各个部分成为相互联系的整体。

1. 识记

识记是指人们对事物的现象和本质进行识别和记住从而积累知识经验的心理过程，它是人们认识事物及记忆过程的开始阶段。根据不同的标准，可以将识记分为不同的种类。

（1）根据有无目的性进行划分。

根据有无目的性，可将识记分为无意识记和有意识记。

①无意识记是指事前没有识记的目的任务，无须使用识记方法和意志努力的识记。例如，偶然感知过的事物或在一定情况下体验过的情绪，无意间做过的动作，当时并无识记的意图，但或多或少在脑子里记住了，而且事后也能重现或再认，这就是无意识记。这种识记具有偶然的性质，完整性、清晰性和准确性都差。

②有意识记是指根据一定的目的任务，采用有效的记忆方法进行的识记。

（2）根据识记材料有无意义进行划分。

根据识记材料有无意义，可将识记分为机械识记和意义识记。

①机械识记也称机械记忆，是指在不理解材料意义的情况下，采取多次机械重复的方法进行的识记。机械识记的准确性高、使用面广，是识记活动中不可缺少的种类。

②意义识记也称意义记忆，是指在理解材料意义的基础上，依靠材料本身的内在联系进行的识记。意义识记运用已有的知识经验，与思维活动密切联系。在意义识记中，个体不仅要认清事物的本质特征，而且还要找出它们之间的逻辑联系，并要对它们进行分类、整理。理解具有不同的水平，理解越深刻，意义识记就越迅速、全面、牢固和精确。

2. 保持

保持是指识记材料在头脑中存储和巩固的过程。当识记内容在记忆的保持中出现了较大的变化时，就发生了遗忘。遗忘是对识记过的事物不能再认和回忆或是错误地再认和回忆的现象。遗忘分为暂时性遗忘和永久性遗忘。德国心理学家艾宾浩斯最早对遗忘做了系统研究。艾宾浩斯将实验结果绘成曲线，得出著名的艾宾浩斯遗忘曲线（如图4.5所示）。该曲线反映的遗忘规律可以总结为：机械识记的材料，遗忘在学习之后立即开始，遗忘的速度先快后慢，两天以后遗忘的速度逐渐缓慢下来，遗忘量大约保持在75%左右。

研究表明，遗忘的进程不仅受时间因素的影响，而且还与识记材料的性质与数量、排列位置、学习的程度以及识记者的态度等因素有关。

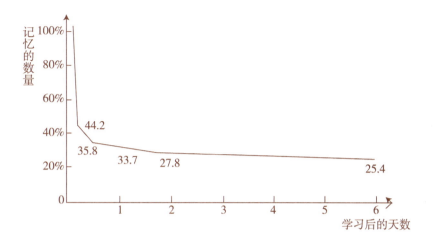

图 4.5 艾宾浩斯遗忘曲线

3. 再认（或回忆）

再认（或回忆）是在特定的情况下恢复过去经验或知识的过程。再认是指事物再度出现时个体能确认出来。回忆是指事物不在面前，但过去经历过的事在头脑中重新出现的过程。

回忆分为有意回忆和无意回忆。有意回忆是指根据一定的目的或要求，努力提取记忆中的信息的过程。无意回忆是指事先无预定目的，自然而然回忆起过去识记过的某种信息的过程。

二、学前儿童记忆的发展

（一）记忆的发生

记忆的发生是在胎儿时期，研究发现，在胎儿 6 个月时，研究人员录下母亲心跳的声音，婴儿出生后将录音放给他听，婴儿的哭闹声会停止。于是研究人员得出结论：胎儿晚期，听觉记忆便已经出现。新生儿记忆的主要表现之一是对条件刺激物形成某种稳定的行为反应，以及建立条件反射；另一种表现是对熟悉的事物产生"习惯化"，"习惯化"可以用来调查新生儿的记忆能力——看他能否辨别刺激的熟悉程度。婴儿的记忆，从其恢复形式来看属于"再认"。婴儿晚期，"回忆"的形式开始萌芽。

（二）3~6 岁儿童记忆发展的特征

从整体看，3~6 岁儿童的记忆以无意识记、机械记忆和形象记忆为主，且记忆不精确。

1. 以无意识记为主，有意识记逐步发展

3 岁以前，儿童基本上只有无意识记，他们不会进行有意识记。在整个幼儿阶段，无意识记的效果都优于有意识记，无意识记的效果会随着年龄的增长而提高。例如，给小、中、大三个班的幼儿讲同一个故事，事先不要求记忆，过一段时间后进行检查，结果发现，年龄越大的幼儿无意识记的效果越好。无意识记是积极的认知活动的副产

物。幼儿的无意识记不是由于幼儿直接接受记忆任务和完成记忆任务而产生的,而是幼儿在完成感知和思维任务过程中附带产生的结果,是一种副产物。幼儿的认知活动越积极,其无意识记的效果就越好。

随着年龄的增长,幼儿的有意识记也逐渐发展。有意识记的发展,是幼儿记忆发展中质的飞跃。幼儿的有意识记是在成人的教育下逐渐产生的,例如,在日常活动中,成人经常预先向幼儿提出复述故事的要求;背诵儿歌时,也要求幼儿尽快记住等。有意识记的效果依赖于对记忆任务的理解和活动的动机。

2. 以机械记忆为主,意义记忆逐步发展

3~6岁的儿童经常运用机械记忆,反复背诵一些他们并不理解的材料,并容易记住。但由于幼儿并不理解其中的含义,也很容易遗忘。整个幼儿阶段,幼儿的机械记忆和意义记忆都在不断发展,两种记忆开始相互渗透,其效果都随年龄的增长而有所提高。

3. 以形象记忆为主,语词-逻辑记忆逐步发展

儿童最早出现的是运动记忆,最晚出现的是语词-逻辑记忆。在语言发生之前,儿童记忆的内容需要依靠事物的形象,带有直观性和鲜明性。语言发生之后的整个幼儿阶段,形象记忆仍占主导地位,比重最大。语词-逻辑记忆在3岁之后开始逐步发展,熟悉的词汇记忆效果较好,生疏的词汇记忆效果则较差。

4. 记忆不精确,是一种自传体记忆

自传体记忆是指儿童对发生在自己身上的具体事件的记忆,它与记忆的自我体验紧密联系,记忆并不精确,有时表现为缺失性记忆。儿童自传体记忆与其言语发展水平有密切关系,对话和交流能促进自传体记忆的发展。3~6岁儿童的自传体记忆总体表现出随着年龄的增长而发展的特征,对于事件描述出现一定的逻辑顺序性,内容也不断丰富。

三、学前儿童记忆的发展在教育教学中的应用

(一)借助学前儿童记忆发展的趋势来开展教育

学前儿童最初出现的记忆属于短时记忆,长时记忆出现稍晚。学前儿童记忆保持的时间长度可以从再认或回忆的潜伏期来看。再认或回忆的潜伏期都会随着年龄的增长而增长。从记忆的内容来看,学前儿童的记忆中运动记忆出现得最早,其次是情绪记忆,而形象记忆是学前儿童记忆中占主要地位的记忆形式,学前儿童的语词-逻辑记忆发展得最晚。

有意识记的出现意味着记忆的意识性的萌芽,而元记忆的发展则意味着记忆意识性发展到了一个新的阶段。学前儿童有一种特殊的记忆恢复(回涨)现象。记忆恢复是指学习某种材料后,相隔一段时间所测量到的保持量,比学习后立即测量到的保持量要高。这在学前儿童的日常生活和游戏中经常可以看到。例如,讲完故事以后,立即让儿童复述,有时效果不如隔一天好;再如,参观动物园后,让学前儿童立刻说出看见了什么,他们往往说不出,但第二天讲述时儿童讲述的内容会比当天更多、更生动。

学前儿童记忆发展的特点是无意识记占优势,但随着年龄的增长,有意识记会逐渐发展,记忆的理解和组织程度也会逐渐提高。有意识记发展到一定程度后,其效果优于无意识记。整个幼儿阶段,无论是机械的无意识记还是意义识记,其效果都随年龄的增长而有所提高。学前儿童的形象记忆占优势,但随着年龄增长,形象记忆和语词-逻辑记忆效果的差别会逐渐缩小。

幼儿园教师应当在充分了解学前儿童记忆发展的特点、趋势的基础上,促进学前儿童记忆的发展。教师应当科学地安排识记材料,排除学习材料之间的干扰。在同一时间里,要求学前儿童学习或识记的内容不能太多,否则会产生干扰,甚至会加重学前儿童的负担。要求学前儿童记牢的材料或事情,要一件一件地交代清楚,要一件一件地教,让学前儿童一件一件地学,一件一件地巩固。幼儿园教师对学习或识记活动的安排,要动静交替、劳逸结合,交替安排不同性质的学习内容,以使学前儿童的大脑皮质和神经细胞轮流工作、轮流休息,这有利于提高记忆效果。培养学前儿童的记忆力有助于其智力的充分发展,对其自身的发展有很深的影响。

(二) 利用遗忘规律训练学前儿童的记忆力

幼儿教师可以利用遗忘规律训练学前儿童的记忆力,具体可以从以下几个方面着手。

1. 利用游戏,提高记忆兴趣

歌德说过:哪里没有兴趣,哪里就没有记忆。这句话正说出了学前儿童记忆的特点。因此,家长应主动陪孩子做些益智小游戏,比如,打绳结、拼图等。在幼儿园,教师要有意识地组织学前儿童进行培养记忆能力的游戏。游戏可以提高学前儿童的兴趣,进而达到训练记忆力的目的。

2. 明确任务,增强有意识记

明确任务可以提高学前儿童大脑皮层有关区域的兴奋性,形成优势兴奋中心,因而可以记得更牢。学前儿童的有意识记需要教师进行专门的训练,因此,教师应事先告知学前儿童记忆的目的,提醒他们集中注意力,克服外界干扰,并培养学前儿童的意志力。

3. 充分理解,进行意义记忆

记忆有时是通过对材料理解而进行的,理解可以使记忆的材料和过去头脑中已有的知识经验联系起来,把新材料纳入已有的知识经验系统中。机械记忆只能把事物作为单个的、孤立的小单位来记忆;意义记忆使记忆材料互相联系,从而把孤立的小单位联系起来,形成较大的单位或系统。一旦新旧知识建立起联系,新知识就更容易被记住。教师或家长可以通过让学前儿童发挥大胆的联想来记住事物。

4. 及时复习,防止遗忘发生

不同时间学东西,记忆的效果也不一样。幼儿园教师应当提醒学前儿童科学地进行复习,及时复习,合理分配复习时间。每个人都有自己的"生物钟",教师应引导学前儿童把重要的内容放在一天当中精力最旺盛的时间段去记忆。根据艾宾浩斯遗忘曲线,2天之内最容易遗忘,因此,教师应注意安排学前儿童及时复习。当记忆材料的学习程度达到150%时,遗忘就不容易发生了。

5. 利用多种感官通道，反复强化巩固

多种感官参与识记活动，可以在大脑皮层建立多通道的神经联系，从而达到更好的记忆效果。学前儿童因其记忆保持时间短，需要经常强化，以巩固记忆。

6. 系统归类，利用记忆策略

记忆的策略有很多，如复述、精加工和组织策略等。复述是运用多种感官对记忆材料进行重复；精加工是通过举例子、补充细节、类比、联想等方法增强记忆；组织策略是利用对记忆材料进行分类、列出表格和提纲等方法，将记忆材料系统地归类，并整理得井然有序的一种策略，这样可以增强记忆。教师应当引导学前儿童不但能够记住而且善于记住。

历年真题

【4.13】按顺序呈现"护士、兔子、月亮、救护车、胡萝卜、太阳"的图片让幼儿记忆，有些幼儿回忆时说："刚才看到了救护车和护士、兔子与胡萝卜，还有太阳和月亮。"这些幼儿运用的记忆策略是（　　）。
　　A. 复述　　　　B. 精细加工　　　　C. 组织　　　　D. 习惯化

【4.14】幼儿时期占优势的记忆类型是（　　）。
　　A. 意义记忆　　B. 形象记忆　　C. 语词-逻辑记忆　　D. 动作记忆

【4.15】简答题：分析下表所反映的幼儿记忆的特点。

幼儿形象记忆与语词-逻辑记忆效果的比较
（对 10 个物或词能回忆出的数量）

年龄/岁	熟悉的物体/个	熟悉的词/个	生疏的词/个
3～4	3.9	1.8	0
4—5	4.4	3.6	0.3
5～6	5.1	4.6	0.4

【4.16】简答题：根据图 4.6 写一下幼儿记忆的发展规律。（图中横坐标是年龄：小班、中班、大班、小学，竖坐标是识记量）

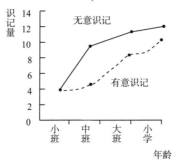

图 4.6　幼儿记忆的发展规律

第四节 学前儿童思维的发展

思维的发生和发展对学前儿童的发展具有重大意义。思维的发生不仅意味着学前儿童的认知过程完全形成，也引起了其他认知活动的质变。但思维的影响并不局限在认知领域，它还渗透到情感、社会性及个性等各个方面。可以说，思维的发生与发展使学前儿童的心理开始成为统一的整体。

一、思维概述

（一）思维的概念

思维是人脑对客观事物间接概括的反映，是借助语言揭示事物本质特征和内部规律的认知活动。

（二）思维的特点

不同于感知觉的形象性和直接性，思维的基本特点是概括性和间接性。

1. 概括性

概括性是指通过建立事物之间的联系，把一类事物的共同特征抽取出来，加以概括，得出概括性的认识，它反映的是一类事物的共性和事物之间的普遍联系。例如，许多物体以数量表征其存在形式，像3个苹果、4个梨、5本书、2支笔。各种各样物体的形状、大小、重量、用途等是不同的，但数量是它们可具有的共同特征。思维活动可以从多个物体中抽取它们的共同特征，即"数量"，概括为"数"。思维的概括性使人的认识摆脱了具体事物的局限性和对具体事物的直接依赖性，并在思维的概括活动中形成概念和命题。这就无限地扩大了人的认识范围，也加深了人对世界上事物的了解。

2. 间接性

间接性是指通过已有的知识经验来理解和认识一些没有被直接感知的事物及其关系的过程，往往以其他事物为媒介来反映外界事物。例如，早晨看见屋顶潮湿，我们可以推知夜里下过雨。夜里下雨是通过屋顶潮湿为媒介推断出来的，这就是思维间接性的反映。思维活动可以把不同的、没有直接联系的事物或现象联系起来，超越感知觉提供的信息，揭露事物或现象的本质和规律性。

语言是思维的物质载体，人类思维是借助于语言进行的，语言无限丰富的内容使思维的概括活动成为可能。概念是用词来表述的，概念也是在思维活动中经概括而形成的；概念间的联系构成命题，命题也是在思维过程中形成的。因此，在现实生活中，人的思维活动以概念陈述命题的方式而起作用。

（三）思维的分类

根据不同的标准，我们可将思维分为不同的类型。

1. 根据思维活动凭借物的不同进行划分

根据思维活动凭借物的不同，思维可分为动作思维、形象思维和逻辑思维。

(1) 动作思维。

动作思维是指以实际动作为支柱的思维过程。早期儿童的思维主要是动作思维。2岁之前儿童尚未掌握语言，他们的思维活动往往是在实际操作中，借助触摸、摆弄物体而产生和进行的。例如，儿童在学习简单计数和加减法时，常常借助数手指，实际活动一停止，他们的思维便立即停下来。这种思维也称手的思维。

(2) 形象思维。

形象思维是指以直观形象和表象为支柱的思维过程。表象是个体头脑中出现的关于事物的形象。这种思维在幼儿期和小学低年级儿童身上表现得非常突出。他们必须借助具体形象展开思维，而无法运用符号等展开思维。例如，儿童在计算"3+4=7"时，不是对抽象数字的分析、综合，而是在头脑中用3个手指加上4个手指，或3个苹果加上4个苹果等实物表象相加而计算出来的。

(3) 逻辑思维。

逻辑思维也称推理思维，是指运用抽象概念进行判断、推理，得出命题和规律的一种思维过程。逻辑思维借助语言概括出事物的共同特征和本质特征，并确定和巩固下来。这是人类思维的本质特征，区别于动物的思维。

2. 根据思维活动的路径的不同进行划分

根据思维活动的路径的不同，思维可分为辐合思维和发散思维。

(1) 辐合思维。

辐合思维是指按照已知信息和熟悉的规则进行的思维过程。例如，利用已掌握的公式和原理去解题等。

(2) 发散思维。

发散思维是指沿着不同的方向对已有的信息重新进行组织，探求新的答案的思维过程。在实现目的和解决问题的过程中，已有的信息存储模式不一定够用，人们常常需要在发散思维中找出解决问题的新途径。

3. 根据思维的品质和创新成分的多少进行划分

根据思维的品质和创新成分的多少，思维可分为常规思维和创造思维。

(1) 常规思维。

常规思维也称再现思维，是指人们运用已获得的知识、经验，按惯常的方式解决问题的思维。例如，学生按例题的思路去解决练习题和作业题；学生利用学过的公式解决同一类型的问题等。此外，把已经学过的知识原封不动地照搬套用，也是一种常规思维。

(2) 创造思维。

创造思维是指以新异、独创的方式解决问题的思维。例如，技术革新、科学领域的发明创造、教学改革等所用到的思维都是创造思维。虽然创造思维依赖过去的经验和知识，但却是把它们综合组织而形成全新的东西。

(四) 思维的过程

思维是人类的高级心理活动，是复杂的信息加工过程。计算机和人脑对信息的编码和译码、存储和提取的驱动过程的基本形式包括分析、综合、抽象、比较、概括、系统化和具体化等过程，它们是思维的基本过程，是智力操作的基本形式。

1. 分析与综合

分析是指在观念里把事物的整体分解为部分，把整体包含的各个部分、各种属性分离开来的思维过程。综合是指在观念里把事物的各个部分、各种属性结合起来形成整体的思维过程。例如，化学的化合与分解、数学的微分与积分等过程，在观念里就是思维的分析与综合过程。人在认识、思考和解决问题时，往往是从分析开始的。在简单的认识里，分析与综合是认识的开端。例如，儿童把泥团掰成小块就是分析，把几块积木摞在一起搭成一个"塔"，就是综合。这种通过简单的分析与综合完成的活动，是最简单的思维形式。复杂的分析与综合表明，分析是在整体各部分、各属性的联系中进行的；综合是对各部分、各属性的联合，是通过分析才达到的。分析与综合是思维活动不可分割的两个方面。

2. 抽象、比较和概括

抽象是指在观念里把事物的共同属性、本质特征抽取出来，舍弃其有所不同的、非本质特征的思维过程。把抽象出的共同的、本质的特征结合在一起就是概括的过程，概括得出概念，概念是以词来表示的。

概括是以比较为前提的。比较可以确定事物诸特征之间的异同及其关系。比较以分析为前提，只有被分解开来的特征才能被比较；比较中要确定不同特征的关系，又是在综合中进行的。因此，分析与综合是思维的基本过程，比较在分析与综合中得到进一步发展。

概括有不同的等级水平。初级概括是在知觉、表象的基础上进行的，它只能抽取事物的外部共同特征，做出形象的概括。例如，"车"是从一般表象得出的具体概念。高级概括以抽取事物的本质特征为前提，被抽取的特征本身就已经是以概括的形式出现。例如，"心理的东西是观念"这一命题是从许多现象中抽取的感知觉、表象等心理现象中概括的，而这些感知觉等心理现象，这时早已作为概括化了的概念来使用，才能得出上述概括的规律。

3. 系统化和具体化

系统化是指应用概念和命题去解释具体事物的思维过程。在高水平概括基础上所做的分类和归类的过程能得到系统化的知识。具体化是指以举例和图解说明原理的思维过程，通常所说的"例如""打个比方"等都是具体化的表征。

二、学前儿童思维的发展

（一）学前儿童思维的发生

学前儿童的思维发生在感知觉、记忆等过程发生之后，与言语真正发生的时间相同，即2岁左右。2岁以前是思维发生的准备时期。出现最初的用语词的概括，是学前儿童思维发生的标志。在思维发展的过程中，动作和语言的作用不断发生变化，动作在其中的作用由大到小，语言的作用则由小到大。2岁左右，学前儿童的思维活动主要依靠感知觉和动作进行，语言只是行动的总结，表现为边说边做，如果行动停止，思维也就停止了。总之，4岁前学前儿童的思维是非常具体的，需要依靠直观材料和动作进行。4岁后，学前儿童可以依靠头脑里的具体形象进行思维，思维依靠语言进行，语言先于动作而出现,并起着计划动作的作用。

皮亚杰的认知发展阶段理论是 20 世纪影响最为广泛的儿童思维发展理论。皮亚杰认为儿童的思维发展具有阶段性,儿童的思维发展可以分为四个阶段:感知运动阶段、前运算阶段、具体运算阶段和形式运算阶段。①

1. 感知运动阶段(0~2 岁)

感知运动阶段是儿童思维发展的萌芽阶段。在这个阶段,儿童依靠感知和动作来适应外部环境。儿童从完全不能分清主客体、不能意识到自己、完全以自己的身体动作为中心、没有客体的世界,发展到把自己看作是由许多永久客体组成的世界中的一个客体。其发展又经历了以下六个阶段。

(1) 反射联系阶段(0~1 个月):出生后,儿童以先天的无条件反射活动适应环境,主要有吮吸、吞咽、抓握等反射活动。

(2) 最初习惯阶段(1~4 个月):儿童在先天反射基础上形成了条件反射,获得习得性动作,如手不断抓握与放开、寻找声源等。

(3) 有目的的动作形成阶段(4~9、10 个月):儿童从偶然、无目的动作过渡到有目的的反复动作。眼和手逐渐可以协调动作。

(4) 方法和目的的分化与协调阶段(10~11、12 个月):这一阶段儿童的动作目的与手段已经分化,智慧动作出现,出现"客体永久性"概念。

(5) 感知运动智慧阶段(11、12~18 个月):儿童开始探索达到目的的新手段。儿童试图在重复以往的动作中做出改变,通过尝试错误,第一次有目的地通过调节来解决新问题。

(6) 智慧的综合阶段(18~24 个月):儿童不仅用身体和外部动作,也通过头脑的内部动作达到突然理解或顿悟的效果。

2. 前运算阶段(2~7 岁)

前运算阶段是感知运动阶段和具体运算阶段的过渡,又称"自我中心的表征活动阶段",前运算阶段还可以分为以下两个阶段。

(1) 前概念阶段(2~4 岁)。

这一阶段儿童思维的主要特征是开始运用象征性符号进行思考,出现表征功能。儿童用信号物来代表被信号化之物,即通常所说的"以物代物""以人代人"。例如,儿童会将香蕉当作麦克风,会将椅子当作火车等。这个阶段,儿童的思维具有较强的拟人化和"泛灵论"特征,他们认为任何事物都可以具有生命,路灯、栏杆等都可以与其对话。这一阶段的另一个重要特征就是思维的自我中心,凭着自己的经验和认识,而不能依据事物的客观联系来解决问题。例如,晚上 8 点钟了,小孩会问妈妈:"为什么月亮还不睡觉呢?"另外,这一阶段的儿童需要依靠动作来展开直觉思维,即通常所说的"大脑跟不上行动",行动快于大脑的思维。

(2) 直觉思维阶段(4~7 岁)。

借助于具体形象和表象是这一阶段儿童思维的主要特征,因而带有浓厚的具体性、

---

① Anita Woolfolk. Education Psychology(Ninth Edition)[M]. Boston:Pearson Education, Inc,2004:32.

形象性。这一阶段儿童的思维虽然有了一定的逻辑性，但他们还不能抽象地看待事物。例如，对"影子"的认识，儿童可能知道人有影子、云有影子、车有影子，然后知道事物都会有影子，但是却不知道影子和光的关系。在直觉思维阶段，儿童的思维逐渐向现实靠近，逐渐去自我中心，但自我中心的特征依然明显（如三山实验）①，象征游戏也从发展的顶峰开始下降。单向性或不可逆性，也是这阶段儿童思维的重要特点。单向性是指儿童在思考问题时通常只能考虑到事物某一个属性，而不能全面把握事物的本质特征。例如，皮亚杰问5岁的女儿安娜："你有叔叔吗？"安娜回答："有。"皮亚杰问："那你有几个叔叔呢？"安娜说："两个。"皮亚杰再问："那你的叔叔有兄弟吗？"安娜毫不犹豫地回答："没有。"这个阶段儿童的思维能反映事物的一些客观逻辑，但同时还受直接感知形象的影响，也称"半逻辑思维"。总的来说，这个阶段儿童的思维仍然具有具体形象性、直觉动作性、单向性、刻板性、表面性、不灵活性以及自我中心性等特征。

知识拓展 5

3. **具体运算阶段（7～11、12岁）**。

7岁以后，儿童的思维进入具体运算阶段，外部的动作逐渐内化为头脑内部的动作，概念的作用加强，但仍然需要借助一定的具体形象和表象。这个阶段儿童思维的主要特征如下。

（1）思维具有可逆性。

可逆性是指能够根据一个概念中各种具体变化来把握其本质关系。处于前运算阶段的儿童的思维没有可逆性。处于具体运算阶段的儿童对客观事物有了较稳定的认识，不会因为事物非本质的变化而感到迷惑，即出现了"守恒概念"。例如，把同样多的两杯水倒进另外两个大小不一的杯子后，处于前运算阶段的儿童会认为不一样多，但处于具体运算阶段的儿童会认为是一样多的。

（2）思维的去自我中心。

当儿童能从不同的角度来看待问题时（例如，从他人的角度），就能分清楚对面人的左右手，并且能进一步掌握同一排放着的东西的左右关系，这时儿童已经学会了换位思考。例如，幼儿园小朋友会将自己喜爱的洋娃娃作为生日礼物送给妈妈，小学高年级的儿童则会询问妈妈喜欢什么礼物。

（3）思维依靠概念进行。

在前运算阶段，儿童主要依靠动作、表象和具体形象进行思维；在具体运算阶段初期，儿童的思维还不能离开具体形象和表象的支撑；到了具体运算阶段后期，儿童可以依靠概念进行思维。例如，对交通工具，儿童不仅可以掌握交通工具的各种形象，也可以了解交通工具的本质属性。

4. **形式运算阶段（11、12～15岁）**

形式运算阶段是思维发展的最高阶段，其主要特点是儿童可以运用抽象逻辑思维，其运算不受具体事物和内容的局限，可以通过假设和命题的方式进行逻辑推理。

---

① Anita Woolfolk. Educationl Psychology（Ninth Edition）[M]. Boston：Person Education，Inc，2004：34-36.

(二) 学前儿童思维的发展

从思维发展的方式看，学前儿童的思维最初是直觉行动思维，然后出现具体形象思维，最后发展起来的是抽象逻辑思维。下面我们将对直觉行动思维、具体形象思维和抽象逻辑思维这三种不同水平的思维过程进行分析。

1. 直觉行动思维

直觉行动思维，也称直观行动思维，是指依靠对事物的感知、依靠人的动作来进行的思维。直觉行动思维是最低水平的思维，这种思维方式在2～3岁儿童身上表现最为突出，在3～4岁儿童身上也常有表现。

（1）直觉行动思维的产生。

直觉行动思维是在儿童感知觉和有意动作，特别是一些概括化的动作的基础上产生的。学前儿童摆弄一种东西的同一动作会产生同一结果，这样在头脑中形成了固定的联系，以后遇到类似的情境，就会自然而然地使用这种动作，而这种动作会逐渐成为具有概括化的有意动作。例如，学前儿童经过多次尝试，通过拉桌布取得放在桌布中央的积木，下次看到在床单上的皮球，他就会通过拉床单去拿皮球。这种概括性的动作就成为学前儿童解决同类问题的手段，即直觉行动思维的手段。学前儿童有了这种能力，我们就称其有了直觉行动思维。

（2）直觉行动思维的特点。

直觉行动性是学前儿童思维的基本特征，也是直觉行动思维的重要特征。学前儿童的思维与他们的感知觉和动作密不可分，他们不可能在动作之外进行思考，而是在行动中利用动作进行思考。也就是说，学前儿童思考问题和解决问题的行为还没有分开，因此，他们不可能预见、计划自己的行动。学前儿童的思维只能在活动中展开，他们不是先想好了再行动，而是边做边想。

出现了初步的间接性和概括性，是直觉行动思维的又一个特点。直觉行动思维的概括性不仅表现在动作之中，还表现在感知觉的概括性上。学前儿童常以事物的外部相似点为依据进行知觉判断。

虽然直觉行动思维具有一定的概括性，在刺激物的复杂关系和反应动作之间形成联系，但由于缺乏词的中介，学前儿童对外部世界的反应只是简单运动性和直觉性质的，而不是概念的。因此，直觉行动思维只能是一种"行动的思维""手的思维"。

2. 具体形象思维

具体形象思维是指依靠事物的形象和表象来进行的思维。它是介于直觉行动思维和抽象逻辑思维之间的一种过渡性的思维方式。具体形象思维是学前儿童典型的思维方式。

（1）具体形象思维的产生。

具体形象思维是从直觉行动思维之中孕育出来并逐渐分化的。随着动作的熟练，一些动作（试误性的无效动作）逐渐被压缩和省略，而由经验来代替。这样一些表象就可以代替一些实际动作，遇到问题时就可以不再试误，而是先在头脑中搜索表象，以便采取相应有效的动作。这时，学前儿童不再依靠动作来思考，而是依靠表象来思考。学前儿童思考问题和解决问题的动作开始分离，其内部表象已经可以支配外部行动。从某种意义上讲，真正的思维开始产生，其标志是由"手的思维"转为"脑的思维"。

（2）具体形象思维的特点。

具体形象思维的特点主要可以总结为思维动作的内隐性、具体形象性、自我中心三个方面。

① 思维动作的内隐性。

在直觉行动思维中学前儿童多采用"尝试错误"法，当用这种思维方式解决问题的经验积累多了以后，学前儿童便不再依靠一次又一次的实际尝试，而开始依靠关于行动条件以及行动方式的表象来进行思维。与直觉行动思维相比，具体形象思维的过程从"外显"转变为"内隐"。

② 具体形象性。

学前儿童思维的形象性，表现在学前儿童依靠事物在头脑中的具体形象来思维。学前儿童的头脑中充满了颜色、形状、声音等生动的形象。学前儿童的思维内容是具体的。他们能够掌握代表实际东西的概念，不易掌握抽象概念。比如，"家具"这个词比"桌子""椅子"等抽象，学前儿童较难掌握。在生活中，抽象的语言也常常使学前儿童难以理解。

学前儿童思维的具体形象性还有一系列派生的特点：表面性和绝对性。表面性是指学前儿童只是根据具体接触到的表面现象来进行思维活动。因此，学前儿童的思维往往只是反映事物的表面联系，而不能反映事物的本质联系。例如，学前儿童不理解词的转义。学前儿童听妈妈说："看那个女孩长得多甜！"他们会问："妈妈，你舔过她吗？"绝对性是指由于思维的具体性和直观性，使得思维所能把握的往往是事物的静态，而很难把握那种稍纵即逝的动态和中间状态，缺乏相对的观点。

③ 自我中心。

所谓的自我中心，是指主体在认识事物时，从自己的身体、动作或观念出发，以自我为认识的起点或原因的倾向，而不太能从客观事物本身的内在规律以及他人的角度认识事物。学前儿童自我中心的特点还伴随有其他一些表现。

A. 不可逆性，即单向性，不能转换思维的角度。例如，问学前儿童："你有姐姐吗？""有，我姐姐是××。"过了一会再问她："××有妹妹吗？"学前儿童摇头。她只从自己的角度看××是姐姐，而不知从姐姐的角度看，自己是妹妹。由于缺乏逆向思维的能力，学前儿童很难获得物质守恒的概念。他们不懂得一定量的物体形状改变后，是可以变回原状的，形状的改变并不影响其量的稳定性。

B. 拟人性（泛灵论）。学前儿童自我中心的特点常常使学前儿童由己推人。自己有意识、有情感、有言语，学前儿童便以为万事万物也应和自己一样有灵性。因此，他们常常有一种看待事物的独特眼光和一颗敏感、善良、充满幻想的心灵。

C. 经验性。学前儿童的思维是根据自己的生活经验来进行的。比如，听奶奶抱怨小鸡长得慢，学前儿童就会把小鸡埋在沙里，把鸡头留在外面，还用水浇，并告诉奶奶："您的小鸡一定会长得大大的。"

3. 抽象逻辑思维

抽象逻辑思维是指用抽象的概念（词），根据事物本身的逻辑关系来进行的思维。抽象逻辑思维是人类特有的思维方式。学前儿童大约5～6岁时，抽象逻辑思维开始萌芽。儿童整个学前期都还没有这种思维方式，只有这种方式的萌芽。

随着抽象逻辑思维的萌芽，学前儿童自我中心的特点逐渐开始消除，即开始"去自我中心化"。学前儿童开始学会从他人以及不同的角度考虑问题，开始获得"守恒"观念，开始理解事物的相对性。所谓守恒，是皮亚杰理论中的重要概念，是衡量儿童运算水平的标志之一。守恒是个体对概念本质的认识能力或对概念的稳定性的理解，具体指对物体的某种本质特征（如重量、体积、长度等）的认识不因其他非本质特征的变化而改变。

如前所述，学前儿童思维是按直觉行动思维在先、具体形象思维随后、抽象逻辑思维最后的顺序发展起来的。学前儿童的思维结构中占优势地位的是具体形象思维。但这并不意味着这三种思维方式之间是彼此对立、相互排斥的。事实上，它们在一定条件下往往是相互联系、相互配合、相互补充的。

（三）学前儿童思维基本过程的发展

下面我们从分类、概念、理解、判断、推理五个方面具体介绍学前儿童思维基本过程的发展。

1. 学前儿童分类的发展

分类能力是逻辑思维发展的一个重要标志，分类活动表现出思维概括性水平。分类能力是学前儿童思维能力的重要方面，对学前儿童进行分类能力的训练是发展学前儿童思维能力的重要组成部分。4岁之前学前儿童基本不能分类，4～6岁的学前儿童已经具备了初步的分类能力，但其对物体的分类往往根据物体的外部特征和具体情境进行。这时期学前儿童的分类思维主要有以下几个特征。

（1）具体性。

4岁之前的儿童基本不具备分类的能力，4岁左右的中班幼儿的分类能力受其具体形象思维的特点约束，主要按照颜色、形状、大小进行分类，之后会逐渐发展成按照事物属性，以及事物自身隐蔽的内部特点来进行分类。

（2）情境性。

5～6岁的学前儿童具有初步的分类能力，主要通过将物体的感知特点和情境联系起来进行分类，如公园、运动场景等。

（3）具有一定程度的抽象性。

6岁左右的学前儿童逐渐摆脱具体感知和情境性的束缚，能从依靠外部特点进行分类向依靠内部隐蔽特点进行分类转变，即能逐渐按照物体的功能和内在联系进行分类。这时期的学前儿童能根据物体的某个属性或标记进行分类，如交通工具、学习用品等。

（4）个体差异性。

学前儿童的身心发展具有很大的差异性，因而其分类能力也各不相同。

为提高学前儿童的分类能力，幼儿园教师应当有意识地为他们提供不同的操作材料和方法，以学前儿童的兴趣为出发点，在日常生活中发展其分类能力。同时，教师也可以在学习活动中发展学前儿童的分类能力，通过提问等方法引导学前儿童用语言描述事物的异同。当学前儿童进行探究活动时，成人要给予积极的语言支持。

2. 学前儿童概念的发展

概念是思维的基本形式，是人脑对客观事物的本质属性的反映。概念是用词来标示的,词是概念的物质外衣,也就是概念的名称。学前儿童掌握概念的方式大致有两种类型:一种是通过实例获得概念,学前儿童获得的概念几乎都是通过这种学习方式;另一种是通过语言理解获得概念,即通过成人的讲解掌握概念。科学概念的掌握往往需要用语言理解的方式进行,但学前儿童由于抽象逻辑思维刚刚萌芽,很难用这种方式获得概念。

概念的形成是通过一系列具有相似特征的例子进行分类并归纳出共同特征,然后引入新的例子对共同特征加以验证,最后命名获得的。学前儿童一般通过概念的同化和顺应来形成概念,学前儿童基本上都是在生活实践中获得概念的。

(1) 学前儿童概念掌握的特点。

学前儿童对概念的掌握受其概括能力发展水平的制约。一般认为,学前儿童概括能力的发展可以分为三种水平:动作水平概括、形象水平概括和本质抽象水平概括。它们分别与前文讲的动作思维、形象思维和逻辑思维相对应。学前儿童的概括能力主要属于形象水平,后期开始向本质抽象水平发展,这就决定了他们掌握概念的基本特点。

① 以掌握具体实物概念为主,向掌握抽象概念发展。

根据抽象水平,学前儿童获得的概念可分为上级概念、基本概念、下级概念三个层次。学前儿童最先掌握的是基本概念,由此出发,上行或下行到掌握上级概念或下级概念。比如,"树"是基本概念或"植物"是上级概念,"松树""柳树"是下级概念。学前儿童先掌握的是"树",然后才是更抽象或更具体些的上级概念或下级概念。

② 掌握概念的名称容易,真正掌握概念困难。

学前儿童由于语言的限制,对事物的概括性水平往往较低,需要依靠具体形象感知事物,因而很难将某一类事物的特征抽象地概括出来。例如,老师带孩子们去动物园,一边看猴子、老虎、大象等,一边告诉他们这些都是动物。回到班上,老师问孩子们"什么是动物"时,很多孩子都回答"是动物园里的,让小朋友看的""是狮子、老虎、大象……"。老师又告诉孩子们"蝴蝶、蚂蚁也是动物",很多孩子觉得奇怪;老师又告诉他们"人也是动物",孩子们就更难理解了,无法抽象出动物的本质特征,因而甚至有的孩子会争辩说"人是到动物园看动物的,人怎么是动物呢,哪有把人关在笼子里让人看的"。学前儿童对概念的理解表现为内涵不精确,只反映事物的表面特征,而不能反映事物的本质特征,外延不适当,往往过宽或过窄。因而,学前儿童掌握的概念往往不准确或内容贫乏。

(2) 学前儿童数概念的发展。

学前儿童掌握数概念的过程也是一个从具体到抽象的发展过程。数概念的掌握是以事物的数量关系能从各种对象中抽出,并和相应的数字建立联系为标志的。学前儿童数概念的形成先从口头数数开始,然后凭物数数,最后能掌握数的概念。学前儿童数概念发展大约经历了三个阶段:对数量的动作感知阶段(3岁之前)、数词和物体数量间建立联系阶段(4~5岁)、数的运算的初期阶段(5~7岁)。2~3岁和5~6岁是学前儿童形成和发展数概念的两个关键年龄阶段,前者是数的感知和萌芽关键期,后者是数的概念形成和发展的关键期。

(3) 学前儿童空间概念的发展。

学前儿童空间、时间知觉的发展较早,而掌握空间、时间概念较晚。儿童掌握空间概念和时间概念与掌握相应的词相联系。学前儿童较易掌握"上下"（3岁左右）、"前后"（4岁左右）的概念，较难掌握"左右"（5～6岁）的概念，这与学前儿童思维的直观性和具体形象性有关。

5～6岁的学前儿童基本还不理解长度的概念，但能根据感知判断面积的大小；6～7岁是学前儿童长度概念发展的关键期。7岁左右的学前儿童能掌握体积的守恒概念。

（4）学前儿童时间概念的发展。

时间概念较抽象，时间不断在流动，有一定的延续性和顺序性，学前儿童较难掌握时间概念。学前儿童掌握时间概念的特点主要有：对时间顺序的概念的掌握明显受时间循环周期长短的影响；对一日时间的延伸的认知低于对当日之内时序的认知，对过去的认知水平低于对未来的认知水平；对时序的认知带有固定性；以自身生活经验作为时间关系的参照物；时间概念的形成和时间词语的表达相互促进，但不同步；不能对与时间有关的刺激物进行归类。

4岁左右的学前儿童对时间的认知比较困难，5～6岁的学前儿童对一日之内的上午、下午和晚上等概念能正确认知，但对一周的时序概念、四季和昨天、明天等时间概念的认知水平较低。7岁左右的学前儿童能将时间和空间概念区分开来。学前儿童对时间概念的掌握通常以自己的生活经验作为参照物。

3. 学前儿童理解的发展

理解是个体运用已有的知识经验去认识事物的联系、关系乃至其本质和规律的思维活动。学前儿童的理解主要是直接理解，即与知觉过程融合在一起，以后逐渐出现间接理解，通过一系列较复杂的分析、综合活动进行。学前儿童对事物的理解有以下几个发展特点（或趋势）。

（1）从对个别事物的理解发展到对事物之间关系的理解。

从学前儿童对图画和故事的理解中可以看出，学前儿童通常先理解图画中的个别人物，然后理解人物形象的姿势和位置，最后才能理解人物和人物之间的关系。学前儿童理解故事的过程是先理解个别的词，然后是句子，最后他们才能建立起整个故事的框架。

（2）从主要依靠具体形象的理解发展到开始依靠语词的理解。

3岁左右的学前儿童常常依靠具体形象或者实际行动来理解事物，如讲到"大象把狼扔到河里去"，成人往往需要做出"扔"的动作示范，学前儿童才能理解。大约到了5～6岁，学前儿童开始理解语词、符号等抽象符号。

（3）从简单的、表面的理解发展到比较复杂的、深刻的理解。

幼儿初期，往往只理解事物的表面现象，难以理解事物的内部联系。例如，在看图讲述中，他们往往只对图中的人物形象做表面的描述，不能理解人物的内心活动。对于寓言、比喻等较深刻的内容，学前儿童往往不能理解。大约到了5～6岁，学前儿童逐步开始理解一些较为复杂和深刻的句子，开始懂得一些反语、讽刺、双关等复杂句子。例如，上课时，一个小朋友歪歪斜斜地坐着，如果老师用批评的语气说："小明坐的姿势多好！"小班学前儿童可能都学着他的样子坐起来。他们以为老师认为那样坐好，真的在表扬那位小朋友。但到了大班，学前儿童已经可以分得清楚老师是在批评他，而不是表扬他。因为学前儿童起初常常不理解成人的反话，所以成人要坚持正面教育。

(4) 从情绪性的理解发展到比较客观的理解。

学前儿童对事物的情感态度，常常会影响他们对事物的理解。这种现象在 4 岁之前较为突出。例如，妈妈给儿子出了一道这样的加法题："爸爸打碎了 3 个碗，小宝打碎了 2 个碗，请问一共打碎了几个碗？"小宝听后大哭起来，说他没有打碎碗。这是由于妈妈出题时没有考虑到幼儿对事物理解的情绪性。带有情绪性的理解通常是不客观的。5～6 岁的学前儿童逐渐能控制情绪，能较客观地理解。

(5) 从不理解事物的相对关系发展到逐渐能理解事物的相对关系。

学前儿童对事物的理解通常是固定的或极端的，不能理解事物的中间状态或相对关系。对学前儿童来说，一个人不是好人就是坏人，因此，学前儿童会执着于问"他是好人还是坏人"的问题。7 岁以后，儿童逐步能理解事物的可逆性。

4. 学前儿童判断的发展

判断是概念与概念之间的联系，是事物之间或事物与它们的特征之间的联系的反映。学前儿童的判断能力已有初步的发展，并且表现出以下几个方面的特征。

(1) 判断形式间接化。

学前儿童的判断从以直接判断为主，开始向间接判断发展。幼儿期儿童大量依靠直接判断，间接判断通常需要推理。反映事物之间的因果、时空、条件等联系，制约思维的基本关系是因果关系；成人和儿童的判断在形式上是不同的，这实质上反映了思维方式的不同。

(2) 判断内容深入化。

从判断内容上看，学前儿童的判断首先反映事物的表面联系。在幼儿期，儿童的判断开始向反映事物本质联系发展，即从直接判断向间接判断发展；学前儿童能把客体的关系分解并概括出来，开始反映概括的规律，分解的深度和概括性也就逐渐提高。

(3) 判断根据客观化。

学前儿童的判断从以对生活的态度为依据逐渐向以客观逻辑为依据发展，还要经过从以事物的偶然性特征为依据过渡到以孤立的、片面的、不确切的原则为依据，然后开始一些正确或接近正确的客观逻辑判断。

(4) 判断论据明确化。

学前儿童的判断从没意识到判断的根据过渡到开始明确意识到自己的判断根据，这说明思维的自觉性、意识性和逻辑性已经开始发展。在日常生活中创造民主气氛，让学前儿童敢于争辩，对其思维发展非常有益。

5. 学前儿童推理的发展

推理是判断和判断之间的联系，是由一个判断或多个判断推出另一个新的判断的思维过程。3 岁之前学前儿童基本不能进行逻辑推理，4 岁左右学前儿童的推理能力开始发展，5 岁左右大部分学前儿童可以进行推理活动，但水平比较低。

(1) 学前儿童推理的类型。

① 转导推理。

2～3 岁学前儿童的推理基本都是转导推理，即从一个特殊事例到另一个特殊事例的推理，是依靠表象进行的，不符合客观逻辑。转导推理是从个别到个别的推理，没有类的包含，没有类的层次关系，没有可逆性。如"小猫种鱼""给梅花鹿鹿角浇水"等。因为学前儿童缺乏相关知识和生活经验，也不会对各种信息进行分类和概括。

② 直接推理。

4岁之后，转导推理逐渐消失，取而代之的是具体情境下借助表现的直接推理。直接推理往往是在情境中出现，如有人喊爸爸的名字，爸爸却没有回答，孩子会说"爸爸没有听见"。

③ 类比推理。

类比推理是一种逻辑推理，在某种程度上属于归纳推理。它是对事物或数量之间关系的发现和应用，是从个别到个别的推理，以事物的本质属性为前提，因此推理的结果一般是正确的。转导推理一般以事物的表面特征为前提，因而推理的结果一般是错误的。4岁左右的学前儿童出现了简单的类比推理，但水平较低，5～6岁以后学前儿童类比推理的水平逐步提高。一般的类比推理的表现形式为 A：B→C：D，如学前儿童知道"耳朵与听"的关系能推断出"眼睛与看"的关系。

④ 演绎推理。

演绎推理也属于逻辑推理，其典型形式是三段论，由三个判断（或概念）构成，每个判断（或概念）出现三次，从两个反映客观事物的联系和关系的判断（或概念）中推断出新的判断（或概念）。5～7岁的学前儿童能正确运用三段式的推理。例如，所有中班的小朋友都要背书包上学→欢欢是中班的小朋友→所以欢欢要背书包上学。

（2）学前儿童推理发展的特点。

① 抽象概括性差。

学前儿童的推理往往建立在直接感知或与经验有关的事物上，其结论也往往与直接感知或和经验有关的事物相联系。学前儿童不会运用一般原理，往往试图引用一些从偶然性特征上做出的概括，来论证自己的答案。年龄越小，这一特点越突出。

② 逻辑性差。

学前儿童，尤其是年龄较小的儿童，往往不会推理。如果对幼儿说"别哭了，再哭就不带你找妈妈了"，他会哭得更厉害，因为他不会推出"不哭就带你去找妈妈"的结论。虽然学前儿童能在某种程度上推断出事物的本质特性，但只是近似的、不准确的，不能概括一切可能发生的个别情况，因此，往往不能推出正确结论。

③ 自觉性差。

学前儿童的推理结果可能完全不受两个前提之间的联系制约，甚至不受一个前提本身的内在联系制约，但他们却总能正确自信地解决问题，得出"结论"。

总之，学前儿童的推理过程随年龄增长而发展，其推理水平也在不断提高。学前儿童的推理发展要经历从不能进行推理活动到只能根据较熟悉的非本质特征进行简单的推理活动，再到可以在提示条件下，运用展开的方式逐步发现事物的本质联系，最后推出正确结论的过程。学前晚期，儿童能用独立、迅速、简约的方式进行正确的推理活动。这时期儿童推理水平的提高主要表现在推理内容的正确性、推理的独立性、推理过程的概括性及方式的简约性等方面。

三、学前儿童思维的发展在教育教学中的应用

3岁前儿童的思维带有直观动作性，他们渴望直接动手解决问题，家长或教师可以依据

这一特点教会学前儿童使用工具,如叉子、汤匙等,学前儿童在运用工具的同时,也逐渐学会解决问题。教师提供的玩具、教具材料要直观形象、丰富多样,可操作性要强。

4~5岁儿童不仅对周围事物兴趣浓厚,而且对事物的前因后果也感兴趣,教师可以提醒这一阶段的学前儿童在思维过程中特别注意新颖的、他们暂时不熟悉的现象,激发学前儿童的求知欲和探索欲。教师可以设计按图寻找、按数取放物体、折叠、建造等游戏,培养学前儿童计划、分类等思维能力的发展,进而培养他们解决问题的能力。此外,教师设计的保教活动要符合学前儿童的经验,指导语言要生动形象。

由于学前儿童已经具备一定的分类能力,因此,教师应当在日常观察中进一步识别每个学前儿童分类发展的水平,进行有针对性的指导。教师也可以在活动区域投放不同层次的分类材料,针对不同水平的学前儿童进行个别指导。在日常生活中,教师应经常组织学前儿童去观察事物的相同和不同,以丰富他们的分类经验。同时,在个别学习的基础上,教师还应当组织合适的教育活动,提升学前儿童相关的分类经验。

在对学前儿童进行思维训练时,教师可以根据学前儿童思维发展的特点采用多种方式进行,如头脑风暴。教师在组织学前儿童思考和讨论问题时,应当常常鼓励他们尽量列举所有的可能性,培养他们的创造性,避免出现功能固着(只想到某种事物的固定功能)等消极思维。

历年真题

【4.17】幼儿典型的思维方式是( )。
A. 直观动作思维　B. 抽象逻辑思维　C. 直观感知思维　D. 具体形象思维

【4.18】小班幼儿玩橡皮泥时,往往没有计划性。橡皮泥搓成团就说是包子,搓成长条就说是油条,长条橡皮泥卷起来就说是麻花,这反映了小班幼儿( )的特点。
A. 具体形象思维　B. 直觉行动思维　C. 象征性思维　D. 抽象思维

【4.19】下雨天走在被车轮碾过的泥泞路上,晓雪问:"爸爸,地上一道一道的是什么呀?"爸爸说:"是车轮压过的泥地儿,叫车道沟。"晓雪说:"爸爸脑门上也有车道沟。"(指皱纹)晓雪的说法体现的幼儿思维特点是( )。
A. 转导推理　　B. 演绎推理　　C. 类比推理　　D. 归纳推理

【4.20】青青的妈妈说:"那孩子的嘴真甜!"青青问:"妈妈,你舔过他的嘴吗?"这主要反映了幼儿( )。
A. 思维的片面性　B. 思维的拟人性　C. 思维的生动性　D. 思维的表面性

【4.21】午餐时,餐盘不小心掉到地上,看到这一幕的亮亮对老师说:"盘子受伤了,它难过得哭了。"这说明亮亮的思维特点是( )。
A. 自我中心　　B. 泛灵论　　C. 不可逆　　D. 不守恒

【4.22】桌面上一边摆了三块积木,另一边摆了四块积木,教师问:"一共有几块积木?"从幼儿的下列表现来看,数学能力发展水平最高的是( )。
A. 把前三块积木和后四块积木放在一起,然后一个一个点数
B. 看了一眼三块积木,说出"3",暂停一下,接着数"4,5,6,7"

C. 左手伸出三根手指，右手伸出四根手指，暂停一下，说出7块

D. 先看了三块积木，后看了四块积木，暂停一下，说出7块

【4.23】一般情况下，（　　）的幼儿能结合情境理解一些表示因果、假设等关系的相对复杂的句子。

A. 托班　　　　B. 小班　　　　C. 中班　　　　D. 大班

【4.24】皮亚杰的"三山实验"考查的是（　　）。

A. 儿童的深度知觉　　　　　　B. 儿童的计数能力

C. 儿童的自我中心性　　　　　D. 儿童的守恒能力

【4.25】小红知道9颗花生吃掉5颗，还剩4颗，却算不出"9-5"等于多少？说明小红的思维具有（　　）。

A. 具体形象性　　B. 抽象逻辑性　　C. 直观动作性　　D. 不可逆性

【4.26】妈妈带3岁的岳岳在外度假。阿姨打来电话问："你们在哪里玩？"岳岳说："我们在这里玩。"这反映了岳岳思维具有（　　）特征。

A. 具体性　　　　B. 不可逆性　　　C. 自我中心性　　D. 刻板性

【4.27】下列表述中，与大班幼儿实物概念发展水平最接近的是（　　）。

A. 理解本质特征　B. 理解功能性特征　C. 理解表面特征　D. 理解熟悉特征

【4.28】大班幼儿认知发展的主要特点是（　　）。

A. 直觉行动性　　B. 具体形象性　　C. 抽象逻辑性　　D. 抽象概括性

【4.29】简答题

茵茵已经上中班了，她知道把两个苹果和三个苹果加起来，就有五个苹果。但是问她2加3等于几，她就直摇头。根据上述案例，简述中班幼儿数学学习的思维特点以及对教育的启示。

【4.30】简答题：请依据皮亚杰的理论，简述2～4岁儿童的思维逻辑特点。

【4.31】材料题

情境一：

一天晚上，莉莉和妈妈散步时，有下列对话。

妈妈：月亮在动还是不动？

莉莉：我们动它就动。

妈妈：是什么使它动起来的呢？

莉莉：是我们。

妈妈：我们怎么使它动起来的呢？

莉莉：我们走路的时候它自己就走了。

情境二：

在幼儿园教学活动中，老师给莉莉出示两排一样多的纽扣，莉莉认为一一对应排列的两排纽扣一样多。但当老师把其中一排纽扣聚拢时（两排纽扣不再一一对应），莉莉就认为两排纽扣不一样多了……

问题：

（1）莉莉的思维处于思维发展的什么阶段？举例说明这个阶段思维的主要特征及表现。

（2）幼儿这种思维特征对幼儿园教师的保教活动有什么启示？

【4.32】材料题

为了解中班幼儿分类能力的发展,教师选择了"狗""人""船""鸟"四张图片,要求幼儿从中挑出一张不同的。很多幼儿拿出了"船",他们的理由分别是:狗、人和鸟常常是在一起出现的,船不是;狗、人、鸟都有头、脚和身体,而船没有;狗、人、鸟是会长大的,而船是不会长大的。

问题:

(1) 请结合上述材料分析中班幼儿分类能力的发展特点。
(2) 基于上述材料中幼儿的发展特点,分析教师应如何实施教育。

【4.33】材料题

新入职的王老师第一次带大班小朋友做操时,发现大家的动作有些混乱,有的小朋友胳膊向左伸,有的小朋友胳膊向右伸,这是为什么呢?昨天老教师带操时,明明大家动作很整齐啊!

问题:

(1) 请从幼儿左右概念发展水平的角度,分析幼儿动作混乱的原因。
(2) 针对问题,提出建议。

【4.34】材料题

某大班几个小朋友在讨论有关动物的问题。老师问:"你们刚才说了很多动物,我想问问,到底什么是动物?"丁丁说:"我们刚才说的大象、猴子、孔雀、斑马都是动物!"鹏鹏说:"动物有的有腿,有的有翅膀,有的会跑,有的会飞,有的会在水里游……"蓝蓝马上接着说:"有的吃草,有的吃米,有的喜欢吃肉……"睿睿说:"我觉得会自己动的,会吃东西的,都是动物。"

问题:请分析上述儿童概念发展的水平。

第五节 学前儿童想象的发展

一、想象概述

(一) 想象的概念

想象是指人脑对已经存储的表象进行加工改造,形成新形象的心理过程。想象与思维有着密切的联系,都属于高级的认知过程,它们都产生于问题情景,由个体的需要所推动,并能预见未来。想象是人类特有的对客观世界的一种反映形式,也是一种特殊的思维形式。想象可以使人们将过去经验中已形成的一些暂时联系进行新的结合。想象能突破时间和空间的束缚,使个体达到"思接千载""神通万里"的境域。爱因斯坦曾说,想象力远比知识更重要,因为知识是有限的,而想象力概括着世界上的一切,推动着社会进步,并且是知识进化的源泉。

(二) 想象的特征

形象性和新颖性是想象的基本特征。形象性是指人脑是以事物的具体形象、表象或图形为媒介进行想象的。新颖性则是创造性想象的本质特征，体现人脑对事物新鲜、别致、独特、不同于平常的想法或设想。想象是在实际活动中发展起来的，同时又是对现实的超前反映。

（三）想象的作用

想象在人们的生活实践中具有巨大的作用。第一，想象对认知具有补充作用。例如，当我们感知一幅墨迹图，觉得模棱两可时，想象可以填补感知内容的空白，我们可以通过想象将其看成各种不同的形象。第二，想象具有超前认识的作用。在日常生活中想象的超前认识作用屡见不鲜，如科学家关于火星的假说、史学家的预言等都具有超前认识的作用。第三，想象具有满足需要的作用。例如，儿童的想象游戏、梦等，都可以满足现实中不能获得满足的需要。第四，想象有助于人们打破原有的联系方式的局限，从新的角度看待事物，从而起到拓展思路、激发创造性思维的作用。凡属人类的创造性劳动，无一不是想象的结晶。没有想象，便没有创造发明，就没有我们今天五彩斑斓的生活。第五，想象也有助于人们利用眼前有限的信息线索，重新组织已存储的表象，产生相应的形象，以便理解事物并解决问题。

（四）想象的分类

根据不同的标准，我们可以将想象分为不同的类型。

1. 根据产生想象时有无目的性进行划分

根据产生想象时有无目的性，想象可分为无意想象和有意想象。

（1）无意想象。

无意想象是指没有预定目的和计划，只是在一定刺激的影响下，不自觉地创造新形象的想象。无意想象实际上是一种自由联想，不需要意志努力，意识水平较低，是学前儿童想象的典型形式。例如，幼儿看见玩具听诊器，就想象自己成了医生，给娃娃看病；看见香蕉，就拿起来当电话等。梦是无意想象的一种极端的表现，梦完全不受意识的支配，所以皮亚杰称之为"无意识的象征"。

（2）有意想象。

有意想象是指根据一定目的，在意识的控制下，自觉进行的想象。有意想象是需要培养的，能在教育的影响下逐渐发展。根据有意想象的新颖性、独特性和创造性程度的不同，有意想象又可以分为再造想象和创造想象。

① 再造想象。

再造想象是指个体依据语言描述或图画的描绘，在头脑中产生有关事物新形象的过程。再造想象对理解别人的经验是十分必要的。幼儿期主要以再造想象为主，例如，几个小朋友在一起拿着玩具锅、铲、勺子等玩"过家家"，用笔给洋娃娃打针等，整个游戏过程就是以再造想象为线索。

② 创造想象。

创造想象是指个体不依据现成的描述，而在头脑中独立创造出新形象的过程。创造想象是通过思维揭示或建立许多形象之间的合乎逻辑的联系，从而产生新的表象组合。创造想象的主要特点是：所想象的形象不仅新颖，而且是开创性的，例如，幼儿想象太阳能够播种，全世界就没有寒冷的地方了等。实践证明，科学研究上的重大发现和创见，生产技术和产品的改造和发明，文学家、艺术家的塑造和构思等，都离不开创造想象。所以创造想象是各种创造活动的重要组成部分。

2. 根据是否符合事物发展的规律及实现的可能性进行划分

根据是否符合事物发展的规律及实现的可能性，想象可分为理想、幻想和空想。

（1）理想。

理想是指人们根据实际情况对于自己未来的蓝图的设想，是有可能实现的想象。

（2）幻想。

幻想属于创造想象的特殊形式，是一种指向未来并与个人的愿望相联系的想象，如拇指姑娘、嫦娥奔月、外星人与地球人大战等都属于幻想。符合事物发展规律的幻想，能激发人们向往未来、克服前进道路上的困难。今天，通过人们的努力，"嫦娥奔月""龙宫取宝"都已成为现实。

（3）空想。

与事物发展规律相违背的幻想则属于空想，空想往往是不切实际或违背科学规律和逻辑的，不具备可操作性，也难以实现。因此，空想通常是有害的。

二、学前儿童想象的发展

（一）学前儿童想象的发生

想象的发生与学前儿童大脑皮质的成熟有关。学前儿童在2岁左右大脑神经系统趋于成熟，这使得学前儿童在大脑中可以存储较多的信息材料。所以，想象在学前儿童1~2岁开始萌芽，主要通过学前儿童的动作和语言表现出来，例如，学前儿童将凳子当作火车、汽车，边"开车"，嘴里还"呜呜……嘀嘀……"说个不停，非常投入地扮演司机的角色。

（二）学前儿童想象发展的特点

幼儿期是学前儿童想象最为活跃的时期，想象几乎贯穿学前儿童的各种活动，学前儿童的思维、游戏、绘画、音乐、行动等，都离不开想象。想象是学前儿童行动的推动力，创造想象是学前儿童创造性思维的典型表现。学前儿童的想象一般由简单的自由联想向创造想象发展，发展的一般趋势是：由简单到复杂、由低级到高级、由被动到主动、由凌乱到成体系。学前儿童想象发展的特点主要表现在以下三个方面。

1. 从无意想象发展到有意想象

学前儿童的想象基本上是以无意想象为主，到3岁以后，学前儿童的想象在教育的影响下不断发展，逐渐出现有意想象。学前儿童的无意想象具体呈现出以下三个特点。

（1）想象无预定目的，由外界刺激或情境直接引起，如3~4岁的学前儿童看见小凳子，就把它当"车"，开着"车"当"司机"，然后"上车""下车"忙个不停。

（2）想象的主题不稳定，内容零散。学前儿童由于身心发展不成熟，其无意想象表现出不稳定的现象。例如，在游戏中，学前儿童正在当"妈妈"，忽然看见别的小朋友在给娃娃打针，她也跑去当"医生"，加入打针的行列；在绘画活动中，学前儿童一会画房子，一会画海底世界，一会又去画小鸡，当说他画得不像小鸡时，他立刻说"这是气球"。学前儿童的想象主题经常变换，无规律可循。

（3）以想象过程为满足。由于学前儿童的想象主要是无意想象，因而一般没有什么目的，他们更多的是从想象的过程中得到满足。如小朋友讲故事时，有声有色，既有表情，还有动作，听故事的小朋友也相当投入，听得津津有味，但教师一听，却不知道讲故事的小朋友在讲什么，完全没有情节。学前儿童就是在这种讲和听的过程中进行想象，并得到满足的。

有意想象在幼儿期开始萌芽，幼儿晚期有了比较明显的表现。在大班活动中，学前儿童出现了更多有目的、有主题的想象，但这种有意想象的水平还很低，并且受其他条件的制约。例如，在游戏状态下，即使只有4岁左右，学前儿童的有意想象的水平也较高；而在实验条件下，学前儿童的有意想象的水平却很低。在教育的作用下，学前儿童的有意想象会逐渐发展起来，并且逐渐占领其想象的主导地位。

2. 从简单的再造想象发展到创造想象

幼儿时期，学前儿童的想象基本上以重现生活经验的再造想象为主。2～3岁是想象发展的最初阶段，这时期学前儿童想象的发展相对缓慢，其想象依赖于成人的语言提示和感知动作的辅助。想象能力在儿童3～4岁时迅速发展，这一时期，学前儿童的想象在绘画、音乐、游戏等活动中都出现了再造想象的成分；4～5岁的学前儿童在再造想象的过程中，逐渐开始独立而不根据成人的语言描述去进行想象，想象的内容已表现出创造想象的萌芽。5～6岁学前儿童的创造想象已经有相当明显的表现，想象内容开始有了较多的新颖性，如学前儿童开始想象"取下太阳光给奶奶暖手""在月亮上荡秋千"等。

学前儿童的再造想象的特点是：想象常常依赖于成人的语言描述，会根据外界情境的变化而变化，学前儿童伴随自己的实际行动进行想象，实际行动是学前儿童再造想象的必要条件。

学前儿童的创造想象主要有以下特点：最初的创造想象是无意的自由联想，这种最初级的创造想象，严格说来还只是创造想象的萌芽或雏形。之后，学前儿童创造想象的形象开始与原型稍有不同，是一种典型的不完全模仿。最后想象情节逐渐丰富，从原型发散出来的创造想象的形象数量和种类增加。

3. 从极夸张的想象，发展到符合现实的想象

学前儿童的想象经常脱离现实，往往带有夸张的成分。学前儿童想象的夸张表现为：①通常夸大事物的某个部分或特征，例如，学前儿童会说"我家的阳台好大呀，像天空一样大"；②经常混淆想象与真实，常常把想象的事情当作真实的事情，如"我妈妈从国外给我买了一个电动飞机，我坐着电动飞机去国外了"，事实上，孩子的妈妈正准备去国外，孩子因渴望玩具而混淆了想象与真实。总的来说，学前儿童的想象大多与经验和愿望相联系，随着生活经验的积累和认知水平的提高，学前儿童的想象会逐渐符合现实逻辑，并开始能够区分想象和现实。

三、学前儿童想象的发展在教育教学中的应用

（一）根据学前儿童想象的特点进行教育

学前儿童的想象以无意想象和再造想象为主。首先，教师应当丰富学前儿童的感

知，发展他们的语言表现力，让他们多获得可以进行想象加工的"原材料"。其次，教师还应当在文学、艺术等多种活动中，通过创设具有想象空间的情境，利用故事、音乐、绘画等手段丰富学前儿童的感性经验，创造学前儿童想象发展的条件。再次，教师应当在游戏中，鼓励和引导学前儿童大胆想象，培养他们敢想、爱想的习惯，不要打击他们想象的积极性。最后，教师应当在活动中对学前儿童进行适当的训练，提高他们的想象力，同时对学前儿童的想象进行正确的引导，适当纠正他们过分夸张和混淆真假的想象，使他们的想象符合客观逻辑。

（二）重视对学前儿童夸张的想象成分进行教育

如前所述，学前儿童的想象通常有夸张的成分，教师应当先了解其想象夸张的原因，而不能武断地认为他们是在说谎。学前儿童想象夸张的原因有很多：首先，学前儿童的想象受到其认知水平的限制。学前儿童的思维发展水平决定他们会把注意力放在新颖、具体、形象、夸张、有趣的事物上。观察事物时，学前儿童往往只注意到事物的突出特点，即使那不是事物的本质特点也无所谓，对于事物的其他特点则很少顾及。其次，学前儿童的想象受其情绪的影响。学前儿童的想象具有一定的逻辑和现实成分，但是又常常表现为夸张形式，其中原因之一就是情绪对学前儿童的想象产生了一定的影响。例如，教师在讲"小鸡快跑"的故事时，小朋友们都会很激动，一会儿小朋友就会喊"小鸡全跑光了""小鸭全跑光了"，然后会喊"小朋友也全跑光了"，接着就是小朋友全跑到窗帘后等着鸡妈妈来找。最后，学前儿童想象的表现能力具有局限性。想象总是通过一定手段来表现的，学前儿童的想象往往与他们的表现不符，他们的想象往往受表现能力的限制，这一点在各种造型活动中表现尤为突出。由于学前儿童的语言表达能力有限，有时他们想象的事物无法用语言准确表达出来。例如，小聪想要得到小红花或者想得到教师的关注，却不会准确地用语言表达，这就可能导致小聪做出夸张的表现，让人误会他的想象很夸张。

教师应在了解学前儿童想象夸张原因的基础上，分析学前儿童的认知水平，注意学前儿童的情绪状态，通过引导和训练来提升学前儿童的想象表现能力。

历年真题

【4.35】一个小女孩看到"夏景"说："小姐姐坐在河边，天热，她想洗澡，她还想洗脸，因为脸上淌汗。"这个小女孩的想象是（　　）。
A. 经验性想象　　B. 情境性想象　　C. 愿望性想象　　D. 拟人化想象

【4.36】幼儿在想象中常常表露个人的愿望。例如，大班幼儿文文说："妈妈，我长大了也想和你一样，做一个老师。"这是一种（　　）。
A. 经验性想象　　B. 情境性想象　　C. 愿望性想象　　D. 拟人化想象

【4.37】在同一桌上绘画的幼儿，其想象的主题往往雷同，这说明幼儿想象的特点是（　　）。
A. 想象无预定目的，由外界刺激直接引起
B. 想象的主题不稳定，想象方向随外界刺激的变化而变化

C. 想象的内容零散，无系统性，形象间不能产生联系
D. 以想象过程为满足，没有目的性

【4.38】幼儿常把没有发生的或期望的事情当作真实的事情，这说明幼儿（　　）。
A. 说谎　　　　　　　　　　B. 移情
C. 好奇心强　　　　　　　　D. 将想象与现实混淆

【4.39】一名幼儿画小朋友放风筝，将小朋友的手画得很长，几乎比身体长了3倍，这说明幼儿绘画特点具有（　　）。
A. 形象性　　B. 抽象性　　C. 象征性　　D. 夸张性

【4.40】小彤画了一个长了翅膀的妈妈，教师合理的应对方式是（　　）。
A. 让小彤重新画，以使其作品更符合实际
B. 画一个妈妈的形象，让小彤照着画
C. 询问小彤画长翅膀的妈妈的原因，接纳她的想法
D. 对小彤的作品不予评价

【4.41】简答题：简述幼儿无意想象的主要表现。

【4.42】材料题：

离园时，3岁的小凯兴奋地对妈妈说："妈妈，今天我得了一个小笑脸，老师还贴在我脑门上了。"连续两天小凯都这样告诉妈妈，妈妈听了很高兴。后来，妈妈和老师沟通后才得知小凯并没有得到小笑脸。妈妈生气地责怪小凯："你这么小，怎么就说谎呢？"

问题：
（1）小凯妈妈的做法正确吗？
（2）试结合幼儿想象的特点，分析上述现象。

☞ 本章小结

学前儿童的认知发展是学前儿童发展的重要方面，包括感知觉、注意、记忆、思维和想象的发展，尤其以学前儿童的思维发展为重要。在学前儿童感知觉发展部分，要了解学前儿童感知觉的发生、发展及其规律；学前儿童注意发展部分，要厘清注意的特性、规律和学前儿童注意的特征；学前儿童记忆发展部分，需要着重了解记忆的分类和学前儿童记忆的主要特征，以及遗忘规律与记忆策略；学前儿童想象发展部分，需要掌握想象的分类和学前儿童想象的特点，注意学前儿童想象的夸张和幻想。学前儿童思维发展部分需要重点把握，不仅要了解皮亚杰的认知发展阶段理论，还要熟悉学前儿童的思维特点，以及思维过程的发展特点。

本章要点回顾

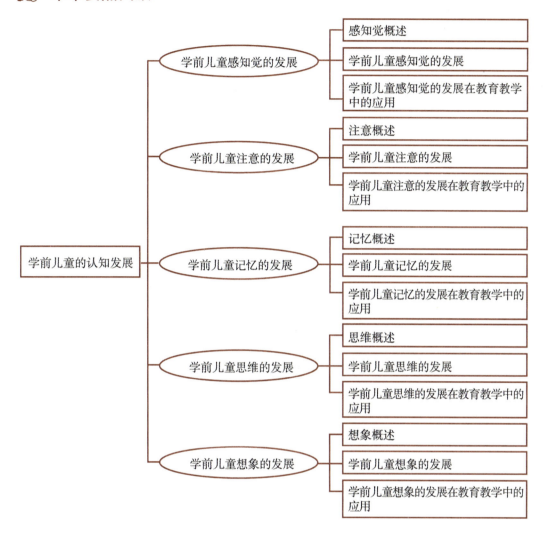

第五章

学前儿童语言的发展

☞ **学习完本章，应该做到：**

◎ 了解语言与言语的概念及关系，掌握学前儿童语言的发生过程。
◎ 理解影响学前儿童语言发展的三大影响因素，能运用这些知识分析学前儿童语言特点的形成过程。
◎ 掌握学前儿童语言发展的语音、词汇、句法特点，能运用这些知识分析学前儿童语言发展的特点，并评估学前儿童语言发展的水平。

☞ **学习本章时，重点内容为：**

◎ 学前儿童语言的发生过程：前语言阶段（0～12个月）和语言发生阶段（9～14个月）。
◎ 学前儿童语言发展的影响因素，尤其是家庭因素。
◎ 学前儿童语言发展的特点，尤其是婴幼儿词汇、句法的发展特点和幼儿句法、口语表达能力的发展特点。

☞ **学习本章时，知识要点与具体方法为：**

本章主要阐述学前儿童语言发生发展的过程。在学习本章内容时，学生需要结合实际案例去充分理解学前儿童语言的产生过程，把握学前儿童语音、词汇、句法、口语表达等方面的发展特点。在掌握基本知识的前提下，能够将其运用到指导儿童语言发展的教育实践当中。在学习要求上，本章知识点主要属于记忆和理解层次，因此，在学习时应适当注意理论学习与教育实践环节的结合，以强化对知识的掌握和运用能力。

【引子】

乐乐为什么会口吃？

乐乐非常喜欢各类模型玩具，还喜欢一边玩一边大声地对着玩具"说话"。乐乐一岁半时，妈妈发现乐乐在玩小火车时总喜欢说"火车开——开"，玩飞机模型时会说"飞——飞——飞机"等。妈妈非常担心乐乐会养成口吃的习惯，于是让乐乐说话时不要结巴，一口气说完，并努力纠正她。从那以后每次乐乐一出现"结巴"的情况，妈妈就会去纠正她，甚至批评她，但妈妈没想到，渐渐地，乐乐说话越来越少，这让妈妈再一次陷入忧虑中。

乐乐的"口吃"现象体现了儿童语言发展哪个阶段的特点呢？乐乐妈妈的做法是否正确呢？儿童的语言发展具有哪些规律和特点？本章的学习内容，或许能够帮助大家解答以上问题。

第一节 学前儿童语言发展概述

语言是人类最重要的交流工具,也是思维的工具,在人一生的发展中有着非常重要的作用。学前儿童语言的发生和发展促进了其心理发展的速度和水平。

一、学前儿童语言的发生

(一) 语言与言语

1. 什么是语言、言语
(1) 语言。
语言是一种社会现象,是以语音为载体,以词为基本单位,以语法为构建规则的符号系统。语言是人们最重要的交流沟通工具,是人类区别于其他动物的重要标志之一。不同民族会形成不同的语言,如汉语、英语、法语、西班牙语等。
(2) 言语。
言语是一种心理现象,是人们借助语言进行交际的过程,包括我们平常所说的听、说、读、写过程。因此,我们可以将言语看作是说话过程中的"说",将语言看作是说话中的"话"。
语言与言语既有所不同,又存在密切联系。一方面,在人们的言语交流过程中,语言得以形成和发展。如果儿童没有进行言语活动的机会,也就不能掌握语言。另一方面,言语活动需要借助语言这个工具才能顺利进行。儿童只有在一定的语言环境下才能学会言语活动。

2. 言语的分类
心理学家将言语划分为两类:外部言语和内部言语。
(1) 外部言语。
外部言语是指用来与别人进行交际的言语,分为口头言语和书面言语两种。
①口头言语。
口头言语包括对话言语和独白言语。对话言语是一种最基本的言语形式,是指两个或多个人之间直接进行交流时的言语活动,比如聊天、座谈、辩论等都属于对话言语。独白言语是在对话言语的基础上发展起来的,是个人独自进行的,与叙述思想和情感相联系,较长而且连贯的言语,如演讲、报告、讲课等形式。
②书面言语。
书面言语是指借助文字来表达思想和情感的言语。在儿童成长过程中,与口头言语相比,书面言语的出现要晚得多。
(2) 内部言语。
内部言语是一种无声的、对自己讲的言语。它与个体有计划的行为、抽象思维存在密切联系。内部言语是外部言语的内化,是在儿童外部言语发展到一定阶段的基础上才逐步产生的,具有简略性和压缩性的特点。3岁前的儿童还没有内部言语,这是因为：第一，这一阶段的儿童还不能有效控制包括发声系统在内的动作系统，他们想说就说，想做就做。第二，这一阶段的儿童还不会独自在头脑中进行思考，需要在言语活动中进行分析、综合和调节自己的行动。

（二）前语言阶段（0~12个月）

儿童从出生到说出第一个词需要经历较长的准备期，这一时期称为前语言阶段。在此阶段，儿童的言语知觉能力、发音能力和对语言的理解能力获得初步发展。儿童的语言能力在前语言阶段的发展主要表现在两个方面：一是语音知觉的发展，包括语音的识别和表达；二是词义知觉的发展，包括对词语的理解和掌握。

1. 语音知觉

（1）语音识别。

婴儿出生一周内就能对人类的语音进行分辨，如能够区分语音和其他声音，分辨母亲和其他人的声音，甚至能够分辨抚养者和陌生人的声音。研究者以刚出生的新生儿为对象进行实验，设置了两个人工乳头，一个连接着一小段语音录音或歌曲录音，另一个连接着有节奏的乐器录音。只要新生儿吸吮奶嘴，电源就会接通，两种不同声音中的一种就会播放。结果表明，新生儿对连接语音录音或歌曲录音的人工乳头更容易产生吸吮反应。另一个研究表明，当婴儿在吸吮奶嘴时，如果听到的是母亲声音的录音，婴儿吸吮奶嘴的频率就会加快，而出现其他人声音的录音则不会。以上研究说明，在所有的声音中，儿童更喜欢人的声音，尤其偏爱母亲的声音。

（2）语音表达。

婴儿从出生开始就具备发音能力，婴儿的语音表达大致要经历以下三个阶段。

① 单音节阶段（0~3个月）。

在这一阶段，婴儿的声音主要有哭和单音节两种。哭是婴儿最初的发声。婴儿最初依靠哭声来表达需求，与他人建立联系。当照顾者听到婴儿的哭声时会关注婴儿，及时了解婴儿的需求。出生后1个月内新生儿的哭声是未分化的，哭声基本上无差别。出生1个月后，婴儿的哭声开始分化，抚养者可以通过不同的哭声来推断婴儿的不同需求。例如，当婴儿出现刺耳、急躁的哭声时，一般认为婴儿可能是受到了惊吓或受到刺激，婴儿用这种哭声表达出需要母亲来安慰的需求。

婴儿从出生后第2个月开始，在心情愉快时或者成人的逗引下最初会发出类似元音的"a、o、u、e"等声音，随后会出现类似"h、k、p、m"等辅音的声音。这些声音主要是单音节，没有任何符号意义，是一种反射性发音。婴儿一张嘴，气流从口腔发出产生声音，婴儿张开嘴巴大小的不同将导致发音的不同。

② 多音节阶段（4~8个月）。

大约从出后第4个月开始，婴儿的发音会出现明显变化。在发出更多元音和辅音的同时，婴儿能把元音和辅音结合起来，发出重复性连续音节，如"a-ba-ba-ba、da-da-da、ma-ma"等。当父母听到自己孩子发出这些声音时，可能以为孩子在呼喊他们，其实这些声音并不具有符号意义，婴儿只是以发音作为游戏。此阶段的婴儿对发音具有很高的热情，当他们吃饱、睡足、心情愉快时常常会自动发音。

③ 说话萌芽阶段（9～12个月）。

此阶段婴儿的发音呈现连续性和多样性，出现了不同音节的连续发音，音调中的四声也已经出现，如"ā-á-ǎ-à"。同时，婴儿开始模仿和重复成人的发音，这是婴儿真正发出语音的阶段，这标志着婴儿学话的萌芽。在成人的言语教育下，婴儿逐渐能够把语音和具体事物联系起来，用词语表示一定的意思。

2. 词义知觉

词义知觉表现为婴儿对词汇语义的理解和掌握。8～9个月的婴儿已能"听懂"成人的一些话，表现为能够按照成人的言语做出相应的动作反应。例如，如果经常指着电灯对孩子说"这是电灯"，一段时间后，问孩子"电灯在哪里？"，孩子会将头转向电灯所在的方向。但此时，引起婴儿反应的主要是成人的语调和说话时的整个情境，包括说话人的动作、表情等，而不是词语本身的意义。如果成人改变说话的语调和情境，说出同样的话时，婴儿就不会做出同样的反应；另一种情况，如果成人说话的语调和情境不改变，仅仅改变词汇，婴儿的反应也可能发生。例如，给9个月的婴儿看狼和羊的图片，每当出示羊的图片时，就用温柔的声音说"羊，羊，这是小羊"；而当出示狼的图片时，就用凶狠的声音说"狼，狼，这是老狼"。若干次以后，实验者用温柔的声音问："羊在哪里？"婴儿会指出羊的图片，反之亦然。但当实验者改变说话的语调，用凶狠的声音问："羊在哪里？"婴儿会毫不犹豫地指向狼的图片。

10～12个月的婴儿开始对词语产生初步的理解。他们不仅能理解常用词语的含义，而且会用自己的动作表示对词语的理解。如成人说"和爸爸再见"，婴儿会向爸爸挥动小手。婴儿用动作表示回答的反应最初并不是对词语本身的确切反应，而是对包括词语在内的整个情境的反应。一般到11个月左右，随着生活情境的丰富和词语的不断使用，婴儿才能把词语从复合情境中分离出来，真正将词语作为独立信号进行反应，直到此时，婴儿才算是真正理解了相关词语的意义。

（三）语言发生阶段（9～14个月）

大约从出生后第9个月开始，婴儿会说出第一个有意义的词，这标志着婴儿语言的发生，是婴儿语言发展过程中最为重要的里程碑——开始真正的语言表达。在词类中，儿童较早掌握的是具体名词，如常见物品、动物、人物称谓等。有研究表明，儿童最初说出的10个词都是一些动物、食物、玩具的名称，而且无论是说汉语的儿童，还是说其他语言的儿童，他们最初掌握的词都非常相似。12～18个月儿童处于具体理解阶段，能够理解和表达的词汇不是很多，且理解的词汇多于所说词汇。

二、学前儿童语言发展的影响因素

影响学前儿童语言发展的因素主要包括三个：遗传因素、家庭因素和思维发展。

（一）遗传因素

遗传因素是指学前儿童遗传的生物特征。遗传因素是学前儿童心理发展的最初的自然物质前提。学前儿童语言发展的遗传因素包括语言活动中枢神经系统的结构和机能、发音器官的构造特点。

语言活动具有复杂的脑机制，与大脑不同部位之间产生密切的联系。一般来说，大脑左半球额叶的布洛卡区、颞上回的威尔尼克区和顶-枕叶的角回等脑区对语言活动起主要作用。到目前为止，对于这些脑区产生病变或损伤造成的语言功能异常的研究也在一定程度上说明了这一点。比如，布洛卡区病变引起的失语症通常被称为表达性失语症。患有这种失语症的病人的阅读、理解和书写能力并不受影响，他们知道自己想要说什么，但感觉发音困难，说话费力且缓慢，而当医生检查病人的发音器官后并未发现结构和功能上的异常。可以说，与语言活动相对应的脑区的发育好坏、是否存在先天性障碍将直接影响学前儿童语言的产生和发展。

除了大脑对学前儿童语言发展的影响以外，学前儿童发音器官的成熟与否也是影响学前儿童语言发展的重要因素，而发音器官的成熟又受到遗传因素的影响。

（二）家庭因素

在影响学前儿童语言发展的外部因素中，家庭因素是最重要的，这其中又包括家庭环境因素和家庭教育因素。

1. 家庭环境因素

（1）家庭社会经济地位。

家庭社会经济地位影响学前儿童的语言发展。有研究者分别考察了来自高社会经济地位家庭的2岁儿童（33名）和来自中等社会经济地位家庭的2岁儿童（30名）与他们的母亲在日常生活中的交流情况，结果表明前者的词汇量显著高于后者。也有研究者对50名14个月大的儿童（来自不同社会经济地位家庭）与父母的交流行为进行了对比研究，结果发现来自高社会经济地位家庭的学前儿童在14个月时使用更多的富含意义的手势语，而这些手势语多半是在与父母的交流过程中获得的；不仅如此，该研究还发现，到4~5岁时，来自高社会经济地位家庭的学前儿童会拥有更多的词汇量。

（2）家庭氛围。

家庭成员，特别是父母之间的相互关系对学前儿童语言的发展具有重要影响。一般来说，家庭成员之间和睦、愉快的关系能够营造和谐的家庭氛围，激发孩子说话的欲望，使孩子说话时更有信心，这对学前儿童的语言发展大有帮助，对学前儿童性格的形成也会产生积极的影响；而家庭成员，尤其是父母之间猜疑、争吵等不和睦的关系容易造成家庭气氛紧张，学前儿童在这种家庭氛围下可能会变得"沉默"，逐渐失去语言表达的欲望，甚至还有可能造成一定的心理问题。因此，家庭成员，尤其是父母之间应处理好家庭关系，为孩子的语言发展营造良好的家庭氛围。

（3）隔代教育。

隔代教育又称祖辈教育，是指学前儿童教育的主体为祖辈或大部分教育责任由祖辈来承担。这种教育模式已经成为一种普遍的社会现象，但它会对学前儿童的语言发展产生诸多不利影响：第一，祖辈对孙辈的过分溺爱和行为包办会导致学前儿童失去表达需求的机会。比如，当孩子想要吃东西的时候，有些老人通过孩子的眼神或下意识动作就会立即明白孩子的需求并满足孩子，而孩子完全没有通过语言来表达"我想吃东西"的机会。第二，祖辈的教育观念不够科学灵活，会影响学前儿童语言的正常发展。从学前儿童的语言发展角度来看，隔代教育很可能存在忽视学前儿童语言发展规律的问题，缺乏开放性和灵活性。比如，当孩子说"饭饭妈妈吃"的时候，有些老人由于不懂得孩子语言发展的阶段特点，会急于纠正孩子的语法错误，这样会给孩子造成心理压力，甚至会使孩子出现严重口吃。

（4）家庭成员的语言素养。

学前儿童最初的语言是通过模仿成人而获得的。家庭成员作为学前儿童最早的"语言教师"，在与学前儿童的语言交流中，发音是否正确、语句是否规范，都将直接影响学前儿童语言学习的好坏。

此外，家庭中多种方言并存会对学前儿童学说话带来干扰。比如，有些家庭中，父母、爷爷奶奶带有各自的方言，使家庭语言环境变得很复杂，这会使正处于模仿成人说话时期的学前儿童产生困惑，阻碍学前儿童语言的正常发展。因此，家庭成员最好固定一种口音和孩子交流。

（5）电视等媒体。

学前儿童通过电视等媒体产生的语言接触是被动接收信息的过程，过度观看电视等媒体会对学前儿童语言发展造成不利影响。第一，过度观看电视等媒体会妨碍亲子交流。有研究者考察了学前儿童观看电视的时间和亲子交流情况，研究结果表明，学前儿童过度观看电视通常会伴随说话持续时间减少、说话次数减少等现象。第二，过度观看电视等媒体会对学前儿童大脑的发展产生负面影响。学前期是儿童大脑快速发展时期，而大脑是包括言语在内的多种心理、生理过程的发生发展基础。大脑的发展依赖于学前儿童与周围环境的相互作用，过度观看电视等媒体会减少学前儿童与成人的社会交往，阻碍学前儿童语言能力的正常发展。

（6）其他因素。

除了以上因素，父母的文化水平、父母的职业、双语环境等因素也会对学前儿童的语言发展产生影响。

2. 家庭教育因素

（1）语言交流机会。

语言能力包括语言理解能力和语言表达能力两个方面。成人与学前儿童的语言交流可以帮助他们掌握大量的词汇，培养他们的语言理解能力。有研究者为考察早期环境对学前儿童后来学业成就的影响，曾对一些1～2岁儿童进行追踪研究直至他们上五年级。研究表明，那些经常和父母交谈的孩子的学业成就最佳。

家长重视和孩子的交流机会、谈话质量，无论是在孩子开口说话之前还是之后都具有重要意义。在孩子开口说话之前，成人的语言可以帮助孩子学习发音、认识理解事物，为孩子语言表达的出现做准备。在孩子开始说话之后，成人与孩子的语言互动可以丰富孩子的词汇，促进孩子句法和语言技能的发展。

（2）语言互动关系。

当家长能够对孩子发出的口头、面部和姿态方面的信号做出积极回应时，孩子的语言表达会更积极。家长对孩子的发声行为和相关活动给予积极的言语回应，可以给孩子提供更多的语言刺激，有助于孩子语言理解、语言表达的发展，有利于增进亲子之间的情感交流与沟通。有研究表明，在亲子互动的过程中，家长将脸与孩子凑近、说话声调优美、使用较短的语言，孩子会表现得更为关注，反应也更积极。

在不同的情绪状态下，成人说话的音高、音长和停顿变化也是不一样的，成人与孩子经常性的语言互动可以让孩子感受到成人在不同语调下的情绪态度，并逐渐学会做出不同的言语反馈。

（3）日常生活中的语言教育。

社会生活是语言发展的源泉，丰富的社会活动和生活内容将为学前儿童的语言发展提供良好的环境。学前儿童学习语言主要是从日常生活中经常接触的事物名称开始的。学前儿童最初能理解的主要是他们所熟悉的家用物品、家人称谓、表示身体动作等方面的词汇等。由于这些词汇直观而具体，因此，易于被学前儿童理解和掌握。

注重孩子语言早期教育的家长会充分利用日常生活中的语言发展机会，让孩子用感官去认识、理解世界，结合实践活动来帮助孩子学习语言。例如，一些家长在给孩子穿衣服时会一边穿一边告诉孩子："宝宝，妈妈现在要给你穿衣服了……好，现在妈妈给宝宝穿裤子……过会儿，爸爸会带宝宝去动物园玩，那里有很多可爱的小动物，有熊猫、小猪、小熊……"

（三）思维发展

关于学前儿童思维发展与语言发展之间的关系，即是思维决定语言，还是语言决定思维，心理学家做了大量的观察和分析研究，他们各持有不同的观点。其中，皮亚杰的发生认识论认为语言依赖于思维的发展，语言发展以认知结构为基础，语言随着认知结构的发展而发展。学前儿童只有掌握了相应的思维规则以后，某种字词和短语才会出现在他们的语言当中。

学前儿童思维发展存在一个过程。在日常生活中，学前儿童首先认知最先接触到的具体事物，然后逐步认知比较抽象的事物和关系，即学前儿童思维是从具体到抽象逐步发展的。学前儿童的语言发展也遵循同样的规律。在思维发展的基础上，学前儿童最先掌握的是名词，而且是比较具体的名词，然后是动词，接着按照抽象程度由低到高依次掌握形容词、副词、代词等词类。另外，从学前儿童获得最初词汇的过程来分析，我们可以发现，如果学前儿童的思维发展水平较高，那么其语言发展水平也会较高。

第二节　学前儿童语言的一般发展

学前儿童语言的一般发展主要包括 0～6 岁儿童的语音、词汇、句法等方面的发展。

一、婴幼儿阶段（0～3 岁）语言的发展

（一）语音的发展

语音是语言的声音，是语言发展的前提。与杂乱的声音不同，语音和一定的意义

紧密结合。在前语言阶段（0～12个月），婴儿的语音发展包括两个方面：语音知觉能力的发展和词义知觉能力的发展（具体内容见本章第一节）。1岁左右的婴幼儿开始说出第一批有意义的词汇，正式发出有意义的语音。研究发现，学前儿童的语音表达由发音器官的生理成熟程度和发音的难度决定，学前儿童的语音发展呈现出普遍的规律性。

1. 从无意义发音到有意义发音

婴儿一出生就具备发音能力，在婴儿真正说出有意义的语音之前，他们发出的哭叫、单音节和多音节都属于没有任何符号意义的反射性发音。进入说话萌芽阶段后，婴儿才逐渐学会使用语音，并伴随着动作和表情来表达某种意思。例如，当婴儿用手指着玩具汽车，嘴里发出"wu、wu"声时，这是要告诉成人"这是汽车"。这时的语音表达变得有意义，意有所指。

2. 从元音到辅音

在婴幼儿的语音发展过程中，元音的出现要稍早于辅音。较早出现的元音有"a、o、e、i、u、ü"，"b、p、m、f"等辅音出现得稍晚。

3. 从单音节到多音节

0～3个月的婴儿发出的语音多为单音节，如"a、o、u、e"等。出生3个月以后，婴儿能将元音和辅音结合起来，发出双音节和多音节，如"h-ai、ma-ma、ba-ba、y-ao"等。

4. 从不准确到逐渐准确

从发音的准确性来说，儿童发音的错误大多集中在辅音上，特别是"zh、ch、sh、z、c、s、l、n"。在良好的语音环境的影响下，儿童的发音逐渐变得准确，4岁以后发音的准确性开始明显提高。

（二）词汇的发展

词是语言中的表义系统和音义结合体。婴幼儿最初掌握的词都是关于具体的动作和形象的。婴幼儿词汇的发展主要表现在三个方面：词汇量的发展、词类的扩大和对词义理解的发展。

1. 词汇量的发展

词是语言的基本单位，词汇量的发展可以看作是儿童语言发展的重要标志之一。从婴儿10个月左右开始说出第一个词开始，在10～15个月期间，儿童的词汇量以平均每个月增加1～3个新词的速度发展。15个月的儿童大约能说出10个以上的词语。随后，儿童掌握新词的速度显著加快，19个月的儿童已经能够说出约50个词。到19个月时，儿童掌握新词的速度再次加快，每个月平均能学会25个新词，这就是19～21个月的"词语爆炸"现象。儿童2岁时已经能够掌握300多个词汇。到3岁时，儿童词汇量可达到1000个左右。

2. 词类的扩大

词汇量仅仅只能从数量上反映儿童掌握词汇的水平，而词类范围则能反映儿童掌握词汇的质量。这是因为不同词类具有不同的抽象概括程度。实词代表的事物比较具体，如名词、动词、形容词、量词、代词、副词。虚词代表比较抽象的意义，如连词、介词、助词、感叹词。儿童掌握的实词数量大大多于虚词的数量。而虚词掌握的多少则反映了儿童智力发展水平的不同。

（1）学前儿童掌握各类词的顺序。

2岁前学前儿童掌握的词主要是名词和动词，2岁以后学前儿童开始逐渐掌握形容词、代词和量词。

一般认为，各种词在学前儿童生活中出现的频率和词义的复杂性是学前儿童掌握各类词顺序的决定因素。

① 名词属于实词的一种，是学前儿童最先掌握的词。在名词当中，学前儿童最先理解的是与日常生活相关的日常用品、人物称谓、身体器官等名词。大多数学前儿童掌握名词的顺序是：家人称呼→常见物→身体部位。

② 学前儿童对于动词的掌握仅次于名词。动词是用来表示各种动作的词，每个完整的句子基本上都有一个动词。学前儿童掌握动词的顺序为：表示身体动作的词→能愿动词→表示判断的动词→表示心理活动的动词。其中，表示身体动作的词有拿、打、吃、睡、走、跑等；能愿动词有应该、要、会、能等；表示判断的动词有是、不是等；表示心理活动的动词有喜欢、讨厌、爱、希望等。

③ 学前儿童一般要到2岁以后才开始掌握形容词。学前儿童掌握形容词的过程呈现出以下几个特点。

A. 从对物体特征的描述到对事件情境的描述。学前儿童掌握形容词的顺序是：表示颜色的形容词→表示身体感觉的形容词→描述动作和人体外形的形容词→描述情感、个性品质和情境的形容词。

B. 从简单形式到复杂形式。如学前儿童最初掌握的是单音节形容词（好、快、黑）和双音节形容词（整洁、漂亮），之后会逐渐掌握复杂形式的形容词，如绿油油、乱七八糟。

C. 学前儿童掌握空间维度形容词的顺序是：大小→高矮→长短→粗细→高低→厚薄→宽窄。

D. 易发生不同维度形容词的混淆，如儿童会以"大"代"高"，以"小"代"短"等。

E. 在成对的形容词中，学前儿童先掌握表示延伸度大的一端的词。比如，在"大小""高矮""长短"这三对词中，儿童最先掌握"大""高""长"。

④ 2岁以后学前儿童开始学会使用代词，学前儿童掌握代词的顺序是：物主代词→人称代词→指示代词→疑问代词。对于学前儿童来说，物主代词出现最早，物主代词包括"我的""你的""大家的"等。研究表明，学前儿童是按照"我→你→他"的顺序理解人称代词的。例如，当多次问到一个20个月的学前儿童"这个东西是谁买给你的"，他一般回答"这个东西是妈妈买给你的"，这是因为这个年龄阶段的儿童还不能将"你的"替换成"我的"。指示代词主要包括"这""那""这边""那边"。指示代词所指代的对象是可以变化的，伴随语言环境的改变而改变。学前儿童掌握疑问量词相对比较晚。

⑤ 量词是表示事物单位的实词，学前儿童掌握较晚。学前儿童掌握代词的顺序是：个体量词（个、头）→临时量词（一碗、一盆）→集合量词（一串、一双、一捆）→

不定量词（一些、一点、一把）。学前儿童通过模仿成人而学会使用量词，在儿童掌握的量词中，使用得最多的是个体量词，如个、头、条、把、张等。

（2）学前儿童掌握各类词的内容不断扩大。

3岁前儿童随着年龄的增长，掌握词的内容也在不断扩大。他们首先掌握的是与日常生活密切相关的词，然后逐渐开始掌握抽象的或者日常生活使用频率不高的词。1.5～3岁儿童使用的词类比例如表5.1所示。

表5.1　1.5～3岁儿童使用的词类比例

词类	名词	动词	形容词	代词	副词	叹词	连词	介词
比例/%	50	13	10	10	9	7.5	0.5	(无)

（资料来源：文颐．婴儿心理与教育（0～3岁）[M]．北京：北京师范大学出版社，2011．）

3. 对词义理解的发展

词是语言中能够独立运用的最小意义单位。学前儿童掌握词义的过程比学习语音、句法的过程要慢。可以说，对于词义的学习贯穿于人的一生。0～3岁学前儿童对语言的理解有三种水平：初级水平——对词义的理解，中级水平——对短语和句子的理解，高级水平——对说话人意图或动机的理解。

12～18个月的学前儿童对于词义的理解处于具体理解阶段。在此阶段，学前儿童虽然能说的词不多，但能理解的词远远超过能说的词。同时，词义泛化、词义窄化、词义特化现象出现在这一时期。"词义泛化"是指学前儿童对词义的理解比较笼统，常常将词的外延扩大，用一个词代表多种事物，如把牛、羊、猪等所有具有四条腿、会行走的动物都叫作狗，把在天上飞的，如飞机、小鸟、风筝等都叫作鸟。"词义窄化"是指学前儿童理解的词义具体且具有专指性，如"车车"仅指自己的玩具车。"词义特化"是指学前儿童针对目标对象所使用的词语与目标语言匹配错误，如用"扔"指代抓住东西的动作。

19～24个月，随着学前儿童对词义理解的逐渐加深，他们对词的概括能力逐渐增强。此时，学前儿童已经能够认识到"车车"不仅仅指自己的玩具车，还可以指代别的小朋友的玩具车，以及马路上的汽车。

2～3岁是学前儿童词汇量迅速增长的时期，此时学前儿童能够理解的词汇可达1000个。词义泛化、词义窄化、词义特化现象逐渐减少，词的概括性在进一步提高。不过，受思维发展水平的影响，学前儿童对于某些词汇的理解具有直接性和表面性，只能理解词汇的常用意义，而不能理解词汇的全部意义或派生意义，如只能将"狡猾"与狐狸这种动物相联系。

（三）句法的发展

句子是由词或词组按一定语法规则构成的能独立表达比较完整语义的基本的语言单位。儿童句法的发展总体上可以从句型的发展和句法发展的特点两方面考虑。

1. 句型的发展

1～3岁是学前儿童口语发展的关键期。学前儿童口头语言的发展一般会经历三个阶段：不完整句（单词句、双词句）阶段、完整句（简单句、复杂句）阶段、复合句

（并列复句、偏正复句）阶段。

（1）不完整句阶段（1~2岁）。

不完整句是指句子表面结构虽不完整，但能表达一个句子意思的语句。不完整句包括单词句和双词句。

① 单词句阶段（1~1.5岁）。单词句是指由一个词组成的不完整的句子。学前儿童使用单词句具有以下几个特点：第一，和动作关系密切。学前儿童使用单词句表达某种意思时常伴随着一定的动作和表情，如学前儿童需要妈妈抱时，在说出"抱"的同时，会身体前倾并向妈妈伸出双手。第二，联系情境。成人要理解学前儿童的单词句通常需要与特定的情境相联系，并根据语言情境和语调来推断学前儿童要表达的准确含义，如当学前儿童说"球球"时，在不同的情境下表达的意思可能会有所不同，可能表示"这是球球""我要球球"或"球球不见了"等。第三，词性不确定。虽然名词是学前儿童最先掌握的词，但使用时这些名词不一定都被当作名词使用，如"嘟嘟"对于学前儿童来说既可以指汽车，又可以表示开汽车。第四，单音重叠，如"饼饼""灯灯"等。

② 双词句阶段（1.5~2岁）。双词句是指由两个词组成的不完整的句子，如"妈妈抱""饭饭没"等。双词句已经具备了句子的主要成分，有了主语、谓语或宾语，在表达意思上比单词句更明确。双词句又被称为"电报句"，这是因为其表现形式简略、断断续续、结构不完整，就像电报的报文。此时，学前儿童主要使用名词、动词、形容词等实词，因虚词比较抽象，所以很少使用。

（2）完整句阶段（2~2.5岁）。

完整句是指句法结构完整的句子，包括两种类型：简单句和复杂句。

① 简单句是指句法结构完整的单句。根据是否有修饰语，简单句可分为无修饰语的简单句和有修饰语的简单句两种。1.5~2岁学前儿童在说出双词句的同时，有时也能够说出结构完整、无修饰语的简单句，如"她饭饭了"（主谓句）、"宝宝看书"（主谓宾句）、"妈妈给妹妹果果"（主谓双宾句）。到2.5岁时学前儿童开始使用有简单修饰语的句子，如"两个妹妹玩水""我拿的筷子多"。

② 复杂句是指在结构上由几个相互连接或相互包含的部分所组成的完整句。复杂句主要分为连动句和递系句两类。连动句是指由几个动词性结构相互连接构成的句子，如"我吃完饭就去玩"。到2岁时，学前儿童开始能够说出连动句。递系句是指由主谓结构和动宾结构相互连接构成的句子，如"妈妈教我叠飞机"。

（3）复合句阶段（2~3岁）。

复合句是指由两个或两个以上意思关联密切的单句组成的句子。一般到2岁以后学前儿童开始使用复合句，但数量较少。

2. 句法发展的特点。

学前儿童经历了咿呀学语和词汇学习阶段之后，开始进入语言发展的一个关键阶段——句法学习阶段。学前儿童句法发展具有以下几个特点。

（1）从不完整句到完整句。

学前儿童最开始说出的句子是单词句和双词句，在结构上属于不完整的句子。到2岁时，学前儿童说出的句子大部分是完整句。

（2）从简单句到复合句。

1.5～2岁时，学前儿童能够说出结构完整、无修饰语的简单句。复合句在简单句之后出现，一般在2岁以后出现，但数量较少。

（3）从无修饰句到修饰句。

学前儿童最初的单词句和双词句都是没有修饰语的，从2.5岁开始学前儿童逐渐说出有简单修饰语的句子，如"大灰狼"，这个时候学前儿童是把词语连同修饰语作为一个词语来使用的，如"大灰狼"其实就是指"狼"。

（4）从陈述句到非陈述句。

学前儿童常用的句型有陈述句、疑问句、祈使句、感叹句等。其中，陈述句是学前儿童最先掌握的句型，然后在2岁左右学前儿童开始使用疑问句。2～3岁学前儿童开始进入"好问期"，他们常常会问"这是什么？""那是什么？"。

二、幼儿阶段（3～6岁）语言的发展

（一）语音的发展

1. 逐渐掌握本民族或本地区语言的全部语音

随着年龄的增长，学前儿童的发音器官逐渐成熟，发音机制开始稳定和完善，学前儿童语音的准确性越来越高。3～4岁是学前儿童语音发展的飞跃期，学前儿童到4岁时基本能够掌握本民族或本地区语言的全部语音。3～6岁学前儿童的语音发展具有以下几个特点。

（1）发音的正确性和年龄紧密相关。

随着年龄的增长，学前儿童发音的正确率逐渐提高，同时，学前儿童发音的错误率随年龄的增长而不断下降。

（2）元音发音的正确率高于辅音。

在学前儿童的发音中，元音发音的正确率较高，只有"o"和"e"两个音由于舌位变化基本相同而易混淆。学前儿童辅音发音的正确率较低，常常混淆"zh"和"z"、"ch"和"c"、"sh"和"s"等，这是由于学前儿童还不会运用发音器官的某些部位，对一些发音方法还未掌握。学前儿童发音错误最多的是舌根音"g"、舌尖音"n"、翘舌音"zh、ch、sh、r"和齿音"z、c、s"，如有些学前儿童常常把"老师"说成"老西"，"狮子"说成"希子"。

（3）发音的正确率与所处语言环境有关。

从学前儿童语音发展的影响因素来看，除了发音器官的成熟程度外，语言环境也是影响幼儿发音水平的重要因素。例如，在有些家庭里，家庭成员来自不同的地方，带有不同的地域方言，这对学前儿童学习发音会产生不良影响。

（4）发音的难点在于掌握发音部位和发音方法。

3～6岁学前儿童由于生理上不够成熟，不能很好地支配发音器官，在掌握发音部位和发音方法方面存在困难，发出的辅音错误往往较多。这是因为辅音要依靠唇、齿、舌等运动的细微分化。

2. 语音意识的发生和发展

语音意识是指对语音的自觉态度。学前儿童语音意识的发生和发展表现在能自觉

地辨别发音是否正确，模仿正确的发音、纠正错误的发音。学前儿童发出声音可以是随意运动，也可以是不随意运动。但学前儿童的语言活动属于有意识的随意运动，并非无意识的本能活动。学前儿童要想正确学习语音，必须建立起语音的自我调节机制，这是学前儿童掌握语音的必备条件。

学前儿童在3～6岁期间，尤其是在4岁左右，语音意识明显地发展起来。这期间学前儿童会指出、纠正、笑话、故意模仿别人的错误发音，这些都是学前儿童语音意识发生和发展的具体表现。

（二）词汇的发展

这个阶段，学前儿童词汇的发展主要表现在词汇量的增加、词类的扩大、词义的深化三个方面。

1. 词汇量的增加

3～6岁是儿童词汇量增长最快的时期。研究表明（如表5.2所示），在我国，3岁儿童的词汇量可达1000个，4岁儿童的词汇量可达1730个，5岁儿童的词汇量可达2583个，6岁儿童的词汇量可达3562个。在增长速度上，5岁之前的增长速度较快。在国外，3岁儿童的词汇量为886～1100个，4岁儿童的词汇量为1540～1675个，5岁儿童的词汇量为2050～2200个，6岁则可达2289～3000个。对比国内外研究可知，4～5岁是儿童词汇量增长最活跃的时期。

表5.2 不同国家3～6岁儿童词汇量发展比较

年龄/岁	德国		美国		日本		中国	
	词汇量/个	年增长率/%	词汇量/个	年增长率/%	词汇量/个	年增长率/%	词汇量/个	年增长率/%
3	1000～1100		896		886		1000	
4	1600	52.4%	1540	71.9%	1675	89%	1730	73%
5	2200	37.5%	2070	34.4%	2050	22.4%	2583	49.3%
6	2500～3000	15.9%	2562	23.8%	2289	11.7%	3562	37.9%

（资料来源：陈帼眉. 学前心理学：第2版 [M]. 北京：人民教育出版社，2015.）

2. 词类的扩大

词汇量只能从数量方面笼统地说明幼儿词汇发展的水平，而掌握的词类范围则可以在一定程度上说明这个阶段学前儿童词汇的质量。这是因为实词代表具体事物，虚词代表比较抽象的意义，学前儿童掌握虚词的多少往往能够说明学前儿童智力发展达到的水平。

在掌握词汇的类别顺序上，学前儿童先掌握实词，后掌握虚词。在实词中学前儿童掌握各类词的顺序是：名词→动词→形容词、副词→数量词。幼儿也逐渐掌握一些虚词，如介词、连词等，但数量比较少。在词类运用上，学前儿童各类词汇的使用频率具有以下特点。

（1）使用频率最高的是代词。

学前儿童大量使用代词有以下三个原因。

① 学前儿童说话大多是在具体环境下与具体人进行的，这为学前儿童使用代词提供了良好的条件。

② 学前儿童常常难以说出事物的确切名称，所以使用代词代替名词，如"那个""这个""那里""这里"。

③ 学前儿童思维具有"自我中心性"，思维常常是围绕自己展开的，如学前儿童的语言中常常会用到"我"字。

（2）动词的使用频率多于名词。

学前儿童使用动词的频率很高主要有以下三个原因。

① 学前儿童常常把动词当作名词来使用，如把"牛奶"说成"喝喝"。

② 学前儿童说出的句子一般比较短，句中一般有动词，但动词后面的名词往往被代词替代了。

③ 学前儿童说话较多地使用不完整句，常常只使用动词而不用名词，如"吃"代表"吃饭"，"蹦蹦跳跳"代表"小兔子蹦蹦跳跳"。

（3）使用名词的频率相对较高。

在学前儿童掌握的词汇中，名词所占的比例最大，同时学前儿童使用名词的频率也相对较高。但在名词中也有不同情况，学前儿童对于能够直接接触到的人和物的名词使用较多，如亲近人的称谓、日常用品等；而对于不能直接接触到的人和物的名词，学前儿童使用较少。3～4岁儿童掌握名词的情况如表5.3所示。

表5.3　3～4岁儿童掌握名词的情况

名词项目		数量/个	比例/%
具体名词	日常生活用品	348	35.3
	日常生活环境	218	22.1
	人物称呼	92	9.4
	动物	73	7.4
	交通工具、武器	72	7.3
	身体	65	6.6
	植物	27	2.8
	自然现象	11	1.1
抽象名词	学习等日常活动	32	3.3
	社交、个性	13	1.3
	政治、军事	12	1.2
	其他	22	2.2
总计		985	100.0

（资料来源：张永红. 学前儿童发展心理学［M］. 北京：高等教育出版社，2011.）

3. 词义的深化

这个阶段，学前儿童对词义的理解水平是随着思维的发展而逐渐提高的，他们对词义的理解表现出以下两个发展趋势。

(1) 从理解具体意义的词过渡到理解抽象概括意义的词。

具体意义的词是指与学前儿童日常生活紧密联系的名称和具体动作的词汇，如"杯子""书包""跑""抱"等。大约5岁左右，学前儿童开始理解一些表示抽象概括意义的词，包括表示性质、状态的词，如"善良""进步"等。

(2) 从理解词的具体意义过渡到理解词的抽象意义。

在幼儿期，学前儿童对词的理解主要是指对词的具体意义的理解，此时的学前儿童还难以理解词的抽象意义（隐喻或转义）。如当学前儿童听到妈妈说"这个小孩长得真甜"时会好奇地问妈妈："妈妈你舔过他吗？"

我们将学前儿童既能正确理解又能正确使用的词汇称为积极词汇，将学前儿童能正确理解但不能正确使用的词汇称为消极词汇。在幼儿期，学前儿童的积极词汇在不断增多。学前儿童对词义的理解常有词义泛化或词义窄化的现象，如有些学前儿童会把猴子身上的"毛"说成"羽毛"，把"草地"称为"草原"，把"水果"与"西瓜"当作同级概念。随着年龄的增长，学前儿童对词义的理解逐渐加深，他们开始能够掌握词的多种意义，理解词的隐喻和转义。

（三）句法的发展

3~6岁儿童句法的发展主要表现在句子结构的发展、句子含词量的增加、语法意识的出现三个方面。

1. 句子结构的发展

在掌握语言的过程中，学前儿童句子结构的发展具有以下三个趋势。

(1) 句子从混沌一体到逐步分化。

学前儿童使用的语句是逐步分化的，其分化主要包括以下三个方面。

① 表达内容的分化。2~2.5岁学前儿童大多是边说话边做动作，用动作来补充语言所不能完全表达的意思。到3岁左右时，学前儿童开始能用完整语句来表达愿望。

② 词性的分化。学前儿童最开始掌握的词语是不分词性的，如"呜呜"既可以当作名词"汽车"使用，也可以当作动词"开车"使用。此后才逐渐分化出名词、动词等词性。

③ 结构层次的分化。学前儿童最初说出的句子主谓语不分，到3~6岁时学前儿童才逐渐开始使用结构层次分明的句子。

(2) 句子结构从松散到逐步严谨。

最初学前儿童的单词句和双词句并不体现语法规则，只是一个简单的词链。只有出现了包括主谓、主谓宾的简单完整句以后，学前儿童说出的句子才初具基本结构。3.5岁以前学前儿童的语句表达常漏缺主要成分，词序比较紊乱，如学前儿童说"猴哥头上毛"实际想表达的完整句是"猴哥拔头上的毛"。3.5岁以后学前儿童开始能够说出较多复杂修饰语句，如学会使用介词"把"。到5~6岁时，学前儿童能使用的关联词已比较丰富，但常常使用不恰当。

(3) 句子结构由压缩、呆板到逐步扩展和灵活。

最初，学前儿童的语句结构是不能区分核心部分和附加部分的，学前儿童只能说出由几个词构成的压缩句，之后能使用简单修饰语，再往后能使用复杂修饰语，最后能将语句中的各种成分灵活运用和组合。4岁以后学前儿童的语句结构获得明显发展，到 5 岁时学前儿童使用的语句结构已逐渐完善。

2. 句子含词量的增加

学前儿童最初说出的句子只有 1 个词，我们称之为单词句。稍后，学前儿童会说出包含 2 个词的句子，我们称之为双词句。3 岁前学前儿童说出的句子多为 4 个词以下。从整体上来说，学前儿童说出的句子主要在 10 个词以内，4～6 个词的句子所占比例最大。各年龄学前儿童句子含词平均量如表 5.4 所示。

表 5.4　各年龄学前儿童句子含词平均量

年龄/岁	1	2	2.5	3.5	4	5	6
含词量/个	1.2	2.905	4.613	5.219	5.768	7.868	8.385

（资料来源：文颐. 婴儿心理与教育（0～3 岁）[M]. 北京：北京师范大学出版社，2011.）

3. 语法意识的出现

学前儿童掌握语法结构主要是在日常生活中通过模仿成人的说话而进行的。学前儿童的语法结构意识出现较晚，大约在 4 岁左右时出现。这时，学前儿童会提出有关语法结构的问题，能够从别人说的话中发现语法错误。有趣的是，学前儿童不是根据语法规则去发现语法错误的，而是因为这些错误说法使他们听起来感到"刺耳"，不符合他们已经习得的语言习惯。如当学前儿童听到别人说"知不道"时，便会提出异议"你怎么说'知不道'，应该说'不知道'"。

（四）口语表达能力的发展

随着词汇的不断丰富和语法结构的逐渐掌握，学前儿童的口语表达能力逐步发展起来，主要表现在以下几个方面。

1. 从对话言语到独白言语

口头言语可划分为对话言语和独白言语。3 岁前学前儿童的言语基本上是对话言语，只有在和成人的共同交往中才能进行，且仅限于向成人打招呼、提出请求或简单回答成人的问题。3 岁以后，由于生活经验的积累和独立个性的发展，学前儿童产生了向成人表达自己内心想法和体验的需求，由此，学前儿童的独白言语开始发展起来。独白言语具有用外部言语来监控思维、保证思维的连贯性和计划性的功能。

当然，此时学前儿童的独白言语发展水平还很低。3 岁学前儿童在讲述生活事件细节时，往往会因为词汇贫乏，表达很不流畅，常常带有口头语，如"后来……后来""这个……这个"等。在良好教育的影响下，5～6 岁学前儿童能比较清楚地讲述所见所闻，甚至有些学前儿童能够讲得绘声绘色。

2. 从情境性言语到连贯性言语

对话言语是在谈话双方之间交互进行的，因而对话言语常常带有情境性。3 岁前学前儿童基本上采用对话言语，不能进行独白，他们的言语基本上都是情境性言语。他们往往想到什么就会说到什么，表达缺乏条理性和连贯性。3～4 岁时，学前儿童的言语仍带有情境性，在言语表达时仍然使用较多不连贯的、没头没尾的短句，并辅以各种手势和面部表情。4～5 岁学前儿童的言语表达还是断断续续的，他们还不能准确说明各种事物现象、行为动作之间的联系。6～7 岁学前儿童开始能够从叙述外部联系过渡到叙述内部联系，能完整、连贯地进行言语表达。

一般来说，随着年龄的增长，学前儿童情境性言语的比例会逐渐下降，连贯性言语的比例会逐渐上升。可以说，整个幼儿期是学前儿童从情境性言语向连贯性言语过渡的重要时期。

3. 讲述的逻辑性逐渐提高

学前儿童的讲述往往主题不突出、不清楚，通常是对现象的单纯罗列。随着年龄的增长，3～6岁学前儿童口语表达的逻辑性逐渐提高，变得更有条理，主要表现为讲述的内容和主题逐渐明确，层次逐渐清晰。

学前儿童思维的逻辑性可以通过其讲述的逻辑性来体现。对于学前儿童来说，单纯积累词汇是不够的，还需要成人通过训练来加强学前儿童讲述的逻辑性，这同时也能促进学前儿童思维能力的发展。

4. 掌握语言表达技巧

3～6岁学前儿童不仅能够学会清楚而有逻辑地表达，而且能够恰当地运用声音的语气和语调的变化，使语言变得富有感染力。

语气体现了说话人说话时的情感和态度的区别，同时也表现出说话人的状态，如兴奋、自信、疲劳等。语气的变化表现在语音的高低、强弱、速度、长短等方面。

由于语音高低的决定因素是声带的长短、厚薄和松紧，而学前儿童的声带比成人的声带短、薄，所以学前儿童的声音一般较高。3～6岁学前儿童刚开始不会小声说话，以后才逐渐学会必要时的小声说话。同时，学前儿童常常无法区分大声说话与喊叫，在表演或朗诵时，常常大声喊叫。

发音动作持续的时间决定语音的长短。发音动作持续的时间越长，语音也会越长；反之，语音就会越短。学前儿童朗诵儿歌时，常常用不同的节奏和速度来表达不同的思想感情。通过语音训练，幼儿可以结合具体教材掌握有表情地说话的语言技巧。

5. 口吃的心理因素

在学前儿童口语表达的发展过程中，可能会产生一种语言节律障碍——口吃，其表现为：说话中存在不正确的停顿和单音重现的表现。学前儿童的口吃现象常常出现在2～4岁，而3～4岁是学前儿童口吃发生的常见期。

学前儿童口吃的发生可能有以下两种心理原因。

（1）学前儿童说话时过于急躁、激动和紧张。

说话是一种发音的言语流，既包括发音的连续动作，又要求发出的语音之间有恰当的间隔和停顿。2～3岁学前儿童的语言机制还不够完善，容易在表达思想时出现言语流节奏的障碍，即先发出的语音和后发出的语音产生脱节，或者说发音连续动作出现不恰当的停顿。

（2）学前儿童的口吃可能来自模仿。

学前儿童具有好奇和好模仿的心理特点。当他们看到别人"口吃"觉得"好玩"时，就可能模仿，不自觉就形成了"口吃"的习惯。对于学前儿童"口吃"这一现象，家长和教师首先要有耐心，以解除学前儿童的紧张情绪，不要斥责或过急地要求学前儿童改正，以免造成学前儿童口吃问题的恶性循环，甚至对学前儿童个性的形成产生不利影响。

> 历年真题

【5.1】儿童学习语言的关键期是（　　）。
A. 0～1岁　　　B. 1～3岁　　　C. 3～6岁　　　D. 5～6岁

【5.2】冬冬边玩魔方边小声嘀咕:"转一下这面试试,再转这面呢?"这种语言被称为（　　）。
A. 角色语言　　B. 内部语言　　C. 自我中心语言　　D. 对话语言

【5.3】1.5～2岁左右儿童使用的句子主要是（　　）。
A. 单词句　　　B. 电报句　　　C. 完整句　　　D. 复合句

【5.4】一名从未见过飞机的幼儿,看到蓝天上飞过一架飞机时说"看,一只很大的鸟!"从语言发展的角度来看,这一现象反映的特点是（　　）。
A. 多读规范化　　B. 扩展不足　　C. 过度泛化　　D. 电报句式

【5.5】1.5岁的儿童想给妈妈吃饼干时,会说"妈妈""饼""吃",并把饼干递过去,这表明该阶段儿童语言发展的一个主要特点是（　　）。
A. 电报句　　　B. 完整句　　　C. 单词句　　　D. 简单句

【5.6】2～6岁儿童掌握的词汇量迅速增加,词类范围不断扩大,该时期儿童掌握词汇的先后顺序是（　　）。
A. 动词、名词、形容词　　　　B. 动词、形容词、名词
C. 名词、动词、形容词　　　　D. 形容词、动词、名词

【5.7】阳阳一边用积木搭火车,一边小声地说:"我要快点搭,小动物们马上就来坐火车了。"这说明幼儿自言自语具有的作用是（　　）。
A. 情感表达　　B. 自我反思　　C. 自我调节　　D. 信息交流

【5.8】婴儿说:"妈妈抱""要牛奶""外面玩"等句式,一般被称为（　　）。
A. 单词句　　　B. 双词句　　　C. 简单句　　　D. 复合句

【5.9】关于幼儿言语的发展顺序,正确的表述是（　　）。
A. 言语理解先于言语表达
B. 言语表达先于言语理解
C. 言语理解与言语表达平行发展
D. 言语理解与言语表达独立发展

☞ 本章小结

本章主要包括学前儿童语言发展概述和学前儿童语言的一般发展两部分内容。本章的学习重点有以下三个方面:一是学前儿童语言的发生过程,这部分内容要求学生识记、理解;二是学前儿童语言发展的影响因素,尤其是家庭因素,这部分内容要求学生在理解、掌握的基础上学会分析儿童语言发展的过程;三是学前儿童语言发展的特点,尤其是婴幼儿词汇、句法的发展特点和幼儿句法、口语表达能力的发展特点,这部分内容要求学生在理解、掌握的基础上学会运用到儿童教育实践当中。

☞ 本章要点回顾

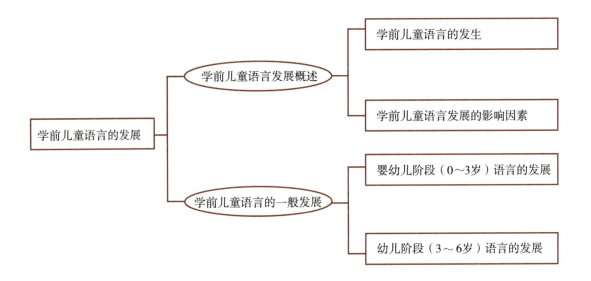

第六章

学前儿童情绪情感的发展

☞ **学习完本章，应该做到：**

◎ 了解学前儿童情绪在幼儿发展中的作用。
◎ 理解学前儿童情绪情感的发生，了解情绪情感的类型。
◎ 掌握学前儿童情绪情感发展的趋势和基本特点。
◎ 掌握控制学前儿童情绪的方法以及克服小班幼儿分离焦虑的策略。

☞ **学习本章时，重点内容为：**

情绪在学前儿童的身心发展中有着重要作用。本章学习重点有两个：一是学前儿童情绪情感的发生和发展，尤其是学前儿童情绪发展的趋势和特点；二是克服学前儿童消极情绪的基本方法，并能运用相关知识分析小班幼儿的分离焦虑案例。

☞ **学习本章时，知识要点与具体方法为：**

首先，本章论述了情绪在学前儿童发展中的作用，帮助学生了解情绪在学前儿童的认知、交往、个性形成等方面的重要作用。其次，本章具体阐述了学前儿童情绪发展的趋势与特点，提出了学前儿童积极情绪情感的培养方法。本章的知识点主要属于记忆、理解和运用层次，尤其要注意结合教育实践中有关分离焦虑的案例。

【引子】

分离，是谁在焦虑？

9月份，在贝贝幼儿园附近出现了很多的"特工家长"，他们或是躲在门缝后面，或是趴在幼儿园围墙上，或是"潜伏"在教室的阳台边。小雪的奶奶便是其中的一员。每当听到小雪喊"我要妈妈！我要奶奶！我要回家！"的时候，奶奶便心如刀绞，怎么都不愿意回家。看见小雪不能熟练地吃饭，饭粒掉得到处都是，奶奶再也控制不住自己，冲进了教室，拿起调羹要喂小雪吃饭。一看见奶奶来了，小雪的眼圈顿时红了，开始放声大哭，怎么都安抚不了。老师看小雪的情绪实在太激动，没有办法控制，就建议奶奶先带小雪回家。奶奶很发愁，这以后上学的日子该怎么办呢？

分离焦虑是婴幼儿离开母亲等熟悉的亲人时出现的一种消极情绪体验，是婴幼儿焦虑症的一种类型，多发病于学龄前期（小班幼儿身上尤为明显）。幼儿来到幼儿园，离开了熟悉的家人与环境，没有安全感，恐惧、忧虑等情绪油然而生，情感上如断乳期一般无法适应，因而多出现哭闹、反抗等行为。同时，婴幼儿的这种消极情绪也会影响周围的人。

第一节 学前儿童情绪情感的发生和发展

情绪在学前儿童心理发展中有着十分重要的作用。学前儿童的行为充满着情绪色彩，从某种程度上讲，学前儿童的世界就是情绪的世界。情绪是维持学前儿童活动、发展认知、形成个性以及与他人交往的重要因素。幼儿阶段，是学前儿童情绪发展的关键期。

一、学前儿童情绪的发生与发展

（一）原始情绪反应

原始情绪反应是学前儿童与生俱来的遗传本能，来自身体内部或外部的各种刺激都会引起学前儿童的各种情绪反应。初生婴儿就有情绪反应，或哭，或安静，或四肢舞动等，这些都可以称为原始的情绪反应。达尔文认为，情绪表现是人类进化和适应的产物，原始的情绪是通过进化而来的，学前儿童先天就有情绪反应。这种情绪反应与生理需要是否得到满足有直接关系。当直接引起情绪反应的刺激消失后，这种情绪也就停止了，代之以新的情绪反应。

（二）原始情绪的种类

著名的行为主义心理学家华生通过对 500 多名初生婴儿的观察发现，人的原始情绪有三种：怕、怒和爱，以后习得的情绪都是在这三种情绪的基础上发展而来的。

1. 怕

华生认为，婴儿主要怕两件事：一是大声，当婴儿听到较强的声音，如钢铁敲击声、器皿掉落声、汽车的噪声、近距离的爆竹声等，会立刻引起惊跳，肌肉猛缩，然后会哭；二是失衡，当婴儿身体突然失去平衡，失去依托，缺乏安全感时，婴儿会呼吸急促，大哭起来，双手乱抓乱动。

2. 怒

当婴儿的活动或行为受到限制或愿望不能实现的时候，如感到饥饿、身体不舒适等状况下，婴儿会出现发怒、生气等情绪，婴儿会哭闹，有挥手、蹬脚等表现。

3. 爱

婴儿在需要得到满足或身体舒适的状况下，会产生爱的情绪。例如，当母亲抚摸婴儿身体的敏感区域（如头部、耳朵、颈背等）时，婴儿都会有愉快的安静的反应，表示爱。

（三）学前儿童基本情绪的发展

除了天生的原始情绪之外，学前儿童还有哭、笑、恐惧、依恋等情绪的发展。

1. 哭

婴儿天生就会哭，哭代表不愉快的情绪。随着年龄的增长，学前儿童的哭所代表的情绪含义逐渐分化。婴儿出生第一周的哭，原因可能是饥饿、疼痛、寒冷等与身体有关的因素。一个月后，婴儿的哭可能有了不同的含义，如中断喂奶、成人离开或玩具被拿走等。5个月左右婴儿的哭可能是因为认生、发怒等。随着年龄的增长，在良好的护理条件下，婴儿的哭会逐渐减少，代之以其他的表情和动作来表述需求或不愉快的情绪。

2. 笑

笑，通常发生得比哭晚，是婴儿的需要得到满足或目的实现时产生的愉快情绪的表现。婴儿的笑可以分为三个阶段。①

（1）自发性的微笑（0～5周）。

出生后0～5周婴儿的微笑是自发性的，主要出现于婴儿的睡眠中，困倦时也可能出现，是一种低强度的笑。婴儿的笑通常是嘴部肌肉的活动，不包括眼周围的肌肉活动。因而这个时期的笑是非社会性意义的微笑，也被称为嘴的微笑，是一种生理表现，不是交往的表情。

（2）无选择的社会性微笑（3～4周起）。

1个月左右的婴儿，由于外界的刺激会出现诱发性微笑。例如，被妈妈温柔地抚摸或听到妈妈熟悉的声音时，婴儿都会露出微笑。当婴儿看到感兴趣的玩具或物体时，也会露出微笑。但这个阶段婴儿的笑不具有选择性，看见陌生人或亲人、玩具等都会出现微笑。

（3）有选择的社会性微笑（5～6个月起）。

随着婴儿处理信息能力的增强，婴儿开始区分熟悉的或陌生的人与环境，开始对不同的个体做出不同的反应。这个阶段的婴儿会对熟悉的人或环境露出愉快的微笑，但对陌生人则会产生警惕的情绪。随着社会交往的增加，婴儿的社会性微笑逐渐增多。研究表明，1.5岁左右的婴儿主要是在自己玩得高兴的时候笑，3岁左右的幼儿则可以对着教师和小朋友笑。

3. 恐惧

华生认为，怕是儿童与生俱来的情绪。除了这种本能的恐惧之外，4个月左右的婴儿出现了与直觉经验相联系的恐惧。引起过不愉快经验的刺激，会激起婴儿的恐惧情绪。此时，视觉对恐惧的产生逐渐起主要作用。心理学家的"视崖实验"证明，儿童恐高的情绪随着深度知觉的产生而产生。5～6个月左右，婴儿的怕生情绪开始产生，即婴儿会对陌生刺激产生恐惧反应。怕生与依恋同时产生。随着想象的发展，2岁左右的儿童出现预测性恐惧，也叫想象性恐惧，如怕黑、怕妖怪、怕坏人等，这些是与周围环境和想象相联系的恐惧。

4. 依恋

依恋是学前儿童对某个或某些人特别亲近而不愿离去的情绪。通常情况下母亲是学前儿童的依恋对象。当依恋对象在旁边时，儿童较少害怕。当学前儿童害怕时，更容易出现依恋行为，他们会渴望找到依恋对象，以获得安全感。依恋对象比任何别的人更能抚慰儿童。美国心理学家安斯沃思认为婴儿的依恋存在三种类型：第一种是安全型依恋，当母亲离开时，婴儿稍显焦虑，母亲回来时很容易安抚其情绪；第二种是

知识拓展6

---

① 秦金亮. 早期儿童发展导论 [M]. 北京：北京师范大学出版社，2014：228.

回避型依恋，母亲离开时不做抗议，母亲回来时也不理母亲；第三种是反抗型依恋，母亲离开时非常伤心，母亲回来时一方面表现出强烈的依恋，一方面又要推开或反抗母亲。婴儿依恋的模式会受到环境和教育的影响。详细讲解请参考本书第八章。

二、情绪在学前儿童发展中的作用

情绪在学前儿童发展中的作用主要体现在以下四个方面。

（一）情绪是学前儿童进行活动的动力

对于学前儿童来说，情绪对他们的心理活动和行为动机作用十分明显。情绪是人类本能内驱力的满足，直接指导着学前儿童的行为。愉快的情绪往往使学前儿童愿意进行学习、游戏等活动；不愉快的情绪则会导致各种消极行为。例如，喜欢小动物的儿童，就会经常去接近小动物，在接触的过程中，就会逐渐了解小动物的生活习性，掌握很多关于小动物的常识；这对于那些害怕、讨厌小动物的儿童来说，是很难做到的。学前儿童的行为目的性和受理智支配的程度很低，不能有意识地控制自己去做不愿意做的事，因此，他们比成人更多地受情绪支配。在不同的情绪状态下，学前儿童活动和行为的意愿是不同的。例如，幼儿园老师发现，教会学前儿童说"再见"比教会他们说"早上好"要容易得多。那是因为学前儿童普遍在早上不愿和父母分离，故缺乏向老师问好的良好情绪和动机，下午愿意随父母立即回家，故能轻松愉快地跟老师说"再见"。到了学前晚期，情绪对行为的动机作用仍然相当明显。例如，老师要求处于消极情绪状态下的学前儿童画小鱼时，在这些学前儿童的作品中可能见不到小鱼，他们的理由可能是"小鱼都生气地游走了"。

（二）情绪对学前儿童认知发展的作用

情绪与认知之间关系密切，一方面，情绪是随着认知的发展而分化和发展的；另一方面，情绪对学前儿童的认知活动及其发展起着激发、促进作用或抑制、延缓作用。学前儿童认知过程的显著特点是无意性，如无意注意、无意记忆、无意想象等，这些都非常容易受自身情绪的影响。情绪在学前儿童的心理活动中的作用是其他心理过程所不能代替的，情绪是认知和行为的唤起者和组织者。积极的情绪可以促进学前儿童去积极地探索周围环境；相反，消极的情绪则会抑制学前儿童的认知活动。

我国著名学者孟昭兰在《婴幼儿不同情绪状态对其智力操作的影响》一文中介绍了曾经做过的一个实验[①]，该实验研究了不同情绪状态对婴幼儿智力操作活动的影响，结果如下。

（1）在外界新异刺激作用下，婴幼儿的情绪可以在兴趣与惧怕之间浮动。当这种不稳定状态游离到兴趣一端时，会激发婴幼儿参与探索活动；当游离到惧怕一端时，则会引起逃避反应。

（2）愉快情绪有利于婴幼儿的智力操作，而痛苦、惧怕等将对婴幼儿的智力操作产生不利影响。

---

① 陈帼眉. 学前心理学 [M]. 北京：人民教育出版社，1997：314.

（3）同一情绪的不同强度水平对智力操作效果的影响也不同。过低或过强的情绪水平不如适中的情绪状态，适中的情绪状态才能产生最佳的操作效果。

（4）愉快情绪强度差异与操作效果间呈倒 U 型相关，即适中的愉快情绪能使智力操作效果达到最优。

（5）痛苦、惧怕情绪强度差异与操作效果间呈直线相关，即痛苦、惧怕强度越大，操作效果越差。

总之，不同性质和不同强度水平的情绪对学前儿童的认知活动起着不同程度的推进或破坏作用，直接影响着他们智力活动的效果。

（三）情绪对学前儿童个性形成的作用

幼儿时期是学前儿童个性形成的奠基时期。这个时期，情绪对学前儿童的作用比较大，他们的行动常常受情绪的支配，而不像成年人那样受理智支配。学前儿童在与不同的人、事物的接触中，逐渐形成了对不同人、不同事物的不同的情绪态度。大约 5 岁以后，学前儿童情绪的发展开始进入系统化阶段，情绪开始社会化，对情绪的调节能力也有所提高。如果学前儿童经常、反复受到特定环境刺激的影响，反复体验同一情绪状态，这种状态就会逐渐稳固下来，形成稳定的情绪特征，而情绪特征正是性格结构的重要组成部分。精神分析心理学派认为，早期情绪对幼儿性格的形成有着十分重要的作用。埃里克森的人格发展阶段理论指出：人格的发展与各个时期的心理矛盾有关，而心理矛盾又指向了各种情绪情感。例如，婴儿期的心理矛盾是信任感对不信任感，儿童早期的心理矛盾是自主感对羞怯、怀疑感。

（四）情绪对学前儿童与他人交往的作用

每一种情绪都有其外部表现，即表情，它是人与人之间进行信息交流的重要工具之一。情绪的作用并不亚于语言，在学前儿童与人的交往中占有特殊的、重要的地位。

新生儿几乎完全借助于自己的面部表情、动作、姿态及不同的声音等与成人进行着信息交流，相互了解，引起其与成人的交往，或者维持、调整交往。学前儿童在掌握语言之前，主要是以表情作为交际的工具。在学前儿童初步掌握语言之后，表情仍是其重要的交流工具，学前儿童常常运用表情代替语言回答成人的问题或用辅助语言进行表述或交流。可以说，情绪和语言一起共同实现着学前儿童与成人、学前儿童与同伴间的社会性交往。

三、学前儿童情感的发生和发展

情绪和情感都是个体对需要满足程度的态度体验。但情感是与社会性需要或精神性需要相联系的态度体验，如尊重、社会交往、认知等需要。学前儿童的情感主要体现在道德感、美感和理智感三个方面。

（一）道德感

道德感是指由自己或别人的行为举止是否符合社会道德标准而引起的情感体验。3岁以后，学前儿童在幼儿园的集体生活中，开始掌握各种行为规范，因而学前儿童的道德感也开始发展。小班幼儿的道德感主要指向个别行为，往往由他人评价而引起。中班幼儿不但关心自己的行为是否符合道德标准，还开始关心别人的行为是否符合道德标准，因而，4岁左右的中班幼儿会出现告状行为频发的现象。大班幼儿的道德感开始发展，并逐渐复杂化，对好人和坏人有着执着的判断，并有着鲜明的不同情感。

随着自我意识和人际关系意识的发展，学前儿童的自豪感、羞愧感、委屈感、友谊感、同情感、妒忌感等情感也开始发展起来。3岁之前的儿童只在成人指出其行为不当时，才出现羞愧感，随着年龄的增长，大班幼儿自己也能意识到自己行为的不当，从而出现羞愧感。

知识拓展7

知识拓展8

（二）美感

美感是指个体根据一定美的标准对事物产生的体验。学前儿童对美的体验也有一个社会化的过程。婴儿从小喜欢鲜艳悦目的事物以及整洁的环境。幼儿初期，学前儿童仍然对颜色鲜明的东西、新的衣服鞋袜等产生美感。他们自发地喜欢美丽的事物，而不喜欢形状丑陋的事物。在环境和教育的作用下，学前儿童逐渐形成了自己的审美标准。例如，学前儿童通常不喜欢同流着鼻涕的孩子玩耍，却会争先恐后地与穿着漂亮公主裙的孩子交朋友。

（三）理智感

理智感是指个体根据是否满足认知需要而产生的体验，这是人类社会所特有的高级情感。5岁左右的学前儿童喜欢提问，并会因得到满意的回答而感到愉快。6岁左右，学前儿童的求知欲望和好奇心迅速发展，喜欢各种智力游戏或所谓的动脑活动，如猜谜语、下棋等。学前儿童理智感的发展在很大程度上取决于环境的影响和成人的培养。因而，成人应当适时给学前儿童提供恰当的知识经验，鼓励和引导学前儿童提问，保护他们的好奇心和求知欲望，以促进其理智感的发展。

历年真题

【6.1】中班幼儿告状现象频繁，这主要是因为幼儿（　　）。
A. 道德感的发展　　B. 羞愧感的发展　　C. 美感的发展　　D. 理智感的发展

【6.2】幼儿看见同伴欺负别人会生气，看见同伴帮助别人会赞同，这种体验是（　　）。
A. 理智感　　　　B. 道德感　　　　C. 美感　　　　D. 自主感

【6.3】如果母亲能一贯具有敏感、接纳、合作、易接近等特征，其婴儿容易形成的依恋型是（　　）。
A. 回避型依恋　　B. 安全型依恋　　C. 反抗型依恋　　D. 紊乱型依恋

【6.4】下列（　　）不是婴儿期出现的情绪体验。
A. 羞愧　　　　B. 伤心　　　　C. 害怕　　　　D. 生气

【6.5】儿童认为规则是由有权威的人决定的，不可以经过集体协商改变。这说明儿童的道德认知处于（　　）。

习俗阶段　　　　　B. 他律道德阶段　　　C. 前道德阶段　　　D. 自律道德阶段

【6.6】婴儿出生大约 6～10 周后，人脸可以引发其微笑。这种微笑被称为（　　）。

A. 生理性微笑　　B. 自然微笑　　　C. 社会性微笑　　　D. 本能微笑

【6.7】与婴儿最初的情绪反应相关联的是（　　）。

A. 生理需要　　　B. 归属和爱的需要　C. 尊重的需要　　D. 自我实现的需要

第二节　学前儿童情绪情感发展的趋势和特点

一、学前儿童情绪情感发展的趋势

学前儿童情绪情感的发展有其自身的趋势，主要体现在三个方面：情绪情感的社会化、情绪情感的丰富化和深刻化、情绪情感的自我调节化。

（一）情绪情感的社会化

学前儿童最初的情绪情感与生理需求紧密联系。随着学前儿童的成长，情绪情感逐渐与社会性适应有关，社会化是学前儿童情绪情感发展的重要趋势，主要体现在以下三个方面。

1. 情绪情感中社会性交往的成分不断增加

在学前儿童的情绪情感活动中，涉及社会性交往的内容随着年龄的增长而增加。例如，一项研究发现，学前儿童交往中的微笑可以分为三类：第一类，学前儿童自己玩得高兴时的微笑；第二类，学前儿童对教师微笑；第三类，学前儿童对小朋友微笑。在这三类微笑中，第一类不是社会性情感的表现，后两类则是社会性的。

2. 引起情绪情感反应的社会性因素不断增加

引起情绪情感反应的原因，叫作情绪动因。婴儿的情绪反应主要是和他们的基本生活需要是否得到满足相联系的。例如，温暖的环境、吃饱、喝足、尿布干净等，常常是引起婴儿愉快情绪的动因。1～3 岁学前儿童情绪反应的动因，除了与满足生理需要有关的事物外，还有大量与社会性需要有关的事物。但总的来说，在 3 岁前学前儿童情绪反应的动因中，生理需要是否得到满足占据主要地位。3～4 岁学前儿童情绪的动因处于从主要为满足生理需要向主要为满足社会性需要的过渡阶段。在中班和大班学前儿童中，社会性需要的作用越来越大。学前儿童非常希望被人注意、被人重视、关爱，要求与别人交往。与人交往的社会性需要是否得到满足及人际关系状况如何，直接影响着这个阶段学前儿童情绪情感的产生。

随着年龄的增长，学前儿童的情绪情感正日益摆脱同生理需要的联系，而逐渐社会化，其与儿童和成人（包括教师、家长）、同伴的交往密切联系，社会性交往、人际关系对学前儿童情绪情感的影响越来越大，最终将成为学前儿童情绪情感产生的最主要动因。

3. 表情的日渐社会化

表情是情绪情感的外部表现。有些表情是生物学性质的本能表现。学前儿童在成长过程中，逐渐理解周围人们的表情，并且自己的表情日益社会化。学前儿童表情社会化的发展主要包括两个方面：一是理解（辨别）面部表情的能力，二是运用社会化表情的能力。

面部表情是生理表现，又和社会性认知有密切关系。掌握社会化表情有赖于区别面部表情的能力；而区别面部表情的能力又是社会性认知的重要标志。表情所提供的信息对儿童和成人交往的发展与社会性行为的发展起着特别重要的作用。近 1 岁的婴儿已经能够笼统地辨别成人的表情。例如，别人对婴儿微笑，他也会笑；如果立即对他拉长脸，露出严厉的表情，婴儿会马上哭起来。有研究表明，小班幼儿已经能够准确辨别别人高兴的表情，对愤怒表情的识别则大约在幼儿园中班时期开始。

学前儿童具有运用社会化表情的能力。澳大利亚学者富切尔[①]对 5～20 岁先天盲人和正常人面部表情后天习得性的研究发现，最年幼的盲童和正常儿童相比，无论是面部表情动作的数量，还是表达情绪的适当程度，都没有明显的差别。正常儿童的表情动作数量和表达表情的逼真性都随着年龄增长有所进步，而盲童则相反。这说明，先天的表情能力只能保持一定水平，如果缺乏后天的学习，先天的表情能力就会下降。盲童由于缺乏对表情的人际知觉条件，其表情的社会化受到了阻碍。研究表明，随着年龄的增长，学前儿童解释面部表情和运用表情手段的能力都有所增长。一般而言，学前儿童辨别表情的能力一般高于运用表情的能力。

（二）情绪情感的丰富化和深刻化

情绪情感的丰富化包括两个方面：一是情绪情感的过程越来越分化。情绪情感的分化主要发生在 2 岁以前，随着年龄的增长，学前儿童相继出现许多高级社会情感，如羡慕、怜悯、嫉妒、骄傲等。二是情绪情感指向的事物不断增加，有些先前不会引起学前儿童情绪情感体验的事物，后来却会引起学前儿童的情绪情感体验。例如，婴儿原先只对母亲或熟悉的亲人表现出爱的情绪，但随着年龄的增长和交往范围的扩大，幼儿会对同伴、教师等产生爱的情绪。

情绪情感的深刻化是指学前儿童的情绪情感逐渐从指向事物的表面向指向事物内在的发展特点。例如，被成人抱起来时，年龄较小的儿童会感到亲切，年龄较大的儿童则会表现出不好意思。婴儿对父母的依恋主要是因为父母可以满足他们的基本生活所需，年长的幼儿则会对父母产生尊重、爱戴和依恋相互混合的复杂的情感体验。随着年龄的增长，学前儿童的情绪情感会与记忆、思维、想象和自我意识等心理活动发生联系，指向事物的内部原因。例如，5～6 岁左右的学前儿童能理解病菌能使人生病，当被告知蚊子等害虫会携带病菌时，会惧怕、厌恶蚊子等害虫。

（三）情绪情感的自我调节化

随着年龄的增长，学前儿童的情绪情感越来越受到自我意识的支配，学前儿童对情绪情感过程的自我调节能力越来越强。这种发展趋势主要体现在以下三个方面。

1. 情绪情感的冲动性逐渐减少

在日常生活中，学前儿童往往由于某种外来刺激的出现而非常兴奋，情绪冲动强

[①] 陈帼眉. 学前心理学 [M]. 北京：人民教育出版社，1997：326.

烈。学前儿童的情绪冲动性还常常表现在会用过激的动作和行为表现自己的情绪。比如，有些学前儿童看到故事书中的"坏人"，常常会将其抠掉。随着学前儿童脑的发育及语言的发展，情绪的冲动性逐渐减少。学前儿童对自己情绪的控制，起初是被动的，即在成人要求下，由于服从成人的指示而控制自己的情绪。到幼儿晚期，他们对情绪的自我调节能力才逐渐发展。成人的教育和要求，以及学前儿童所参加的集体活动和集体生活的要求，都有利于他们逐渐养成控制自己情绪情感的能力，减少冲动性。

2. 情绪的稳定性逐渐提高

学前儿童的情绪是非常不稳定的，短暂的。随着年龄的增长，学前儿童情绪的稳定性会逐渐提高，但是，总的来说，学前儿童的情绪仍然是不稳定、易变化的。

5～6岁左右的学前儿童情绪比较稳定，情境性和受感染性逐渐减少，这时期学前儿童的情绪较少受一般人感染，但仍然容易受亲近的人（如家长和教师）的感染。因此，父母和教师在学前儿童面前必须注意控制自己的不良情绪。

3. 情绪控制性和掩饰性增加

在婴儿期和幼儿初期，学前儿童不能意识到自己情绪的外部表现，他们的情绪完全表露于外，丝毫不加以控制和掩饰。随着言语和心理活动有意性的发展，学前儿童逐渐能够调节自己的情绪及其外部表现。

学前儿童调节情绪的外部表现能力的发展比调节情绪本身的能力发展得早。生活中往往有这种情况，学前儿童开始产生某种情绪体验时，自己还没有意识到，直到情绪过程已在进行时，才会意识到它。这时学前儿童才记起对情绪及其表现应有的要求，才去控制自己。幼儿晚期，学前儿童能较多地调节自己情绪的外部表现，但其控制自己的情绪表现还常常受周围情境的左右。

学前儿童情绪外显的特点有利于成人及时了解他们的情绪，及时给予正确的引导和帮助。但是，控制调节自己的情绪表现以及情绪本身，都是社会交往的需要，主要依赖于成人正确的培养。同时，由于幼儿晚期情绪已经开始有内隐性，因此，成人需要细心观察才能了解这时期学前儿童内心的情绪体验。

二、学前儿童情绪情感发展的特点

总的来说，学前儿童情绪情感的发展具有以下三个方面的特点。

（一）情境性

整个幼儿期，学前儿童的情绪都是不稳定的，极易受到外界环境因素的影响。学前儿童的情绪不稳定，与其情绪情感具有情境性有关。学前儿童的情绪常常被外界情境所支配，某种情绪往往随着某种情境的出现而产生，又随着情境的变化而消失。例如，新入园的儿童，看着妈妈离去时，会伤心地哭，但妈妈的身影消失后，经老师引导，能很快就愉快地玩儿起来。如果妈妈从窗口再次出现，又会引起儿童的不愉快情绪。学前儿童情绪的不稳定还与情绪的易感染性有关。所谓易感染性，是指学前儿童的情绪非常容易受周围人的情绪的影响。例如，新入园的一名儿童哭泣着找妈妈，常常会引起早已习惯了幼儿园生活的其他儿童也哭起来。

（二）外显性

在婴儿期，学前儿童不能意识到自己情绪的外部表现。他们的情绪完全表露在外，丝毫不加控制和掩饰。例如，婴儿往往想哭就哭，想笑就笑。他们也不认为这有什么不合理。到了2岁左右，学前儿童在日常生活中逐渐了解了一些初步的行为规范，知道了有些行为是要加以克制的。例如，一名儿童摔倒会引起本能的哭泣，但刚一哭，马上就对自己说"我不哭！我不哭！"，这时儿童脸上还挂着泪珠，甚至还在继续哭。这种矛盾的情况说明，学前儿童已从不会调节自己的情绪表现，向调节自己的情绪表现方向发展，但由于自我控制的能力差，还不能完全控制自己的情绪表现。这种情况会一直持续到幼儿初期。如常常有一些初上幼儿园的儿童由于离开熟悉的家庭环境而哭起来，一边抽泣，一边自言自语地说"我不哭了，我不哭了"，这说明在幼儿初期，学前儿童的情绪和情感仍然是明显外露的。

在正确的教育下，随着学前儿童对是非观念的掌握，他们对情绪的调节能力会很快发展起来。例如，6岁左右的儿童，在打针时可以不哭；在自己的需要不能满足时，也能克制自己的消极情绪，可以很快开始愉快地做游戏。

（三）不稳定性

学前儿童的情绪具有不稳定性的特点，易变，也易冲动。年龄越小，学前儿童情绪的这种不稳定性就越明显。例如，学前儿童会因与母亲分离而大哭大闹，也会因看见喜欢的动漫节目而又跳又笑，还会因为一颗棒棒糖而与同伴争执。学前儿童情绪的不稳定性不仅表现为过激的动作和行为，还表现为情绪的变化。例如，上一秒钟还又哭又闹，下一秒钟就破涕为笑，是许多学前儿童都经历过的事情。这是因为这时的学前儿童仍然处于以自我为中心的状态，自我控制能力较差，无法控制冲动情绪。随着年龄的增长，学前儿童逐渐能在一定程度上克服冲动，但在整个幼儿期，学前儿童的情绪仍然极易冲动。

第三节 学前儿童积极情绪情感的教育与培养

如前所述，情绪情感在学前儿童的身心发展中具有非常重要的作用，培养学前儿童的积极情绪情感有利于他们的认知、交往、游戏和良好个性的形成，因而，家长和教师应当创设各种条件来促进学前儿童积极情绪情感的发展。

（一）营造良好的情绪环境

学前儿童情绪的发展主要依靠周围情绪气氛的感染和熏陶。保持轻松、和谐、愉快的情绪氛围，有助于建立良好的亲子关系和师生关系。在家庭中，家长应当积极营造温暖、轻松、自由、平等的生活环境，积极与孩子沟通，通过良好的亲子关系培养孩子的积极情绪。在幼儿园，教师应当创设良好的班级物质环境和精神环境，好的环境能使学前儿童处于轻松、愉快的积极情绪状态，而差的环境则容易引发学前儿童的消极情绪。幼儿园的精神环境主要指学前儿童周围人与人之间的关系，主要包括教师之间的关系、教师与学前儿童之间的关系及学前儿童之间的关系。而在这些关系中，对学前儿童影响最大的是班内的教师与同伴。因此，教师要努力保持和谐的情绪氛围，与学前儿童建立良好的师生感情，并鼓励、促成他们积极的同伴交往。

（二）成人情绪自控的示范

2022年教育部颁布的《幼儿园保育教育质量评估指南》给出了幼儿园保育教育质量评估指标，"教育过程"下"幼师互动"的第一条指标为：教师保持积极乐观愉快的情绪状态，以亲切和蔼、支持性的态度和行为与幼儿互动，平等对待每一名幼儿。幼儿在一日活动中是自信、从容的，能放心大胆地表达真实情绪和不同观点。

成人是学前儿童情绪情感发生的直接来源。家长和教师要避免喜怒无常，不溺爱学前儿童，也不要吝啬给予学前儿童爱。俗话说，近朱者赤，近墨者黑。家长的积极情绪情感能感染学前儿童，容易使学前儿童产生愉快、轻松的情绪；相反，如果家长难以控制自己的坏脾气，经常烦躁，则学前儿童也容易学会冲动、爱发脾气。教师如果经常表现出不耐烦，班级的学前儿童也很难有耐心去完成一件事情。因而，成人应当首先控制好自己的情绪，为学前儿童形成积极的情绪情感起好示范作用。例如，当学前儿童出现分离焦虑时，成人首先要控制自己的焦虑和不安，相信学前儿童能适应陌生的环境。在本章"引子"的案例中，是成人的焦虑情绪进一步引发了学前儿童的焦虑不安，形成了恶性循环。

（三）积极鼓励和引导

对待学前儿童，家长和教师应当以正面肯定和鼓励的态度为主，耐心倾听他们说话，正确运用暗示和强化等手段引导学前儿童情绪情感的健康发展。心理学家罗森塔尔在一次实验中证明：教师的鼓励、暗示和期望会对儿童产生无法估量的积极影响。教师和家长对学前儿童要投入感情、积极鼓励和引导，使学前儿童能发挥自身的积极性、主动性和创造性。如果能得到家长和教师的理解、关心、帮助和爱护，学前儿童就会积极回应成人的要求，向着家长和教师期待的方向变化。

（四）正确理解和处理学前儿童的情绪情感反应

家长和教师应当对学前儿童表现出的所有情绪情感都保持敏感，同时，对学前儿童正在体验的情绪情感应当做出非判断性评价，这样才能正确理解学前儿童的情绪情感反应。学前儿童的情绪是多变的，容易受到情境、环境等因素的影响，遇到问题时家长和教师不能急着下结论。例如，游戏中当两个孩子在打闹时，家长或教师千万不要郑重其事地介入纷争，因为那样做会对孩子的情绪产生极坏的影响。

（五）帮助学前儿童控制情绪

当学前儿童出现消极情绪或极端情绪时，家长和教师应当及时帮助学前儿童控制情绪，通过各种方法帮助他们克服消极情绪，并促进其积极情绪的产生。帮助学前儿童控制情绪的方法主要有以下几种。

1. 转移法

转移法是指当学前儿童产生负面情绪时，成人有意识地将其注意力转移到其他方面。例如，当学前儿童因为分离焦虑而大哭大闹时，教师可以通过玩具、动漫、故事、游戏等来转移他们的焦虑不安。

2. 冷却法

冷却法是指当学前儿童情绪十分激动时，家长或教师可以采取暂时置之不理的方式，等儿童平息情绪后再进行教育。例如，当学前儿童因为想要看电视而大吵大闹时，家长可以先不管他，先等学前儿童的情绪稳定下来，再跟他们讲道理，解释为什么不能看电视。

3. 消退法

消退法是指对于消极情绪，采用条件反射使其消退的一种方法，即撤销原先可接受的某种行为，并在一段时间内不予以任何强化，使此行为的频率自然下降并逐渐消退。例如，当学前儿童因不想吃饭而大发脾气时，家长可以不予理睬，等他们饥饿时，自然就会吃饭了。

（六）教会学前儿童调节情绪的方法

在日常生活中，当学前儿童产生消极情绪时，家长和教师应当细致地观察，及时关心他们，并教给他们一些情绪调节的方法。这些方法主要包括以下几种。

1. 反思法

反思法是指让学前儿童从反思角度想一想自己的情绪表现是否合适。一些幼儿园设有"反思角"，情绪激动的学前儿童可以安静地坐在反思角，直至情绪平静稳定下来。

2. 自我说服法

自我说服法是指自己给自己摆事实、讲道理，使自己提高认识、形成正确观点的方法。例如，当学前儿童因想念妈妈而伤心地哭泣时，教师可以教他，"好孩子不哭，你是个好孩子"，或者告诉学前儿童"你是个坚强的孩子"。慢慢地，当学前儿童害怕或遇到困难时，就会用"我是个好孩子"或者"我是个坚强的孩子"等信念说服自己。

3. 想象法

学前儿童通常会特别崇拜某个偶像或动漫人物，所以当他们遇到困难或挫折时，家长和教师可以引导他们进行换位思考，引导他们想象自己是"男子汉""大哥哥"或"蜘蛛侠"，从而变得坚强、勇敢起来。

> **历年真题**

【6.8】下列方法中不利于缓解或调整幼儿激动的情绪的是（　　）。
A. 安抚　　　　B. 转移注意　　　　C. 冷处理　　　　D. 责骂

【6.9】渴望同伴接纳自己，希望自己得到老师的表扬，这种表现反映了幼儿（　　）。
A. 自信心的发展　B. 自尊心的发展　　C. 自制力的发展　D. 移情的发展

【6.10】在商场，4～5岁的幼儿看到自己喜爱的玩具时，已不像2～3岁时那样吵着要买，他能听从成人的要求并用语言安慰自己："家里有许多玩具了，我不买了。"对以上现象合理的解释是（　　）。
A. 4～5岁幼儿形成了节约的概念
B. 4～5岁幼儿的情绪控制能力进一步发展
C. 4～5岁幼儿能理解玩其他玩具同样快乐
D. 4～5岁幼儿自我安慰的手段有了进一步发展

【6.11】新入园时，如果班里有个幼儿哭了，其他幼儿也会跟着哭，这是（　　）。
A. 情绪的动机作用　　　　　　B. 情绪的信号作用
C. 情绪的组织作用　　　　　　D. 情绪的感染作用

【6.12】幼儿对自己消极情绪的掩饰，说明其情绪的发展已经开始（　　）。
A. 深刻化　　　B. 丰富化　　　C. 内隐化　　　D. 精细化

【6.13】小军打针时对自己说："我不怕，我不怕，我是男子汉"这表现出他初步具备（　　）。
A. 情绪理解能力　B. 情感表达能力　C. 情绪识别能力　D. 情绪自我调节能力

【6.14】简答题：婴幼儿调节负面情绪的主要策略有哪些？

【6.15】材料题
4岁的成成上床睡觉前非要吃糖不可，妈妈一个劲儿地向他解释睡觉前不能吃糖的道理，成成就是不听，还扯着嗓子哭起来。妈妈生气地说："再哭，我打你。"成成不但没停止哭叫，反而情绪更加激动，干脆在床上打起滚来。
问题：
（1）请运用有关幼儿情绪的理论，谈谈成成为什么会这样。
（2）妈妈应如何引导与培养幼儿的良好情绪？

【6.16】材料题
星期一，已经上小班的松松在午睡时一直哭泣，嘴里还一直唠叨："我要打电话给爸爸，让他来接我，我要回家。"教师多次安慰，他还一直哭。于是教师生气地说："你再哭，爸爸就不来接你了。"松松听后情绪更加激动，哭得更厉害了。
问题：请简述材料中教师的行为，并提出三种帮助幼儿调节情绪的有效方法。

【6.17】材料题
3岁的阳阳，从小跟奶奶生活在一起。刚上幼儿园时，奶奶每次送他到幼儿园准备离开时，阳阳总是又哭又闹。当奶奶的身影消失后，阳阳很快就平静下来，并能与小朋友们高兴地玩。由于担心，奶奶每次离开后中途又折返回来，阳阳再次看到奶奶时，又立刻抓住奶奶的手，哭泣起来……
问题：针对上述现象，请结合材料进行分析：
（1）阳阳的行为反映了幼儿情绪的哪些特点？
（2）阳阳奶奶的担心是否必要？教师该如何引导？

【6.18】材料题
李老师第一次带班，她发现中班幼儿比小班幼儿更喜欢告状。教研活动时，大班教师告诉李老师中班幼儿确实更喜欢告状，但到了大班，告状行为就会明显减少。

（1）请分析中班幼儿喜欢告状的可能原因。
（2）请分析大班幼儿告状行为减少的可能原因。

☞ 本章小结

本章对学前儿童情绪情感发展进行了论述，首先阐述了学前儿童情绪情感的发生发展，包括情绪在学前儿童发展中的作用、情绪的发生和情感的发生；其次论述了学前儿童情绪情感的发展趋势、发展特点和教育要点。结合国家教师职业资格考试的内容，本章的重点有两个方面：一是学前儿童情绪情感的发展趋势和基本特点；二是学前儿童积极情绪的培养，包括克服分离焦虑的策略。学生应当熟悉学前儿童情绪情感发展的基本趋势，并能结合幼儿情绪情感发展的特点分析相关的幼儿园案例。

☞ 本章要点回顾

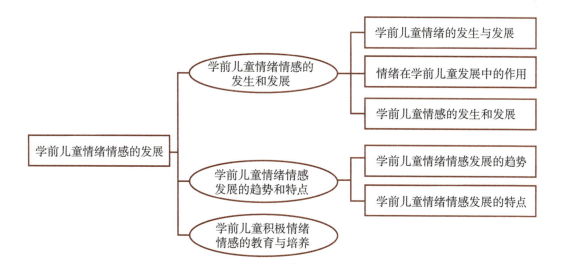

第七章

学前儿童个性的发展

☞ **学习完本章，应该做到：**

◎ 掌握学前儿童个性发展的整体内容框架，并能运用有关知识分析论述学前儿童个性发展的实际问题。

◎ 了解学前儿童气质、性格、能力及自我意识发展的基本特点，并能运用有关知识分析和解决教育实践中的实际问题。

☞ **学习本章时，重点内容为：**

◎ 学前儿童个性的发展，尤其是个性的心理结构、特征及其形成。
◎ 学前儿童气质的类型、表现特征及其教育对策。
◎ 学前儿童能力的分类及其发展的一般趋势。
◎ 学前儿童自我意识发展的阶段和特点。

☞ **学习本章时，知识要点与具体方法为：**

本章主要对学前儿童个性的发展进行论述。个性是一个多维度、多层次的复杂结构，因而其发展的内容也是多种多样的。本章侧重从个性心理特征及自我意识系统两个方面介绍学前儿童个性的发展，以期帮助学生了解学前儿童个性发展的主要方面及其个性差异的原因。其中，个性的心理特征主要包括气质、性格和能力的发展。本章的知识点主要属于理解与运用层次，要求学生能运用所掌握的关于个性发展的知识来分析、解释学前教育实践中的现实情境与个体案例，并提出合理的教育建议。

【引子】

"女汉子"旸旸与"男妹子"皓皓[①]

旸旸和皓皓是幼儿园大班的小朋友。旸旸是个小女生，她自信大胆，表现欲强，掌控欲和支配欲也较强，总是班级或小组里的领导人物，但也常常因为固执己见而无法与其他小朋友合作、协商进行活动。皓皓是个小男生，他活泼好动，频频制造问题，却总是试图以耍小聪明的方式来掩盖自己的错误，在被发现之后，又惯常于采用哭闹、耍赖皮的方式逃避惩罚。在老师的眼中，他们的个性虽然都存在一些小问题，但都可以通过适当的引导加以改善，但旸旸和皓皓的父母可不这么想。旸旸的妈妈有些隐忧："一个女孩子总是什么事情都抢在前面出头、雷厉风行的，实在是太'女汉子'了，一点女孩子的温婉气质都没有……"皓皓的妈妈也有自己的担心："我们家皓皓总是喜欢跟女孩子玩，遇到问题也总喜欢通过撒娇耍赖来争取我们的退让，男子汉气质太弱了，简直像个小女生呀……"

---

① 沈婷婷. 破坏的动机——大班幼儿破坏行为的性别差异研究［D］. 南京晓庄学院，2015.

上述案例中，老师眼里的正常孩子，家长却担心他们在性格上存在问题。这主要是因为学前期是儿童个性开始萌芽和形成的时期，其个性尚未真正形成，具有可塑性，而学前儿童个性的构成与形成过程均较为复杂，如果没有充分、科学的观察与了解，就容易产生误解，甚至引起不必要的担忧。因此，了解学前儿童个性发展的特点是进行科学教育的前提。

第一节　学前儿童个性发展概述

一、个性的定义

"个性"一词来自拉丁文"Persona"，指演员在舞台上扮演角色时所戴的面具。面具（类似中国京剧中的个性化脸谱）是用来表现舞台人物某种典型的个性特征的，如"忠贞不贰""阴险狡诈"等，这也是个性的最初含义。"Persona"包含两层意思，即外在表现和内在特征。在给个性下定义时，有的侧重于外在表现，有的侧重于内在特征，还有的兼顾两个方面。[1]

心理学意义上的"个性"亦称"人格"，不同于我们生活中所说的个性与人格，它是指一个人的整体精神面貌，是比较稳定的、具有一定倾向性的各种心理特点或品质的独特组合。[2] 个体间的个性差异主要体现在每个人对人对事的态度和言行举止中，思维模式与言行方式更能反映一个人真实的个性。

二、个性的心理结构

个性是在个体的各种心理成分、心理过程发生发展的基础上形成的。那么，个性又是由哪些心理成分构成的呢？

（一）广义的个性心理结构

广义的个性心理结构包括下列五个方面。

1. 个性倾向性

个性倾向性包括需要、动机、兴趣、理想、信念、世界观等，表明人对周围环境的态度，是个性心理结构中最活跃的成分。

2. 个性心理特征

个性心理特征包括气质、性格、能力等，这些特征最突出地表现出人的心理的个别差异。

3. 自我意识

自我意识包括自我认识、自我体验、自我控制，是个性心理结构中的控制系统。

4. 心理过程

心理过程包括感知、记忆、思维、想象以及情感等，这些是人的心理活动的基本

---

[1] 张野.3～12岁儿童个性结构、类型及发展特点的研究［D］.辽宁师范大学，2004.
[2] 朱智贤.心理学大词典［M］.北京：北京师范大学出版社，1989：225.

成分或基础成分，是人对现实进行反映和与现实产生联系的基本形式。

5. 心理状态

心理状态包括注意、激情、心境等，是心理活动的背景，表明心理活动进行的时候所处的相对稳定的水平，起提高或降低个性积极性的作用。

（二）狭义的个性心理结构

狭义的个性心理结构包括以下两个方面的内容。

1. 个性的调控系统

个性的调控系统具体又包括两个方面，即个性的调节系统和个性的倾向性。

（1）个性的调节系统。

个性的调节系统以自我意识为核心。自我意识是个性形成和发展的前提，个性的产生和发展与自我意识的产生和发展密切相关——只有当学前儿童有了初步的自我意识，其个性才会逐步发展起来。自我意识是个性心理结构中最重要的组成部分，制约着个性的发展。在学前儿童心理的发展过程中，自我意识的发展水平直接影响个性的发展水平，自我意识发展水平越高，个性也就越趋于成熟和稳定。因此，自我意识的成熟标志着学前儿童个性的成熟。

（2）个性的倾向性。

个性的倾向性是以人的需要为基础的动机系统，它是推动个体行为的动力。对于学前儿童而言，个性倾向性主要包括需要、动机和兴趣等。

2. 个性的心理特征

个性的心理特征是指一个人身上经常、稳定地表现出来的心理特点，是人的多种心理特点的一种独特结合。它主要包括气质、性格和能力。学前儿童个性发展的主要内容就是个性心理特征的形成。

三、个性的基本特征

并不是个体所有的行为表现都能称为个性表现。要想洞察一个人的个性行为，了解其真实的个性，首先需要了解其个性的基本特征。个性的基本特征包括以下四个方面。

（一）独特性

个性的独特性是指人与人之间没有完全相同的个性，如同世上没有完全相同的两片树叶一样，人的个性也千差万别。在现实生活中，我们无法找到两个个性完全一样的人。即使是双胞胎之间也存在或大或小的个性差异。

另外，个性的独特性并不排斥人与人之间的共性。尽管每个人的个性是独立并区别于他人的，但在一定条件维度内（如同一地域、同一性别或同一年龄），个性中又必然存在一些共性——同一维度的人的心理往往有一些比较普遍的特点。例如，中国人的思想或多或少烙印着儒家传统思想；同一年龄的个体身上存在一些典型特点，如2岁儿童由于自我意识的增长与语言能力的发展，通常更迫切地渴望独立自主而被戏称为"Terrible Two"①。由此可见，个性是独特性与共性的统一，共性寓于个性之中。

（二）整体性

个性的整体性是指个性是一个统一的整体结构，是由各个密切联系的成分所构成的多层次、多水平的统一体。在这个整体结构中，各个成分相互作用、相互影响、相互依存，使个体行为的各方面都体现出统一的特征。因此，我们往往可以在某个人的身上看到反映同一个性特征的各方面行为表现。

（三）稳定性

个性具有稳定性。个体偶然的行为不能代表其真正的个性，只有比较稳定的、经常表现于言行之中的心理倾向和心理特征才能代表一个人的真实个性。

个性的稳定性是相对的，并不是一成不变的。因为现实的生活情境是非常复杂的，其多样性和多变性导向了个性的可变性。对于一个处于成长发育期的学前儿童来说，即便是已经形成了一些比较稳定的个性特点，在一定的条件作用下，也可能发生不同程度的变化。因此，个性是稳定性和可变性的统一，既相对稳定，又可以在一定条件作用下发生变化。

（四）社会性

个性的社会性是指个性在形成与发展的过程中，会受到各种社会因素的影响，且个性的本质方面是由人的社会关系所决定的。人作为一种社会性动物，其本质是一切社会关系的总和，无视社会性来谈论个性有如无土之木、无米之炊，是没有根基的。从宏观层面来说，个性中的最高层次——世界观、人生观、价值观等意识形态方面的个性特征的形成与一个人所处的社会环境及其所接受的教育是密切联系的；从微观层面来说，基本的个性特征的形成也与人所处的社会环境密不可分，如不同国家、不同民族的人的个性往往有比较明显的特点。所以，个性具有强烈的社会性，是社会生活的产物。

影响个性形成的社会因素可以分为两个方面，即宏观环境和微观环境。宏观环境主要指一个人的国家、民族、所处的时代及其社会生活条件和社会精神面貌。微观环境主要是指一个人的家庭、学校、职场及其生活环境、学习环境和工作环境。对于学前儿童来说，影响其个性发展的社会环境主要是家庭和幼儿园。

个性具有社会性，但个性的形成也离不开生物因素。现代心理学已经证明，生物因素是个性发展的生物前提和基础，为个性发展提供了可能性，而社会因素使这一可能成为现实。影响个性的生物因素主要是一个人的神经系统的特点。因此，我们说个性是社会性和生物性的统一。

四、个性的形成

个性是在个体的各种心理成分、心理过程发生、发展的基础上形成的。

2 岁前，儿童所显示出的个人特点的差异主要是先天气质的差异，其个性尚未真正

---

① 意为幼儿到 2 岁左右会出现一个反抗期，对父母的一切要求都说"不"，经常任性、哭闹、难以调教。

产生。因为这一时期，儿童各心理成分还没有完全发展起来（还没有很好地掌握语言，思维方式还没有形成等），儿童的心理活动是零碎、散乱的片段，还不具备系统性，所以个性不可能产生。

2岁左右，儿童的个性逐渐萌芽。儿童心理结构的各成分开始组织起来，并有了某种倾向性的表现，但还没有形成稳定倾向性的个性系统。

学前儿童的个性开始形成（发生）的主要标志是：心理活动整体性的形成、心理活动倾向性的形成、心理活动稳定性的增长、心理活动独特性的发展、心理活动积极能动性的发展。

3～6岁，儿童的个性开始形成。学前期是儿童个性的形成初期。这一时期，儿童个性的各种心理结构开始发展，心理水平逐渐向高级发展，特别是个性的调节系统（自我意识）和性格、能力等个性心理特征初步发展起来；同时，各种心理活动已经结合成为整体而且表现出明显、稳定的倾向性，形成个人的独特性。具体而言，这一时期的儿童在不同的场合、情境中，对不同的事件，都倾向于以一种自身独有的方式去反应，表现出自己所特有的态度和行为方式。俗语说："三岁看到大，七岁看到老。"这在一定程度上反映了学前期在儿童个性发展过程中的奠基角色。儿童在学前期所形成的一些个性特点对他们后来的发展有直接的影响，将成为其以后个性进一步发展的基础。但这一时期也只是个性形成的伊始，或者说个性只是初具雏形，个体的个性发展要一直到青春期才基本定型，且在此之后仍有发生变化的可能，这也正是个性的稳定性和可变性相统一的体现。①

五、学前儿童个性发展的理论

关于个性的发展，中外心理学家们争论已久，也从各自的角度出发对自家观点做出了明确的阐述。这里主要介绍其中最经典的精神分析理论和行为主义（社会学习）理论的代表人物及其主要理论观点。

（一）精神分析理论

1. 弗洛伊德的心理发展理论

弗洛伊德是奥地利著名精神科医生，同时也是精神分析学派的创始人。他首创了"心理动力"学说，并在此基础上展开了一系列关于人格的结构及发展的理论。其人格理论的特点是在突出理性、意识的传统人格概念中加入非理性、无意识的成分。他认为人格的差异是由人们对待事物的态度、方式的不同而引发的。

弗洛伊德认为在本我、自我、超我的共同作用下，形成了人格的整个心理发展阶段。他以身体的不同部位获得性冲动的满足为标准，将人格发展划分为口唇期、肛门期、性器期、潜伏期和青春期五个阶段，详细内容参见本书第一章。

弗洛伊德从意识分层的角度出发，提出了独到的人格构成与发展理论，创建了精神分析学派的学说系统并引领其发展。他最大的贡献可能在于无意识动机概念的提出。19世纪中叶，心理学研究者单方面地关注意识经验，如感觉过程和知觉、错觉等。弗

---

① 陈帼眉.学前心理学[M].北京:北京师范大学出版社,2015:584-593.

洛伊德首先站出来，指出当时的研究者考察的只是冰山一角，人绝大部分的心理经验位于意识知觉的水平之下。弗洛伊德十分关注早期经验对个体后期发展的重要性。该怎样看待早期经验，至今还在争论，但现在已很少有研究者对早期经验可能有长远影响持怀疑态度。弗洛伊德还研究了在我们生活中起着重要作用的爱、恐惧、焦虑和其他作用很大的情绪。遗憾的是，生活的这些方面往往被一些强调或关注可观察行为和理性思维过程的发展心理学工作者忽视。

2. 埃里克森的心理社会发展理论

与传统的弗洛伊德主义相区别，新精神分析学派强调人格的形成和发展不是取决于动物本能和生物因素，而是取决于各种社会文化因素，其代表便是埃里克森的心理社会发展论。埃里克森是美国著名的精神科医生，是美国现代著名精神分析理论家之一，也是新精神分析学派的重要代表人物。基于不同阶段的心理社会危机，他在自己的代表作《儿童期与社会》中提出了著名的人格发展八阶段理论，将自我意识的形成和发展过程划分为婴儿期、儿童早期、学龄初期、学龄期、青春期、成年早期、成年期和成熟期八个阶段，详细内容参见本书第一章。

这八个阶段不但依次相互关联，而且第八个阶段还直接与第一个阶段相联系。换言之，这八个阶段以一种循环的形式相互联系。在埃里克森看来，人的发展是一个生物与社会事件所引起的进化过程，发展中包括生理成熟和偶然事件所带来的影响。人的心理发展持续一生，其发展阶段的顺序由遗传决定，但是每一阶段能否顺利度过却是由环境决定的。每一阶段都有其特殊的矛盾冲突，解决这些矛盾的过程就是儿童心理发展不断社会化的过程。埃里克森指出，后一阶段发展任务的完成依赖于早期任务、冲突的解决。前一阶段的危机解决后会向下一阶段转化，自我就获得发展；否则，自我的发展就会受到阻碍。总之，个体解决危机的方式会对个体自我概念、社会见解产生持久性的深刻影响。①

一方面，埃里克森的八个心理社会发展阶段的确抓住了人生中的许多核心问题，他所提出的有理性的、适应性的天性观点很容易让人接受。埃里克森还指出，人们记忆中的或正在经历的许多社会冲突和个人两难情境，都是容易预见的，或者能够求助于他们认识的有影响的人。另一方面，埃里克森的理论也因其对发展原因解释得含混不清而受到批评。究竟什么核心经验能使儿童在学前期形成主动性或在青少年期形成稳定的同一性呢？为什么早期的信任感对后来的自主性、主动性或勤奋性非常重要呢？对这些重要问题，埃里克森自己也说不清楚。因此，埃里克森的理论是对人的社会性和情绪发展的一种描述性观点，它不能充分地解释发展怎样发生和为什么发生。②

（二）行为主义（社会学习）理论

1. 华生的行为主义理论

华生的行为主义理论的一个基本出发点是：要得出关于人的发展的结论，需要对外显行为进行观察，而不是思考那些看不见的无意识动机或认识过程。另外，华生认

---

① 王家军.埃里克森人格发展理论与儿童健康人格的培养[J].学前教育研究,2011(06):37-40.
② 戴维·谢弗.社会性与人格发展[M].陈会昌,等译.5版.北京：人民邮电出版社,2012：44-45.

为，外部刺激和观察到的反应（称为习惯）之间的联结是人发展的"建筑材料"。华生和约翰·洛克一样，把婴儿看作一块白板，任凭经验往上面涂鸦，认为儿童没有与生俱来的倾向性。华生是一个社会学习论者，他认为儿童怎样成长归根结底取决于他的成长环境和父母，以及生活中的其他重要的人怎样对待他。根据行为主义理论的观点，像弗洛伊德（及其他精神分析论者）所说的儿童成长要历经一系列由生物成熟决定的阶段是错误的。行为主义理论认为发展是一个连续的行为变化过程，它受到人所处的独特环境的影响，而且人与人之间可能有很大差别。

为了证明儿童具有极强的可塑性，华生向人们展示了婴儿的恐惧和其他情绪反应是习得的，而不是与生俱来的。例如，华生曾和助手罗莎丽·雷诺给9个月大的阿尔伯特看一只温顺的白鼠。阿尔伯特一开始很积极，朝着白鼠爬过去，跟它一起玩，就像之前和小狗、兔子一起玩一样。两个月后，华生慢慢地引发阿尔伯特的恐惧反应——每次阿尔伯特一爬向白鼠，站在他身后的华生就用锤子敲一根铁棍。阿尔伯特最终把白鼠和大声的噪声联系起来，并且开始害怕这只毛茸茸的小白鼠。这说明恐惧是容易习得的。①

总而言之，华生认为儿童的人格并不是生而有之的，人格的发展是社会环境塑造的结果。其中，从刺激-反应之间习得正确的联结是人格发展的原料，人格发展是一个连续的行为变化过程，而不是一系列由生物成熟决定的阶段，这一过程受到人所处的独特环境的影响且可能存在巨大的个体差异。这样的观点也暗示着父母要为孩子变成什么样的人负责。

2. 斯金纳的操作性条件反射理论（新行为主义）

斯金纳对动物进行研究之后，发现了非常重要的学习形式，他相信这些学习形式是有机体形成大多数习惯的基础。斯金纳发现，无论是人还是动物，都会重复那些带来愉悦结果的动作，压抑那些带来不喜欢的结果的动作。例如，若白鼠踩踏杆而得到一粒可口的食物，它就会再去踩踏杆。用斯金纳的理论来说，自由地踩踏杆的反应叫作操作，使这一动作加强（即以后出现该动作的可能性增多）的一粒食物叫作强化物。与此相似，如果一个女孩的父母经常用奖励强化她的友善行为，她就会养成友善待人的习惯；一个十几岁的男孩会勤奋学习，是因为他认识到这种行为在小学高年级能得到好处。另外，会抑制某种反应或降低它未来出现的可能性的结果，叫作惩罚。如果一只白鼠原来因为踩踏杆而得到肯定强化，而现在突然在每次踩踏杆时就受到一次很疼痛的电击，那么它踩踏杆的动作很快就会消失。同理，如果一个小学生每次没有按时完成作业都受到惩罚，就会记得按时完成作业。

斯金纳和华生一样，相信每个人养成的习惯都来自其独特的操作学习经验。一个男孩可能因为同伴屈服于他的武力而一次又一次地强化了他的攻击行为；也可能因为同伴采取回击抑制（惩罚）了他的行为而变得不再攻击他人。由于不同的强化和惩罚经验，个体最终会向不同的方向发展。斯金纳的操作性条件反射理论声称，人的发展方向在很大程度上取决于外部刺激（强化和惩罚），而不决定于内部力量（如本能、驱动力或生物成熟）。

---

① 戴维·谢弗. 社会性与人格发展 [M]. 陈会昌，等译. 5版. 北京：人民邮电出版社，2012：46.

3. 班杜拉的社会观察学习理论（新的新行为主义）

班杜拉同意斯金纳所说的操作条件反射是一种重要的学习方式，尤其对动物而言。但班杜拉认为，人是有认知能力的动物，是积极的信息加工者。人和动物不一样，人会思考行为与后果之间的关系，他们认为将会发生什么要比他们实际体验到发生的事件起着更大的作用。例如，接受教育要耗费十几年的时间，需要花费很多精力和不菲的金钱，还要面临种种不尽如人意的规则与机制，但是多数人却能容忍这些投入和不愉快，因为他们知道良好的教育会在未来对他们的生活与工作产生巨大的积极作用，他们将从中得到更大的回报。可见，人的行为并不是被即时后果塑造的。

班杜拉的社会观察学习理论把观察学习视作发展过程中的一个核心因素。观察学习是一种很简单的学习，是通过观察别人（称为榜样）的行为而学习。例如，一个2岁的孩子只是看姐姐怎样做，就学会了接近并爱抚家里的宠物狗。如果在观察中没有认知过程参与，观察学习就不会发生。如果要模仿榜样的行为，就必须认真地观察榜样的行为并对观察的行为加以领会或编码，然后把这一信息（以图像或语言信号等方式）存储到记忆中。

> **历年真题**
>
> 【7.1】幼儿意识到自己和他人一样都有情感、有动机、有想法，这反映了幼儿（　　）。
> A. 情感的发展　　B. 感觉的发展　　C. 个性的发展　　D. 社会认知的发展
>
> 【7.2】根据埃里克森的心理社会发展理论，1～3岁儿童形成的人格品质是（　　）。
> A. 信任感　　B. 主动性　　C. 自主性　　D. 自我同一性

第二节　学前儿童气质与性格的发展

一、学前儿童气质的发展

气质是儿童出生后最早表现出来的一种较为明显而稳定的个性特征。学前儿童最初的气质表现，是其未来生活历程中个性发展的奠基石。

（一）气质的含义

气质是指人的心理活动典型而稳定的动力特征，特别是与脑神经活动特征紧密联系的心理活动的动力特征，一般认为它是个体最早表现出来的个性心理特征，是一个人个性和社会性发展的基础。[①]

第一，气质是人的心理活动的动力特征。气质的动力特征主要表现在心理活动的

[①] 秦金亮. 儿童发展概论[M]. 北京：高等教育出版社，2008：214.

强度(如情绪体验的强度、外显动作的强度、意志努力的强度等)、速度(如直觉、思维反应的速度,情感体验产生的速度等)、稳定性(如注意力的稳定性、情绪的稳定性等)和指向性(指向性又称倾向性,是指心理活动是倾向于外部还是内部)等方面。

第二,气质是人的典型的、稳定的心理特征。气质是与生俱来的,且每个人都有不同的气质特征。气质给人的全部心理活动染上了独特的色彩,所以说它是典型的。气质主要受个体先天生物因素的影响,受高级神经活动所制约,它是稳定的,一经形成就很难改变,正如俗话所说"江山易改,禀性难移",这里的禀性就是气质。

(二)气质的类型

根据气质在人身上的表现不同对气质所划分的类型叫作气质类型。气质类型的理论很多,但多数是片面的,缺乏科学依据。人们对气质问题的研究有着悠久的历史,目前影响较大的是古希腊医生希波克里特对气质类型的划分。

希波克里特在《论人的本性》一书中最早提出了著名的"体液说"。他认为人体有四种体液的组合,即生于脑的黏液、生于肝的黄胆汁、生于胃的黑胆汁和生于心脏的血液,体液形成了人的"气质"。[①] 这四种体液在人体内分布的多寡构成人的气质差异,黄胆占优势为胆汁质,血液占优势为多血质,黏液占优势为黏液质,黑胆占优势为抑郁质。这四种气质类型的特点和教育要点如表7.1所示。虽然希波克里特用体液来解释气质成因有些缺乏科学根据,但他试图从化学元素方面探讨气质的生理机制,为以后的气质研究开辟了一条希望之路,同时,他对四种气质类型的分析在一定意义上符合实际情况。因此,希波克里特关于气质类型的划分在心理学界沿用至今。

表7.1 四种气质类型的特点与教育要点

气质类型	气质类型的特点	教育要点
胆汁质	直率热情,精力旺盛,好冲动,暴躁易怒,脾气急,热情度忽高忽低,喜欢新环境带来的刺激	着重培养自制能力和坚持到底的精神
多血质	活泼好动,反应迅速,热爱交际,能说会道,适应性强,有明显的外倾性,但粗枝大叶	着重培养其扎实、专一和勇于克服困难的精神,多对其进行细致耐心品质方面的训练
黏液质	安静、稳重、踏实,反应性低,交际适度,自制力强(性格坚韧),话少,适于从事细心、程序化的学习,表现出内倾性,可塑性差,有些死板,缺乏生气	着重培养其热情、爽朗和生机勃勃的精神,对其弱点的批评和帮助要有耐心,要允许有考虑与做出反应的足够时间
抑郁质	行为孤僻、不善交往,易多愁善感,反应迟缓,适应能力差,容易疲劳,性格具有明显的内倾性	着重培养其亲切、友好、善交际、刚毅以及自信的精神,对其存在的缺点、错误要多关心、爱护,不宜在公开场合下指责,不宜进行过于严厉的批评,可以通过鼓励其参加集体活动的方式来培养其友爱精神,并增强其自信心

---

① 刘文. 3~9岁儿童气质的发展及其与个性相关因素关系的研究[D]. 辽宁师范大学,2002.

气质具有中性的特点，无论是哪种气质类型，都有其积极的一面，也有其消极的一面。而且在现实生活中，纯粹属于某一气质类型的人并不多，大多数人是几种气质类型兼而有之的混合型，只不过是偏重于其中的某种气质而已。

巴甫洛夫通过实验研究，发现神经系统具有强度、灵活性和平衡性三个基本特点，它们在条件反射形成或改变时得到表现。由于个体身上存在各种不同气质类型组合，从而产生了各种神经活动的类型，其中最典型的有四种，其与气质类型的对应关系如表7.2所示。

表7.2 神经活动类型与气质类型的对应关系

神经活动类型				气质类型
强型	不平衡型、不可以抑制型（兴奋型）		兴奋占优势，条件反射形成比消退来得更快，易兴奋、易怒，而且难以抑制	胆汁质
	平衡	灵活性高（活泼型）	条件反射形成或改变均迅速，且动作灵敏	多血质
		灵活性低（安静型）	条件反射容易形成而难以改变，庄重、迟缓而且有惰性	黏液质
弱型	抑郁型		兴奋和抑郁都很弱，感受性高，难以承受强刺激，胆子小而且略显神经质	抑郁质

需要注意的是，神经活动的类型并不总是与气质类型相吻合的，神经活动的类型是气质的生理基础，气质是神经活动类型的心理表现。① 因此，气质特征和神经活动类型之间并不存在一一对应的关系。有时几种不同的气质特征依赖于同一神经过程的特性；有时一种气质特征同时依赖于神经过程的几种不同特性。实际上，气质不仅与神经活动的类型有关，而且还与皮下中枢和内分泌腺等的活动有关。

在0～3岁儿童气质类型的研究中，美国学者托马斯和切斯在1977年出版的《气质与发展》中，用九个相对稳定的维度——活动水平、规律性、常规变化适应性、对新情境的反应、感觉阈限水平、反应强度、积极或消极情绪、注意分散度、坚持性和注意广度，把0～3岁儿童的气质分为基本的三种类型——容易抚育型、抚育困难型、发动缓慢型。

20世纪80年代，美国心理学家凯根从自然科学研究方法中汲取营养，增加实验室观察方法来研究儿童的气质，把儿童分为抑制型和非抑制型。

明确提出3～7岁儿童气质类型的是基于神经机制理论的研究者美国心理学教授马丁。他将这一时期的儿童的气质特质分为五种——抑制、负情绪、活动水平、缺少任务坚持性和冲动性，并据此归纳出七种气质类型——抑制型、高情绪型、冲动型、典型型、沉默型、积极型和非抑制型。

（三）气质在学前儿童教育中的应用

1. 正确认识学前儿童的气质特点

首先，要了解学前儿童的气质特点，家长和教师可对学前儿童在游戏、学习、劳动等活动中的情感表现、行为态度等进行反复细致的观察。

---

① 刘文.3～9岁儿童气质的发展及其与个性相关因素关系的研究[D]. 辽宁师范大学，2002.

其次，接受学前儿童的气质特点，接受学前儿童先天遗传的某些气质特征，找出气质特征中的闪光点，宽容地对待他们，多多鼓励。气质本身并无好坏。家长和教师要通过言传身教帮助学前儿童养成良好的行为习惯，在教育中要以学前儿童为主，开展适合学前儿童天性的教育活动。

最后，不要轻易对学前儿童的气质类型下结论，虽然学前儿童表现出各种气质特征，但家长和教师不要轻易下结论，断定他们属于某种气质类型。正如上文所说，在实际生活中，纯粹属于某种气质类型的人是极少的，某一特点可能为几种气质类型所共有。

2. 家长应根据学前儿童的气质特点进行有针对性的教育

研究结果表明，学前儿童的气质是影响父母教养方式的重要因素。气质表现为容易适应、易于抚慰、易于社交的学前儿童，会引发父母温和、反应迅速的教养方式；气质表现为易怒的、苛求的和退缩的学前儿童，会导致父母的激怒、疏远或缺少刺激的教养方式。①

所以，父母要了解自己孩子的气质特征，有针对性地进行教育。这一方面可以帮助学前儿童改正或消除消极的气质特征（如孤僻、急躁等）；另一方面可以积极鼓励与表扬学前儿童气质中的积极特征（如行动敏捷、灵活等）。消极特征的消除和积极特征的发展可以引起学前儿童整个气质类型的改变。

3. 根据学前儿童的气质特点开展匹配的教育

气质是脑神经活动多种特性的独特整合，有着明显的先天遗传性，表现出相对的稳定性。如果学前儿童的气质类型长期不稳定，那也就很难说明气质的真正存在。同时，气质并不是绝对稳定的，这主要是因为作为气质基础的神经系统本身是随着年龄的变化而变化的，且其早期的表现行为特征在以后的发展中常被重组，成为一个更新、更复杂的系统。

在开展教育和教学工作时，要针对学前儿童的气质特点，提出不同的要求，采取适当的措施，区别对待。

二、学前儿童性格的发展

性格是人在对现实的稳定态度和习惯化的行为方式中表现出来的个性心理特征，是遗传因素和环境因素相互作用的结果。其中，遗传因素是性格的自然前提，在此基础上，环境因素对性格的形成和发展具有决定性的作用，性格是一个人生活经历的反映。

（一）性格的特点

性格的特点主要表现在两个方面：一是对现实稳定的态度；二是惯常的行为方式。

1. 对现实稳定的态度

在日常生活中，人们对周围的事和人的态度是各式各样的。有的人待人热情、有礼貌，处处为他人着想；而有的人则待人待事很冷漠，总是一副事不关己、高高挂起的态度，自私自利。这种个体经常表现的、对人对己及对事的态度方面的差异是人的性格的一个主要方面，具有稳定性。

---

① 杨丽珠，杨春卿. 幼儿气质与母亲教养方式的选择[J]. 心理科学，1998(01)：43-46；56-96.

2. 惯常的行为方式

所谓惯常的行为方式，就是区别于一时的、偶然的行为方式，如勇敢、坚强。对现实稳定的态度和惯常的行为方式是统一的。人对现实稳定的态度决定其行为方式，而惯常的行为方式又体现了人对现实稳定的态度。

（二）性格的结构

性格的结构具体包括性格的态度特征、性格的意志特征、性格的情绪特征和性格的理智特征四个方面。

1. 性格的态度特征

性格的态度特征是从个体对自己、对他人、对社会、对劳动、对物品等的态度上表现出来的，如见义勇为、谦虚和自负、诚实和虚伪、勤奋和懒惰等性格的态度特征在性格的结构中具有核心意义。

2. 性格的意志特征

性格的意志特征是一种设定行为目标，自觉调节自己的行为，努力克服困难，从而达到目标的性格特征。一个儿童的性格是坚强还是脆弱，是勇敢还是懦弱，是根据意志特征来判断的。

3. 性格的情绪特征

性格的情绪特征是指个体稳定而独特的情绪活动方式，如情绪活动的强度、稳定性和持久性等。

4. 性格的理智特征

性格的理智特征是指个体在感知、记忆、想象、思维等认知过程中表现出来的认知特点和风格，如主动感知和被动感知，是习惯于看轮廓还是习惯于看细节等。

（三）学前儿童性格的萌芽

在先天气质的基础上，学前儿童在与父母相互作用中逐渐形成个人的性格。学前儿童性格的形成最初是在婴儿期。3岁左右，儿童出现了最初性格方面的差异，主要表现在以下几个方面。

1. 合群性

在与同伴交往的过程中，可以看到合群性在学前儿童身上表现出来的个体差异，如与同伴分享美味的食物和好玩的玩具，富有同情心等，又或者是表现出明显的攻击性行为，如争抢其他小朋友的玩具、掐咬其他小朋友等。

2. 独立性

独立性是学前儿童发展较快的一种性格特征。因为身体的协调性会随着年龄增长而增强，学前儿童走得更稳，自身活动的范围不断扩大，所以独立性的表现在2~3岁特别明显。有些学前儿童喜欢尝试独立做事情，而有些学前儿童则离不开妈妈，依赖性强。

3. 自制力

3岁左右，在正确的教育下，有些学前儿童已经掌握了初步的行为规范，并学会了控制自己的情绪和行为，如不随便碰别人的东西，不抢别人的玩具，有延迟满足的发展倾向。而有些学前儿童不能控制自己，当要求得不到满足时，会以哭闹的方式表达自己的不满。

4. 活动性

有些学前儿童活泼好动,手脚不停,精力充沛,喜欢到处跑、钻人群,把家里的东西翻出来又到处扔。而有些学前儿童喜欢安静、独自玩耍。

在学前儿童性格差异越来越明显的同时,性格的年龄特征也越来越明显。在学前期,儿童都具有活泼好动、喜欢交往、好奇好问、好冲动和好模仿的年龄性格特征。

(四) 学前儿童性格的形成和发展

学前儿童性格的形成和发展通常可以分成以下三个阶段。

第一阶段是先学前期(即3岁之前)。这一阶段是儿童性格初步形成的阶段。此时,学前儿童的性格受到情境的制约,学前儿童的行为直接依从具体的生活情景,直接反映外界环境的影响。因此,学前儿童还尚未形成稳定的对待现实的态度,具有可塑性,容易发生改变。

第二阶段从幼儿初期和中期(3～5岁)开始。这一阶段儿童已形成较为稳定的行为习惯,对待现实的态度较为稳定、理智,情绪和意志等特征也逐渐稳定,性格已较难改造。

第三阶段是从幼儿晚期(5～6岁)开始。在这一阶段,儿童的性格已形成,此时学前儿童的行为更多是受内心已形成的稳定态度倾向所制约,行为习惯已经形成,性格已较难改造。

历年真题

【7.3】培养机智、敏锐和自信心,防止疑虑、孤独,这些教育措施主要是针对( )。

A. 胆汁质的儿童　B. 多血质的儿童　C. 黏液质的儿童　D. 抑郁质的儿童

【7.4】有的幼儿遇事反应快,容易冲动,很难约束自己的行为,这种幼儿的气质类型比较倾向于( )。

A. 胆汁质　　　B. 多血质　　　C. 黏液质　　　D. 抑郁质

【7.5】简答题:教师应当如何对待不同气质的幼儿?请举例说明。

【7.6】材料题

奇奇是这样一个孩子:他胆子小,上课不主动发言,即便发言,小脸也涨得通红,声音很小,特别害怕失败与挫折。他也不爱与同伴交往。老师和小朋友邀请他时,他总是把头摇得像拨浪鼓似的。

问题:

(1) 造成奇奇性格胆小的可能因素有哪些?

(2) 你觉得该怎样帮助奇奇?

【7.7】材料题

小虎精力旺盛,爱打抱不平,但是做事急躁马虎,喜欢指挥别人,稍不如意,便大发脾气,甚至动手打人。事后虽也后悔,但遇事总是难以克制。

问题:根据小虎的上述行为表现,回答下列问题

(1) 你认为小虎的气质属于什么气质类型?为什么?

(2) 如果你是小虎的老师，你准备如何根据他的气质类型的特征对其实施教育？

【7.8】材料题

有个小班的小孩，他角色游戏的时候，把小娃娃拿着脚丫吊起来，然后说不听话就打你，哭就打你。

问题：

(1) 请分析出现这种现象的原因；
(2) 针对这样的情况，教师该怎么做？

第三节　学前儿童能力的发展

一般认为，能力是人们成功完成某种活动所必须具备的个性心理特征。在各行各业取得较为成功业绩的人，都有较高的从事所在行业的工作能力，这些能力通过其活动表现出来。例如，演说家具有较强的语言能力、敏锐的洞察力，这些都叫能力，这些能力是保证他们顺利完成或实现演讲活动必备的条件。

一、能力的分类[①]

从不同的角度，我们可以对能力进行不同的划分。

（一）一般能力和特殊能力

一般能力是指大多数活动所共同需要的能力，如智力、注意力、想象力、记忆力、思维。特殊能力又称专门能力，是指从事某项专门活动所必须具备的能力。它只在特殊领域内发挥作用，是完成有关活动不可缺少的能力，如绘画能力、书法能力等。完成一项活动通常需要这两种能力的共同参与。

（二）模仿能力和创造能力

模仿能力是指仿效他人言行举止而引起的与之类似的行为活动的能力。创造能力是指产生新思想、发现和创造新事物的能力。模仿能力和创造能力是相互联系的，模仿能力可以为创造能力的发展打好基础。就其独特性而言，模仿能力是学习的基础，创造能力是人成功地完成任务及适应不断变化的新环境的必备条件。

（三）认识能力、操作能力和社交能力

认识能力是指学习、研究、理解、概括和分析的能力。操作能力是指操纵、制作和运动的能力，如体育运动能力、实验操作能力、艺术表现能力等。社交能力是指在社会交往活动中所表现出来的能力。

---

① 陈帼眉. 学前心理学 [M]. 北京：北京师范大学出版社，2000：345-348.

二、学前儿童能力发展的一般特点

（一）操作能力最早表现，并逐步发展

新生儿具有先天的抓握反射的能力，六七个月的婴儿的手眼协调能力开始发展，手的灵活性逐渐提高。从1岁开始，儿童的操作能力进一步发展，有了进行一些游戏活动的能力。到幼儿期，儿童的身体协调能力有所发展，走、跑、跳的能力逐渐完善。同时，各种游戏活动，如角色游戏、建构游戏、表演游戏等在幼儿一日活动中占据主要地位，使得幼儿的操作能力进一步得到发展。

（二）语言能力发展迅速

在1岁左右，儿童的语言能力开始发展。在之后短短的几年里，特别是2～4岁的年龄阶段，儿童的语言能力将经历非常迅速的发展变化过程。在语言能力发展的过程中，儿童从一开始不会说话到能用单个字，再到能用两个词，最终能够用简单的单句比较清晰地表达自己。在此过程中，学前儿童的语言表达能力不断地发展和提高，特别是语言的连贯性、完整性和逻辑性发展迅速。

（三）模仿能力迅速发展

学前儿童的模仿能力是较早发展也较多展露的能力之一，最早是通过延迟模仿而发展起来的。延迟模仿大约发生在18～24个月的儿童身上，表现在语言和动作两个方面。儿童会模仿曾经见过的动作、行为或听过的语言，模仿能力的发展对儿童的成长有重要的意义，是儿童学习的基础，不仅促进了语言和动作的发展，而且在模仿成人和同伴行为中，儿童逐渐形成自己的个性。

（四）认识能力迅速发展

儿童出生时只具备感知的能力，随着年龄的增长，他们的各种认识能力（如有意注意、观察能力、想象力等）逐渐发生和发展起来，并逐渐向比较高级的心理水平发展，为儿童的学习和个性的发展提供了必要的前提条件。

（五）各种特殊能力逐渐展现

在学前期，儿童一些特殊才能开始有所展现，如音乐、舞蹈、绘画、体育等。据统计，音乐才能会在学前期较早地表现出来。

（六）创造能力萌芽

学前儿童的创造能力发展比较晚，约在幼儿晚期开始萌芽，而且儿童的创造能力明显表现在幼儿的绘画中。

三、学前儿童智力发展的理论曲线

智力是儿童认识世界的能力的综合体现，是儿童完成各种活动最基本的心理条件，

是能力的非常重要的组成部分，在儿童的心理活动中占有重要的地位。美国心理学家霍华德·加德纳提出的多元智能理论，认为智力应该是由多种不同的加工操作的形式定义的。他提出智力由九种相互独立的智能所构成，包括语言智能、逻辑数学智能、空间智能、运动身体智能、音乐智能、人际关系智能、内省智能、自然观察智能和生存智能（详细内容请参考本书第九章），每一种智能并无优劣之分。加德纳的理论有利于理解和培养儿童的特殊天分。

出生到入学前的阶段，是儿童智力迅速发展的阶段。儿童的智力结构是随着年龄的增长而变化发展的，其发展趋势是越来越复杂化、复合化和抽象化。不同的智力因素有各自迅速发展的时期。布卢姆对收集的 20 世纪前半期儿童智力发展的纵向追踪材料和系统测验的数据进行了分析和总结，发现儿童智力的发展有一定的稳定规律。布卢姆以 17 岁为儿童智力发展的最高点，假定其智力为 100%，经过统计处理，得出了一条儿童智力发展的理论曲线。[①]

研究数据表明，出生后的第一个 4 年，儿童的智力发展迅速，已经发展到 50%，获得了一半的成熟。出生后的第二个 4 年，儿童的智力又发展了 30%，其发展速度比头 4 年慢，以后则更慢。由此可知，学前期是儿童智力发展的关键时期。虽然布卢姆提出的只是一个理论假设，但关于学前期是儿童智力发展的关键期的观点已经被许多心理学家所认可，同时，7 岁前儿童脑发育的研究也证明了这个观点。

第四节　学前儿童自我意识的发展

一、自我意识的定义

自我意识是指个体对自己的身心状态以及自己与客观世界关系的认识，包括对自己生理状态、心理特征以及自己与周围现实之间的关系的认识。在自我认识的过程中，个体是把认识的目光对着自己，这时的个体既是认识者，也是被认识者。[②]

二、自我意识的特征

自我意识有两个基本特征，即分离感和稳定的同一感。

（一）分离感

分离感即一个人意识到自己作为一个独立的个体，在身体和心理的各方面都是和他人不同的。

（二）稳定的同一感

稳定的同一感即一个人知道自己是长期的持续存在的，不管外界环境如何变化，不管自己有了什么新的特点，都能认识到自己是同一个人。

[①] 秦金亮. 儿童发展概论 [M]. 北京：高等教育出版社，2008：225.
[②] 陈帼眉. 学前心理学 [M]. 北京：北京师范大学出版社，2015：597.

三、自我意识的形式

自我意识从形式上可以分为自我认识、自我体验和自我控制。

（一）自我认识

自我认识是自我意识的认知成分，是指个体对自己的身心状态及活动的认识和评价，包括自我观察、自我分析和自我评价。"吾日三省吾身"，这里的"省"就有自我观察、自我反思的意思。自我分析是在自我观察的基础上对自身各方面情况加以综合分析，找出自己个性中本质的特征，找出有别于他人的重要特点的过程。自我评价建立在自我观察和自我分析的基础上，是对自己的思想、个性等各方面所做的价值判断。

（二）自我体验

自我体验是自我意识的情感成分，是主观的我对客观的我所持有的情绪体验，自尊、自信、自豪、自卑、自责等都是自我体验的表现形式。

（三）自我控制

自我控制是自我意识的意志成分，表现为个体对自己行为、活动和态度的调节、控制和监督，它体现了一个人自我意识的能动性。自我控制是一个人以其良心或内在的道德行为准则对自己的言行进行监督，在某种程度上，它就是一个人内心的"道德准绳"与"道德法庭"。

四、学前儿童自我意识的发展

（一）发展阶段和特点

1. 自我感觉的发展（1岁前）

儿童由1岁前不能把自己作为一个主体同周围的客体区分开到知道手脚是自己身体的一部分，是自我意识的最初级形式，即自我感觉阶段。

2. 自我认识的发展（1~2岁）

这一时期儿童会叫妈妈，已经把自己作为一个独立的个体来看待了，更重要的是，儿童在15个月以后已开始知道自己的形象。

3. 自我意识的萌芽（2~3岁）

自我意识的真正出现是和儿童言语的发展相联系的，掌握代词"我"是自我意识萌芽的最重要标志，准确使用"我"来表达愿望，标志着儿童自我意识的产生。

4. 自我意识各方面的发展（3岁后）

3岁后，儿童在知道自己是独立个体的基础上，逐渐开始了简单的对自己的评价；进入幼儿期，儿童的自我评价逐渐发展起来，同时，自我体验、自我控制已开始发展。

（二）自我认识的发展

1. 对自己身体的认识

儿童认识自己，比认识外部世界更复杂。几个月大的婴儿还没有自我意识，还不能把自己的身体与周围世界区别开来，如我们常见到婴儿总喜欢把手指塞进嘴里，吃得津津有味，就像吃棒棒糖一样，那是因为婴儿还没意识到手指是自己身体的一部分。

1岁之后的儿童在成人的教育下，逐渐认识身体的各部分，如妈妈问"你的眼睛在哪里"，儿童能指向自己的眼睛。对自己身体的认识，既是儿童认识自我存在的开端，也是其认识物我关系的开始。但1岁的儿童还不能明确区分自己身体的各种器官和别人身体的器官。例如，当妈妈抱着孩子问他的耳朵在哪里时，孩子用手摸摸自己的耳朵，接着又会去摸摸妈妈的耳朵。

2岁左右的儿童开始意识到自己身体的内部状态，比如会说"宝宝饿了""宝宝要喝水"，这是其自我意识最初的表现。

2~3岁时，儿童开始掌握"你""我"这些代名词，不再像以前那样，总是把自己叫作宝宝，或叫自己的名字。儿童在3岁左右，开始用人称代词"我"来表示自己，说明儿童开始意识到了自己心理活动的过程和内容，开始从把自己当作客体转化为把自己当作一个主体的人来认识，这是自我意识发展中的一次质变和飞跃，是自我意识发展中的一个重要转折。

2. 对自己行动的认识

动作的发展是学前儿童产生对自己行动的意识的前提条件。1岁左右的时候，儿童从偶然动作中开始能把自己的动作和动作对象区分开来，并且逐渐体会到自己的动作带来的变化。比如，儿童无意中将玩具掉到地上，听到声响，由此体会到自己的动作和发出声响的关系，可能就不断地摔、扔玩具，并从这些动作中感受自己的力量。

2岁左右的儿童有了最初的独立性，喜欢自主与选择的感觉，想穿自己中意的衣服，想独自上下楼梯，拒绝成人的支持与帮助。皮亚杰用实验法研究儿童对自己爬行动作的意识，发现4岁的儿童虽然会爬，但并不能意识到自己是怎么运动的，5~6岁时儿童开始能意识到自己的行动。培养儿童对自己动作和行动的意识是发展其自我调节和控制能力的基础。

3. 对自己心理活动的认识

学前儿童对自己心理活动的认识比对自己身体和行动的认识更为困难，因为身体和行动是外显可见的，而内心活动是内隐的，不可观察、不可触摸，需要有较高水平的思维作为支持。

儿童在3岁左右时开始能意识到自己的内心活动，常常表现出自己的主张，如果成人的要求不符合儿童的意愿，他们会说"不""就不"。另外，3岁的儿童也逐渐开始意识到"愿意"和"应该"的区别，开始懂得什么是"应该的"，"愿意"要服从"应该"。4岁开始，儿童能比较清楚地意识到自己的认识活动、语言、情感和行为。他们开始知道怎样去注意、观察、记忆和思维，慢慢地可以根据要求来管理自己的行动。比如，上课时儿童能根据老师的要求，眼睛看着老师的演示，停止无关行为，并按一定要求进行操作。但是，学前儿童对心理活动的认识往往只停留在意识到心理活动的结果，而意识不到心理活动的过程，如儿童能做出判断，却不知道判断是如何做出的。

值得注意的是，这一阶段的儿童往往表现出"分享障碍"——对于自己的玩具总想要单独占有，拒绝与他人分享。这正是儿童在划定自己与他人的界限，是发展自我意识的表现。如果这时候家长盲目责备儿童，并强迫儿童与他人分享，就会破坏儿童的自我界限意识。因此，当儿童表达"不"时，家长应给予理性的支持，不能简单地看作是儿童自私的表现，应采取更适当的方式来妥善处理。

4. 自我评价的发展

自我评价大约在儿童2~3岁时开始出现。学前儿童自我评价的发展与学前儿童认知和情感的发展密切相连。其特点如下。

(1) 主要依赖成人的评价。

2岁之前的儿童还没有独立的自我评价。他们的自我评价常常依赖于成人对他们的评价，特别是在幼儿初期。儿童往往不加考虑地轻信成人对自己的评价，自我评价只是成人评价的简单重复。

幼儿晚期，儿童开始出现独立的评价。儿童对成人对他们的评价逐渐持有批判的态度。如果成人对儿童的评价不符合他们的实际情况，儿童就会提出疑问或申辩，甚至表示反感。

(2) 常带有主观情绪性。

学前儿童往往不从具体事实出发，而从情绪出发进行自我评价。在一项绘画作品比较实验中，当学前儿童知道与自己做比较的作品是教师的作品的时候，尽管这些作品比自己的质量差（这是实验者故意设计的），学前儿童总是评价自己的作品不如对方。而当学前儿童将自己的作品和其他小朋友的作品相比较时，他们则总是评价自己的作品比别人的好。这一实验结果充分说明了学前儿童自我评价的主观性。学前儿童一般都过高地评价自己。随着年龄的增长，学前儿童的自我评价逐渐趋向于客观。

(3) 受认知水平的限制。

学前儿童的自我评价受整体思维、认知发展水平的影响很大。其发展过程如下：最初，学前儿童的自我评价一般比较笼统，大多只从某个方面或局部对自己进行评价，随着认知水平的不断提高，学前儿童的自我评价逐渐向比较具体、细致的方向发展，进而做出比较全面的评价。最初，学前儿童的自我评价往往较多局限于对外显行为的评价，随着认识水平的不断提高，学前儿童逐渐出现对内隐品质的自我评价。最初，学前儿童的自我评价只有评价，没有根据，随着认识水平的不断提高，学前儿童逐渐能够做出有根据的自我评价。[①]

(三) 自我体验的发展

学前儿童自我体验发展的趋势主要为：从初步的内心体验发展到较强烈的内心体验；从受暗示性的体验发展到独立的体验。

学前儿童自我体验发展水平的逐步提高表现为：从与生理需要密切联系的自我体验，向与社会需要相联系的自我体验发展。4岁后，委屈感、自尊感与羞愧感等这些社会性较强的自我体验明显发展。

学前儿童的年龄越小，在自我体验产生的过程中就越容易受成人的暗示。如问学前儿童，如果你做"捂眼睛、贴鼻子"的游戏时偷偷拉下毛巾，被老师发现，你会觉得怎么样？在3岁的儿童中，只有3.33%的儿童回答有羞愧体验，而在有暗示（如问学前儿童"如果你做错了事，觉得难为情吗？"）时，有26.67%的3岁的儿童回答有羞愧的体验。这就启示我们，要充分利用学前儿童易受暗示的特点，多采用积极暗示来促进他们良好自我体验的发展。

(四) 自我控制的发展

自我意识发展的另一个重要标志是个体不仅能认识自己、正确评价自己，而且在一定程度上能够自觉控制和调节自己的行为。自我意识的发展必须体现在自我调节或

---

① 陈帼眉. 学前心理学：第2版 [M]. 北京：北京师范大学出版社，2015：597-603.

监督上，因为个性发展的核心问题是自觉掌握自己的心理活动和行为。

学前儿童的自我控制能力是逐渐产生和发展起来的。学前儿童开始完全不能自觉调控自己的心理与行为。心理活动在很大程度上受外界刺激与情境特点的直接制约，以后随着生理的发育成熟，在环境与教育作用下，学前儿童逐渐能够按照成人的指示、要求调节自己的行为，进而（一般在幼儿晚期）自觉地调整自己的心理和行为。

总体而言，学前儿童的自我控制能力比较薄弱。3岁儿童自我控制能力较差，主要受成人控制，直到5～6岁时，儿童才有一定的坚持力和自制力。著名的延迟满足实验，很好地反映了学前儿童的自我控制能力水平：给每个孩子一个礼包，告诉孩子等10分钟，老师回来后才能打开，当老师离开后，小班的孩子大多很快打开盒子，而大班孩子通过使用分心等策略坚持的时间会长些，有更多大班的孩子能按要求坚持到老师回来。

总的来说，学前儿童自我意识的发展主要表现在能够意识到自己的外部行为和内心活动，恰当地评价和支配自己的认识活动、情感态度和动作行为，并由此逐渐形成自我满足、自尊心、自信心等性格特征。

历年真题

【7.9】2.5岁的豆豆不会做饭，可偏要自己做饭；不会穿衣，可偏要自己穿衣。这反映了幼儿（　　）。

A. 动作的发展　　B. 自我意识的发展　　C. 情感的发展　　D. 认知的发展

【7.10】让脸上抹有红点的婴儿站在镜子前，观察其行为表现，这个实验测试的是婴儿哪方面的发展？（　　）

A. 自我意识　　B. 防御意识　　C. 性别意识　　D. 道德意识

【7.11】研究儿童自我控制能力和行为的实验是（　　）。

A. 陌生情境实验　　B. 点红实验　　C. 延迟满足实验　　D. 三山实验

【7.12】下列选项中不符合幼儿自我评价特点的是（　　）。

A. 依从性　　B. 表面性　　C. 主观情绪性　　D. 全面性

【7.13】"我跑得快""我是个能干的孩子""我会讲故事""我是个男孩"，这样的语言描述主要反映了幼儿（　　）的发展。

A. 自我概念　　B. 形象思维　　C. 性别认同　　D. 道德判断

【7.14】简答题：简述幼儿期自我评价发展的趋势，并举例说明。

【7.15】材料题

在一项行为试验中，教师把一个大盒子放在幼儿面前，对幼儿说："这里面有一个很好玩的玩具，一会我们一起玩。现在我要出去一下，我回来前不准打开盒子，好吗？"幼儿回答"好的。"教师把幼儿单独留在房间里，下面是两位幼儿的表现。

幼儿一：眼睛一会儿看地上，一会儿看墙角，尽可能不看盒子。小手也一直放在大腿上。教师再次进来后问："有没有打开盒子？"幼儿回答："没有。"

幼儿二：忍了一会儿后打开盒子偷偷看了一眼。教师回来后问："有没有打开盒子？"幼儿回答："没有，这个玩具不好玩。"

问题：请分析上述材料中两位幼儿各自表现出的行为特点。

【7.16】材料题

小明4岁多,他妈妈发现他越来越不愿意接受别人的批评,说他哪里做得不够好时,他就会说:"昨天张老师还表扬我了呢!""老师夸我爱帮助人。""我画画好。""我是我们班最棒的。"等等。

问题:根据这个材料,说说幼儿自我意识发展的特点。

☞ 本章小结

通过本章的学习,学生能较为全面地了解学前儿童个性的发展,进而能在教育实践情境中科学、有效地观察、解读不同个性幼儿的言行,并采取相应的教育措施进行合理引导或矫正。

☞ 本章要点回顾

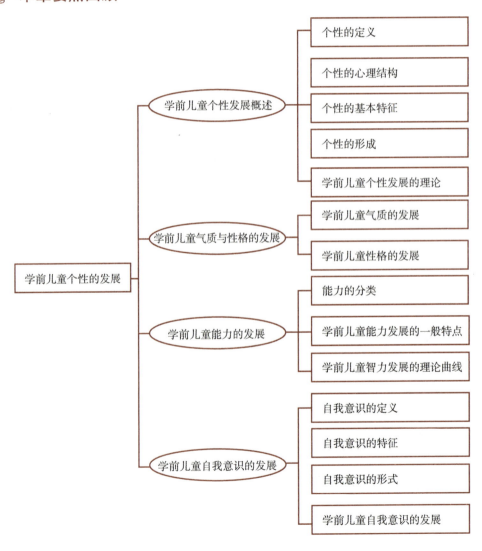

第八章

学前儿童社会性的发展

☞ **学习完本章，应该做到：**

◎ 理解学前儿童社会性发展的含义、内容及基本特征，熟悉学前儿童社会性发展的整体脉络。

◎ 识记不同类型学前儿童人际关系发展、性别角色意识形成和社会性行为发展的相关内容。

◎ 能够运用学前儿童社会性发展的相关原理解释教育实践问题。

☞ **学习本章时，重点内容为：**

◎ 掌握学前儿童三大人际关系的类型及特征。

◎ 理解亲子依恋的概念及类型特征，识记亲子依恋形成与发展的阶段。

◎ 理解学前儿童性别角色意识的概念和发展阶段，强化实践应用。

◎ 了解学前儿童社会性行为的内涵，掌握亲社会行为和攻击行为的概念及发展特点。

☞ **学习本章时，知识要点与具体方法为：**

本章主要介绍学前儿童的社会性发展。社会性是学前儿童发展中的重要内容，与学前儿童的认知、情感、个性都密切相关。本章从人际关系、性别角色意识和社会性行为三个角度展开论述。其中，人际关系是本章的重点内容。本章的知识点主要属于理解和运用层次，学生要能根据社会性的有关知识来分析、解释学前教育实践中的案例，并提出合理建议。

【引子】

昀昀怎么了

昀昀是个有个性的女孩子。从进幼儿园第一天起，她从来没哭过，但总会与同伴发生冲突。入园第二天，昀昀与澄澄因为都要玩一个玩具，两个人互不相让。最终，昀昀在澄澄的手臂上狠狠地咬了一口。入园第三天，昀昀又因抢积木，将积木扔在了同伴的头上……①

上述案例中昀昀与同伴发生冲突时，不知使用什么样的方式来解决矛盾，因而出现了攻击行为。俗话说"三岁看大，七岁看老"，实则看的是个人社会性品质的养成如何。学前阶段是个体社会性发展的关键期，这一阶段儿童的社会性发展特征是什么？儿童又维系着哪些重要的人际关系？在与人交往时会产生什么样的行为？行为背后的动因又是什么呢？

---

① 刘晓红. 学前儿童社会教育 [M]. 郑州：郑州大学出版社，2014：34.

本章主要针对学前儿童社会性发展展开论述，目的是厘清学前儿童各阶段社会性发展的特点、人际关系发展状况及进行社会性行为分析，帮助学生全面了解学前儿童的社会化进程、社会行为类型及特征，从而为教育实践活动提供一定的指导。

第一节　学前儿童社会性发展概述

随着社会的飞速发展与人际关系的复杂化，现代社会不仅要求未来人才具有学习能力、健康的身体与相当的智慧，同时对人的个性品质、社会经验以及社会适应能力提出了更高的要求。社会性发展是学前儿童发展研究中不可忽视的部分，对儿童的心理健康、智力发展及学习等方面都具有重要影响。

一、学前儿童社会性发展的含义和意义

（一）学前儿童社会性发展的含义

社会性是指个体在适应社会生存与发展的过程中所表现出的基本的心理和行为特征。个体在与他人的人际交互作用中，自身的自我概念、情绪情感、个性品质、行为习惯、社会认知等各方面获得的发展与变化过程就是人的社会性发展。人类的社会性不是生而就有的，也不是一成不变的。在生命早期，人类个体只初步具有一些基本的生理反应，到1岁左右他们才能够独立地与外界的人和物产生交流与互动；随着交往范围的扩大，个体的社会认知、社会情感以及社会交往技能也在不断地发展、变化。人的社会性发展是从婴儿期就开始的一个漫长的发展过程。

学前儿童的社会性发展（也称儿童社会化）是指学前儿童在生物性基础上，在与社会环境的交互作用中，通过与父母、同伴、教师等重要他人的交流、对话与合作，逐渐学会独立地掌握社会规范，形成自我意识，学习社会角色，正确处理人际关系，并以独特的个性与人交往，适应社会生活的心理发展过程。社会性发展也是学前儿童由自然人发展为社会人的社会化过程。学前儿童的社会性发展，也是学前儿童从最初的自我中心阶段逐渐过渡到与父母、同伴、教师等发生交往行为，再到掌握一定的社交技能，形成自己的朋友圈的过程，学前儿童是在与他人和社会群体的相互作用中获得社会性发展的。

（二）学前儿童社会性发展的意义

学前儿童社会性发展具有以下两方面的意义。

1. 社会性发展是学前儿童健全发展的重要组成部分

社会性发展是学前儿童心理发展的重要组成部分，它与体格发展、认知发展共同构成学前儿童心理发展的三大方面。21世纪综合国力的竞争就是教育的竞争，伴随着各项科技革命的展开，现代社会对人的要求也越来越高，智力不再是唯一的竞争力，社会性发展状况才是个体的重要体现，人的现代化是实现国家现代化的必不可少的因素，人的社会性发展就是重中之重。学前儿童的社会性发展状况一定程度上映射了其

成人之后的社会交往状态，社会性教育已经成为学前教育不可或缺的一部分。

2. 社会性发展是学前儿童适应社会生活的重要基础

学前儿童社会性发展的重要性主要体现在对学前儿童未来社会生活的支持作用上。个体自出生以来就处于复杂的社会环境中。学前儿童的社会性发展来自与他人及群体的交流、互动，同时，学前儿童良好的社会性发展状态能够给其带来超越智力发展的优越性，因此，学前儿童的社会性发展最终"取之于生活，用之于生活"。学前儿童在幼年时期的社会交往、经历以及社会性发展状况也将影响其一生。

二、学前儿童社会性发展的内容

学前儿童社会性发展主要包括三个方面的内容，即人际关系、性别角色、社会性行为。

（一）人际关系

人际关系既是学前儿童社会性发展的核心内容，也是影响学前儿童社会性发展的重要因素。学前儿童在早期的社会交往中主要存在三种人际关系：亲子关系、师幼关系和同伴关系。

亲子关系主要是指家庭中父母与子女的关系，以父母与子女之间的情感联系为主，笼统地讲也可将学前儿童与隔代亲人的关系算入其中。师幼关系是指在幼儿园一日生活中学前儿童与教师在保教过程中形成的较稳定的人际关系，师幼关系具有事务性与情感性双重属性。同伴关系是指学前儿童同生理及心理年龄相仿或邻近的其他儿童之间的交往关系。相比前两种人际关系，在同伴关系中，学前儿童是主动的参与者，人际互动具有平等、互惠的特点。

（二）性别角色

性别角色是个体由性别差异而引起的，能够促使学前儿童表现出符合社会成员期待的行为模式的心理特征。性别角色意识的形成对个体的自我认同、自我意识的发展以及社会秩序的维护都具有重要作用。性别角色的发展，即个体通过对自身性别的认知以及社会生活中的观察学习所获得的一系列适应当下社会文化的社会行为模式，是个体社会性发展的主要方面。

（三）社会性行为

根据行为的目的和动机，社会性行为可以分为亲社会行为和攻击行为两大类。

亲社会行为是形成学前儿童良好道德品质的核心和基础，是学前儿童建立良好的人际关系、提升集体合作意识等良好道德品质的前提条件。

攻击行为与亲社会行为同属于儿童道德发展的范畴。攻击行为是造成学前儿童不受欢迎、被他人排斥的主要因素。在游戏中，学前儿童因过失或不小心而扰乱游戏秩序或伤害他人的行为都不属于攻击行为，因为其并不以伤害他人为目的。

三、学前儿童社会性发展的特征

学前儿童经历着从自然人走向社会人的发展过程，其社会性发展表现出不同于成人的特征。具体而言，学前儿童的社会性发展特征可以归纳为以下几点。

（一）基础性

学前儿童教育始终作为"基础教育的基础"存在于整个教育体系当中，由此可见，学前儿童教育是儿童成长的起点，对其一生的发展都具有重要作用。学前期是个体社会性发展的关键期，儿童在学前期所获得的自我意识、社会认知、社会情感，以及在此阶段形成的良好的道德品质与学习习惯等，对其日后适应社会生活将产生重要影响。

（二）系统性

学前儿童社会性发展是一个庞杂的"金字塔"系统，系统内部的各级要素共同构成了学前儿童社会性发展的内容。① 社会性发展包括自我意识、社会认知、社会情感、社会行为技能、道德品质和社会适应六大心理发展结构，每一种心理发展结构又作为亚结构系统继续分化出亚结构子系统。其中，自我意识包括自我认识、自我体验、自我控制三个要素，而自我认识又包括自我观察、自我分析、自我评价等子系统。整个系统呈"金字塔"状层层分化，共同构成了一个完整的社会性发展体系。

社会性发展各层级要素既相互独立又密切联系。各层级要素虽然表现的是社会性发展的不同侧面，但每一要素的发展都是各要素之间相互作用的结果。例如，社会情感与社会行为技能从属于不同的社会性发展范畴，但社会行为技能的获得离不开社会情感的重要作用，同时社会情感的培养也离不开社会行为技能所产生的行为效果的作用。

（三）阶段性

阶段性是学前儿童社会性发展的典型特征。在生命发展的早期，个体主要存在三个阶段的自我同一性矛盾。第一阶段的任务是获得基本的信任感。这种信任感的产生来自与父母的互动，尤其是与母亲在照看、哺乳中的肢体和眼神交流，学前儿童从中逐渐学会信任周围环境。第二阶段主要发展自主性和自我控制力。学前儿童在生活上获得独立性，能够使其在与他人的交往、互动中表现出更加自主的状态。这一阶段如出现父母过度保护则会适得其反。第三阶段主要发展学前儿童的主动性。学前儿童逐渐学会控制自己并积极与周围环境互动。但这一时期学前儿童的社会性发展伴随着情绪性特征，他们会因为自我状态不佳或不当的行为方式而感到内疚。

学前儿童的道德发展也具有一定的阶段性。依据皮亚杰的儿童道德发展阶段论，学前期儿童的道德发展处于"前道德阶段"，社会交往以自我中心取向为主，规则的约束力较弱，他们往往按照自己的想象行事；到了大班（约6岁），学前儿童逐渐出现了他律道德，开始关注各种规则，表现出对外在权威绝对尊重和顺从的愿望。

（四）能动性

皮亚杰曾提出，儿童的心理发展既不取决于自身条件的成熟，也不取决于后天经

---

① 杨丽珠，吴文菊. 幼儿社会性发展与教育［M］. 大连：辽宁师范大学出版社，2000：16.

验的作用，而是取决于主客体的相互作用，这种相互作用的影响决定了儿童在社会性发展中的能动性。首先，学前儿童的能动性来自其天生的遗传素质。学前儿童自出生以来就能够通过吮吸、抓握、拍打、拉扯等动作来获取对新世界的认知。与此同时，学前儿童逐渐产生了对父母的信任感及依恋。学前儿童不是被动的接收者，他们是主动的学习者，学前儿童在与他人的互动中主动地接受环境中的知识与信息。其次，社会性环境促使学前儿童能动性的发挥。如果说学前儿童最初的社会性是由于环境以及他人的作用而产生，那么随着学前儿童年龄的增长、学习能力的增强，这种带有强制性的社会性发展就逐渐转变为学前儿童主动的学习过程。在社会交往中，学前儿童要使自己产生愉快的交往体验，获得他人的认同，树立自尊、自信，就必须要主动参与、积极互动，从而满足自己的心理和生理需求。

（五）共性与个性的统一

学前儿童社会性发展的最终结果不仅形成了其独特的人格特征和性格，同时也使其具备了与所处社会群体共有的民族特性。首先，处于不同地域或社会环境的人具有不同的人格特征，其社会成员内部则表现出一些共同的心理特点。社会性发展的共性表现在人们的社会价值观，对人、事、物的态度以及看待社会问题的差异上。其次，社会性发展也使每个人都具有独特的风格和处事方式。每个人表现出的社会性都是不同的，会因个人生活环境差异、家庭的影响、生理及心理条件的限制等因素有选择性地形成与发展。例如，源于个体在生理条件方面的限制，男性与女性在性别上存在差异，导致其在社会中扮演不同的社会角色，从而改变其社会期望，促使其做出符合自身社会角色形象的行为。

历年真题

【8.1】幼儿道德发展的核心问题是（　　）。
A. 亲子关系的发展　　　　　　B. 同伴关系的发展
C. 性别角色的发展　　　　　　D. 亲社会行为的发展
【8.2】幼儿园促进幼儿社会性发展的主要途径是（　　）。
A. 人际交往　　　　　　　　　B. 操作练习
C. 教师讲解　　　　　　　　　D. 集体教学

第二节　学前儿童人际关系的发展

人际关系是学前儿童社会性发展的核心内容。儿童自出生之日起，就生活在各种社会关系中。对儿童来说，生活中最常接触的就是父母、教师和同伴等，儿童在与这些重要他人的互动、交流中获得社会性发展。

一、亲子关系

亲子关系是一种血缘关系，在广义上笼统地指家庭中父母与子女间的交往活动，这其中包括与非血缘但承担抚养责任的养父母、继父母的亲子关系；在狭义上则指以血缘和共同生活为基础，以抚养、教养、赡养为基本内容的物质交往和精神交往的总和。① 亲子关系是儿童早期生活中最重要的人际关系，也是最持久的一种关系，对个体社会心理的发展具有重要的奠基作用。

（一）良好的亲子关系的重要意义

首先，良好的亲子关系的建立对儿童情绪情感及健康人格的形成具有重要意义。根据埃里克森的心理社会发展理论，儿童早期的几年是建立基本的信任感、自主性与主动性的关键期，而父母是帮助儿童实现这一过程的重要的支持者。同时，父母平时对儿童所表现出的温暖、关心和鼓励，同样有助于儿童积极情绪情感的获得，并在日后对儿童的同情、关爱的情感表达产生积极影响。

其次，良好的亲子关系为儿童创设了安全的社交环境，为其认知周围环境及与他人的关系创造了有利条件。亲子交往是儿童由自然人发展为社会人的第一步，也是最关键的一步，儿童因其身心发展水平的限制，对成人表现出较大的依赖性。儿童早期与父母建立安全的依恋关系，并在与父母的互动中学习生活技能，锻炼感知能力，形成积极、主动的个性，这都为其日后的社会交往奠定了基础。

（二）亲子关系的类型

在亲子关系中，大多数父母能够根据社会目标对儿童提出各种要求。父母不同的期望及期望程度会使其教养方式存在诸多差异，不同的亲子关系类型对儿童心理发展具有不同影响。一般认为亲子关系分为三种：民主型、专制型、放任型。

1. 民主型

在民主型亲子关系中，父母与子女的关系融洽。父母善于与子女交流，尊重子女的意见，对子女的正当要求、兴趣、爱好等持积极的支持态度，父母对待子女是温和、慈祥的。与此同时，父母对子女也存在一定的控制，但这种控制处于合理范围之内，并以协商的方式提出而非强制，以此给予子女更大的自主空间。在这样的亲子关系中，幼儿的自主性、独立性、认知能力等都比较出色，而且会表现出积极、自信的生活态度，社会成熟度较高，自我控制能力较好。

2. 专制型

在专制型亲子关系中，父母与子女的关系较为紧张。父母对子女的要求严格，甚至提出高于其能力的行为标准，对子女过度干预，交流方式简单粗暴，不尊重子女的需求和意见，不支持子女的兴趣、爱好，更不允许子女忤逆父母的决定。在这样的亲子关系中，儿童通常会出现极端性发展：一种是服从父母的安排，显示出顺从、唯唯诺诺的性格特点，缺乏积极向上的生活态度，常伴有怀疑、忧虑、情绪不安等特征，不喜欢与人交往，缺乏主动性与创造性；另一种则表现为自我中心、胆大妄为、缺乏责任感。

3. 放任型

在放任型亲子关系中，父母对待子女的方式或过度溺爱，或过度冷漠。过度溺爱

---

① 李红. 幼儿心理学 [M]. 北京：人民教育出版社，2007：293.

子女的父母对子女百依百顺，充满爱与期望，很少对子女的要求加以控制或否认。过度冷漠的父母则对子女态度消极、不管不问、不信任，相互之间缺乏交流，任其自然发展。在这样的亲子关系中，儿童通常会形成自私自利、好吃懒做、胆小怯懦、自傲自大的性格特点，在困难面前缺乏独立性，意志单薄，缺乏坚持性，对父母表现出较强的依赖性，自我控制力差；但也可能形成自主性、独立性强，且有主见、个性鲜明等良好的性格特点。

当然，良好的亲子关系的建立并不是父母一方因素作用的结果，而是来自亲子间的相互作用，以及与之有关的周围环境的影响。一方面，亲子关系的形成受父母的性格、爱好、价值观以及社会教育目标的影响。例如，性格暴躁与性格温和的父母会建立起截然不同的亲子关系。另一方面，父母的受教育程度、社会经济地位及家庭氛围等都会影响亲子交往的质量。与此同时，儿童自身的性情以及气质特征也是影响亲子关系的重要因素，而且儿童的发展特点、当地的教养风俗习惯等都会对亲子关系产生重要影响。

那么，父母应当如何营造良好的亲子关系？父母应尽可能为儿童营造一种平和、积极、温暖的环境，给予儿童足够的关注和呵护，促进儿童形成安全性依恋。由于亲子关系是一种不平等的关系，即亲子关系中父母起主导地位，容易造成儿童的情绪压抑。因此，父母应有意营造一种相对自由、和谐、彼此尊重的亲子关系，可以采用定期的情绪发泄方式。例如，每周让孩子发泄一次，表达自己的看法。

（三）依恋的形成与发展

1. 依恋概述

良好亲子关系的建立是儿童社会心理发展的基础，而这一关系的建立离不开安全的亲子依恋。依恋是指个体之间形成的一种特殊亲密关系，表现为依恋主体对另一主体产生持久的身体与情感联系。依恋是儿童社会性发展的开端，也是儿童早期情绪情感发展的重要内容。

就依恋的本质而言，它其实是一种内涵丰富的社会关系系统。依恋关系的产生并不局限于儿童与成人，成人与成人、个体与群体之间都可能产生依恋的关系，但发展心理学中通常所提到的依恋都是指狭义的依恋，即儿童与成人的依恋关系。当婴儿将看护者看作依恋对象时，他会把依恋对象当作"安全基地"，一旦遇到困难或威胁，需要得到心理安慰时，婴儿就会趋近依恋对象；与此同时，婴儿开始产生对陌生人的焦虑，对于与依恋对象的分离也会产生焦虑，表现出强烈的反抗行为。

2. 依恋的类型

安斯沃思等人首次提出的"陌生情境实验"法，用以测量婴儿的依恋，是目前广泛使用的依恋测量方法之一。实验将约12个月大的儿童与母亲、陌生人安置在一个实验室中，通过设定母亲与陌生人的离去、返回等动作，观察儿童与母亲在分离前后的相互作用，以及儿童独自待着时或与陌生人在一起时的反应，记录儿童对母亲和对陌生人反应的异同。[①] 通过对儿童依恋行为的实验研究，安斯沃思等人认为儿童的依恋可

---

① 李幼穗. 儿童社会性发展及其培养［M］. 上海：华东师范大学出版社，2000：83.

分为三种类型：回避型、安全型和反抗型。

（1）回避型依恋。

在回避型依恋关系中，儿童对母亲没有明显的依恋行为。他们习惯于独立探索，与母亲很少有感情分享，对母亲的离开与返回没有特别的焦虑与欣喜，当母亲不在身边时，儿童与陌生人的关系较为密切。这类儿童甚至会回避与母亲的重逢，表现为不看母亲，目光移开或直接走开等行为，对陌生人没有明显的回避。这种类型的儿童在实验中占比较少，占10%～15%。

（2）安全型依恋。

在安全型依恋关系中，儿童在陌生情境中将母亲当作"安全基地"，只要母亲在场，他们就可以独自玩玩具、与陌生人接触，容易从焦虑中恢复。当母亲离开后返回时，儿童会积极寻求抚慰，对母亲做出积极反应并主动引发交往；即使儿童产生了痛苦的情绪也能够在母亲的安慰下尽快恢复，继续做游戏。忧伤时儿童能够接受陌生人的安慰，但母亲的安慰更有效。这种类型的儿童在实验中占比较多，达到了65%。

（3）反抗型依恋。

在反抗型依恋关系中，儿童对陌生情境和陌生人都非常警惕，在母亲离开前就表现出焦虑的情绪。一旦母亲离开，儿童就会极力反抗；但与母亲在一起时，儿童又无法将母亲当作"安全基地"。与母亲重逢后表现出矛盾的行为，儿童既寻求与母亲的接触，同时又对接触做出反抗，如对母亲的拥抱表现出打、踢、扭动等行为，或者表现出强烈的消极性，游戏时也会时不时地确认母亲在身边。这种类型的儿童在实验中所占比例也较少，占15%～20%。

知识拓展9

二、师幼关系

师幼关系是指在幼儿园一日生活中幼儿与教师在保教过程中形成的较稳定的人际关系。师幼关系具有事务性与情感性的双重属性。幼儿园中一切的教学活动和生活活动都在教师与幼儿的互动中展开，师幼关系在幼儿园的人际关系中处于核心地位。良好的师幼关系能有效地促进师幼的共同成长，反之则会给师幼双方带来不利影响。

（一）良好的师幼关系的重要意义

1. 良好的师幼关系可增强幼儿的安全感与自信心

对刚入园的幼儿来说，幼儿园是一个陌生的环境，刚脱离父母的怀抱就要独自面对集体生活，这时使幼儿获得心理上的安慰极其重要。如果师幼关系融洽、密切，教师对幼儿的尊重与照顾会让幼儿对新环境和新朋友产生亲近感，从而为幼儿营造一个具有安全性的精神世界。同时，外界环境带来的安全感能够使幼儿迅速适应集体生活，开展认知活动，参与游戏的兴趣高涨，其自信心也在此过程中逐渐建立。

2. 良好的师幼关系对幼儿同伴交往具有积极的促进作用

美国学者豪斯等人曾通过一项纵向研究考察了师幼关系对幼儿同伴关系建立的影响。研究表明，与教师存在情感安全性联系的幼儿在与同伴交往时也表现得较为积极，善于交际，对待同伴更为友善，更易为同伴所接纳，幼儿与教师和同伴积极的交往行为也会为其带来积极的社交反馈；相反，如果幼儿与教师之间建立起不安全的联系，幼儿经常被教师斥责或过于依赖教师,其在与同伴交往时往往也缺乏主动性,社交能力弱,会更多地表现出退缩行为或攻击行为。

3. 良好的师幼互动对儿童的社会性发展具有重要意义

师幼关系作为幼儿园中人际关系的核心内容,在学前儿童的社会性发展方面有着重要作用。在师幼关系中,教师往往会有意识地引导幼儿学习、掌握一定社会行为规范,增强幼儿对自我及他人的认知;同时,教师作为幼儿心中最崇拜的对象,其一举一动都被幼儿看在眼里,幼儿通过观察、模仿等学习方式,在无意中就会将教师的社会观念、社会行为方式纳入自己的认知体系中,并在之后的人际交往中有所展现。幼儿的社会性学习具有潜移默化的特点,教师在师幼关系中的一个动作、一个表情都会引起幼儿的关注,因此,教师是否能够在师幼关系中起表率作用对幼儿的社会性发展至关重要。

4. 良好的师幼关系有助于教师的专业发展

良好的师幼关系的建立过程中必不可少的是教师对幼儿的观察与理解,教师要理解幼儿每一个动作、表情的含义,并据此为幼儿提供相应的情感与动作引导,在倾注感情与专业知识的基础上逐渐建立起良好的师幼关系。在此过程中,教师通过对幼儿的观察以及自己的专业学习与反思,也渐渐提高了自身的专业修养、专业能力和反思能力,在学习与反思中提高,最终实现自我发展。

(二) 师幼关系的类型

幼儿教师的情感性是其不同于中小学教师的重要特征。这在一定程度上决定了幼儿教师与幼儿不仅是教育者与被教育者的关系,更是一种具有情感交流的交往关系。然而,师幼之间的情感并不都是亲密无间的,不同的幼儿与不同的教师形成的师幼关系存在巨大差异,即使是同一个教师也会与班级内不同的儿童产生不同的交往类型。根据我国幼儿园的实际,师幼关系大致可以分为以下三种类型。

1. 亲密型

在亲密型师幼关系中,教师扮演着"像妈妈一样"的角色。教师在生活活动和教学活动中给予幼儿足够的关注,关心幼儿,耐心指导,用表扬、鼓励、充满希望的心态对待幼儿。在这种师幼关系中,教师通常偏爱那些乖巧、聪明、特长突出、遵守规则的幼儿,他们通过身体与目光的接触逐渐建立起亲密的关系,但教师过度关心、关注某些幼儿也会给其他幼儿的心理造成不安甚至伤害。

2. 紧张型

在紧张型师幼关系中,教师对幼儿缺乏应有的关心与爱护,对幼儿表现出的不良习惯和行为的引导缺乏耐心,态度较冷淡,长此以往,教师将收到幼儿顽皮、"不听话"的反馈,从而逐渐加深这种紧张的师幼关系。我国学者李红等人的研究表明,在教师发起的师幼互动中若否定性质的举动大大多于肯定性质的举动,则幼儿在师幼互动中接收的负面情感远比正面情感多,这将造成师幼之间的情感疏离。

3. 淡漠型

在淡漠型师幼关系中,教师与幼儿的关系比较疏远。教师很少关注幼儿的需求,常常会使幼儿产生被忽视的感觉,进而与教师产生疏离感。与同伴交往类似,幼儿在与教师交往中也会出现不同类型的行为表现,除了较为聪慧和积极主动的两类幼儿,占大多数的是一般型的幼儿,这类幼儿往往最容易被教师忽视。

(三) 良好的师幼关系的建立

师幼关系是学前教育过程中最基本的、最重要的人际关系。平等的师幼关系对幼儿认知、情感、心理健康等方面的发展有着积极的影响。师幼关系具有交互性与连续性的特征,教师的行为对幼儿有很大影响,幼儿的行为也对教师有很大影响。除此之外,教师与幼儿的个性特征和气质类型以及教师个人的教育素养和专业知识等都会影响良好师幼关系的建立。

从教师的角度来说,要想建立良好的师幼关系,教师应做到以下几点。

1. 了解幼儿,树立正确的教育观和儿童观

教师应当先观察、了解幼儿的个性、需要、兴趣等,在充分了解幼儿的基础上对其进行积极的教育。教师要树立适合新时期幼儿成长且与幼儿心理相适应的新型教育观。瑞吉欧项目活动、方案教学、银行街课程等新幼教思潮就是新型教育观下的产物,这些课程模式的建立无一不是以平等、和谐的教育观和儿童观为基础的。观念的转变是行动改变的基础,教师要摒弃以知识为中心的教育观念,建立以游戏为基本形式,以幼儿自主探索、发现为主要方式的教育模式,引导幼儿领会自然、生命的意义,真正促进儿童的身心发展

2. 尊重幼儿,平等对待每一个幼儿

教师应当尊重幼儿的发展特点与个体差异,有效地参与和引导幼儿的行为,形成师幼间的合作和互动,从而更好地促进幼儿的身心发展。教师要认识到幼儿是能动且有能力的个体,要尊重幼儿的主体地位。每个幼儿都是带着独特的气质特征与生活经验走进幼儿园大门的,他们的认知能力是建立在其已有的生活经验基础之上的。教师应充分认识幼儿的身心发展特点与个性化品质,允许幼儿表达自己的意见,尊重幼儿的想法,而不是以权威的命令去威胁、命令幼儿。教师要相信幼儿、尊重幼儿,与幼儿共同探索,以一种自由而不放纵、引导但不支配的民主教养态度去对待每一个幼儿,爱护每一个幼儿。

幼儿的生活经验少,知识贫乏,但他们是一个个独立的个体,他们和教师在人格上是平等的。面对每一个活生生的个体,教师应从领导者的位置上走下来,蹲下身,带着一颗充满好奇的童心与幼儿交流,站在幼儿的角度去观察幼儿,了解幼儿所想。只有这样,幼儿才能把教师视为他们中的一分子,才会愿意把自己真实的想法告诉教师,师幼之间才能建立起良好的关系。

3. 关心爱护和理解宽容幼儿

教师应以理解与宽容的态度对待幼儿。幼儿终究不是成人,他们的自我认知及自我评价都处于较低水平,并且时常会做出一些违反社会规范的行为,此时教师应以"爱"之名冷静地分析、看待幼儿的过错,理解其行为背后的心理因素,并进行适当的引导,多一些鼓励,少一些斥责。幼儿的自我评价很大程度上来自于教师对他们的态度,教师的称赞会让他们感觉自信、欣喜,而教师的责备、训斥则会给幼儿带来消极的情绪体验,并使他们逐渐与教师疏离。

教师应注重与幼儿的情感交流。从师幼关系的本质来看，事务性与情感性并存的基本属性，决定了教师与幼儿之间并不只是单纯的知识传授关系，二者之间更需要的是情感与心灵上的交流。正是师幼之间这种情感性的交流与互动才能够使幼儿对教师产生亲近感与信任感，从而更有利于平等、和谐的师幼关系的建立。在幼儿园实践中，教师可以以多种方式与幼儿互动，增加彼此间的情感交流，如动作指导、眼神交流、微笑、拥抱等。教师应当喜欢并乐于与幼儿相处，接纳幼儿，在一定程度上要允许并宽容幼儿所犯的错误。

三、同伴关系

同伴关系是指儿童同生理及心理年龄相仿或邻近的其他儿童之间的共同交往与交流、协作、竞争的关系，或者指与同龄人或心理发展水平相当的个体在交往中建立和发展起来的一种人际关系。同伴关系是满足儿童社会性发展需要、获得社会支持的重要源泉。

（一）良好的同伴关系的意义

良好的同伴关系对儿童的社会性发展具有重要的意义，具体表现在以下几个方面。

1. 良好的同伴关系是儿童学习社交技能的重要渠道

同伴交往相比于亲子交往更能够促进儿童社交技能的提高。首先，在同伴交往中儿童由亲子关系中被动的接受者转变为主动的参与者，且需要付出实际行动以维持良好的同伴关系，因此儿童必须要提高自己的社交技能，使行为反应更具表现性，才能使交往活动顺利进行。其次，在同伴交往中儿童会遇到不同情境、不同场合、不同伙伴，这就要求儿童能够根据不同因素的变化来调整自己的行为、态度，学习新的社交技能，以适应这种变化。

2. 良好的同伴关系是儿童重要的情感后盾

在同伴交往中，交往双方处于平等的地位，这就要求儿童要关注对方的情感及社会需求，才能继续维持良好的同伴关系。首先，同伴能够经常给彼此一些归属感与安全感，逐渐成为相互间的一种情感依赖，具有重要的情感支持作用。其次，同伴能够帮助儿童消除自我中心。心理发展处于自我中心阶段的儿童很难意识到他人的想法，只有在同伴交往中儿童才能够了解到别人的观点、需求及情感，并学会理解他人，与他人合作。

3. 良好的同伴关系对儿童的认知发展具有促进作用

每个儿童都是独一无二的个体，拥有不同的生活经验与认知基础，在生活与交往中便会表现出不同的行为方式与习惯，这就为儿童提供了重要的相互模仿与学习的机会。同伴是最好的玩伴，心理年龄相仿的儿童经常在一起探索解决问题的方式，学习新经验。这为儿童提供了众多与同伴交流、讨论、协商的机会，对丰富儿童的认知和发展独立思考、独立解决问题的能力具有重要促进作用。

4. 良好的同伴关系有助于儿童自我概念和人格的发展

在社会交往中，儿童第一次获得了自己如何被他人知觉的信息，即"通过别人的眼睛看自己"。儿童在与同伴的比较中进行自我认知，儿童能够通过对他人的认识来更好地认识自己,并学会做自我判断。良好的人际关系能够促进儿童健康人格的发展,消除不良环境带来的影响。灵长类动物实验及人类的相关研究都能够说明同伴交往在克服不利环境、促进人格发展中具有重要作用。良好的人际关系对儿童独立个性、人生观、价值观的建立也具有重要影响。

(二) 从同伴关系角度对儿童的分类

我国学者庞丽娟等人曾通过同伴提名、自我评价及体验访谈问卷等方法,依据儿童在同伴交往中的受欢迎程度,对儿童进行了划分,分别为:受欢迎型、被拒绝型、被忽视型、一般型。这四种类型儿童的基本特征如下。①

1. 受欢迎型儿童

这类儿童约占群体总数的 13.33%。他们在交往中积极主动,喜欢与人交往,性格外向,具有一定的社交能力,常常展示出友好积极的社交行为,在同伴中具有较高的社交地位,具有较强的影响力。他们能对自己的社交地位进行正确评价,对没有朋友共玩感到难过。

2. 被拒绝型儿童

这类儿童约占群体总数的 14.31%。相比于受欢迎型儿童,这类儿童同样能力很强,他们聪明、会玩,但是性格过于外向,脾气急躁,在交往中积极、活跃,但经常采取消极的社交行为,如大喊大叫、强行抢夺他人玩具、推搡等。他们对自己的社交地位不能正确评价,对没有朋友共玩感到无所谓。

3. 被忽视型儿童

这类儿童约占群体总数的 19.41%。他们在各方面能力上较差,性格内向,常常独自活动,行为表现不积极,不爱主动发起社交行为,也很少表现出不友好、侵犯性的行为。这类儿童有较重的孤独感,对没有同伴共玩感到难过与不安。

4. 一般型儿童

这类儿童约占群体总数的 52.94%。他们在同伴交往中所表现出的游戏行为和交往行为处于中等水平,不会特别友好,也不会特别冷漠,他们既不受同伴特别欢迎,也不会被同伴忽视,因为他们在同伴心中的地位一般。

(三) 同伴关系的发展及其特点

1. 0~3岁儿童的同伴关系

(1) 单方面的交往行为。

婴儿很早就能对同伴的行为做出反应:大约 2 个月时婴儿就能够注视同伴,3~4 个月时婴儿与同伴能够互相触摸、观望,6 个月时他们能彼此微笑并发出"咿呀"的声音。但是上述这些举动和注视并不具有社会性,婴儿只是将彼此看作会动的"玩具"。真正的社会性萌发是在 6 个月之后,这时婴儿能够对同伴做出微笑、打手势等动作,能够为同伴提供玩具,虽然有时只是短暂的接触,但这是儿童进行同伴交往迈出的第一步。

---

① 庞丽娟. 幼儿同伴社交类型特征的研究 [J]. 心理发展与教育, 1991 (3): 19-28.

(2) 简单交往行为的发生。

12~18个月时，儿童的社会性游戏迅速增多，儿童对同伴的行为反应更为恰当。这时，同伴之间出现了一种应答性的行为，即一个儿童的行为能够引起另一个儿童的反应。例如，这时同伴间开始出现互相触摸，或者为对方提供玩具并能够得到回应等，二者之间出现了直接的相互影响的接触。

(3) 互补性交往行为的出现。

18~24个月的儿童之间开始出现真正同等、交互的影响。18个月的儿童之间的交往时间持续较长且内容日益复杂，他们逐渐表现出与同伴的相互协调，同伴之间的模仿行为增多；24个月时，儿童的社会性游戏明显多于独自游戏，同伴之间表现出更多的合作、互补行为。例如，儿童合作获取某一物品、"追赶者"与"逃跑者"游戏等，这一过程伴随着积极的情感交流。

2. 3~6岁儿童的同伴关系

这一时期游戏是儿童主要的社会交往方式。美国学者帕顿观察到儿童在游戏中社会参与水平的不同，据此将游戏划分为三个阶段：一是非社会性游戏阶段，包括无所事事、独自游戏、旁观；二是平行游戏阶段；三是社会性游戏阶段，包括联合游戏和合作游戏。各个阶段的游戏水平会随着儿童的年龄增长而发展，但后一阶段的游戏模式并不会取代前一阶段的游戏模式。在这之后的纵向研究中，有研究者提出这些游戏模式在各年龄段中是并存的。

同时，儿童在每一阶段的同伴交往又伴随着其特有的年龄特点。3岁以后儿童的同伴交往总体表现出自我中心倾向，然后在教师的引导下，逐渐学会协商、轮流与合作。小班时幼儿以非社会性游戏为主，独自游戏时间居多，基本不关注同伴的游戏行为；到了中班，幼儿的单独游戏逐渐减少，平行游戏与联合游戏逐渐增多，如两人一同搭建一个物体，但相互之间交流较少且没有明确的分工；到了5~6岁时，合作游戏出现，幼儿能够围绕一个游戏目标共同协商、分工合作，并享受合作的乐趣。

(四) 影响同伴关系发展的因素

影响同伴关系发展的因素主要有以下几个。

1. 儿童自身的特点

儿童自身的特点不仅决定着同伴对待他们的态度及接纳程度，而且也决定着他们在同伴交往中的行为方式。首先，儿童的身体特征影响着其同伴交往质量。例如，具有良好体型和样貌的儿童更容易吸引同伴的目光，成熟早的儿童比成熟晚的更受同伴的欢迎。其次，儿童的认知能力与其社交地位具有密切联系。在儿童社交群体中，受欢迎的儿童普遍都是社会问题的处理者、协调者和对他人的支持者。最后，儿童的气质、情感、性格等个性、情感特征影响着他们与同伴交往的态度和行为。情绪控制能力较低的儿童通常会选择将情绪外化（如攻击、喊叫）。

2. 早期亲子交往的经验

良好的亲子关系对儿童与同伴的社会交往能力具有重要作用。早期亲子依恋的关系对之后的同伴交往具有预告和定性的作用。首先，亲子关系给儿童提供了一个良好的交往氛围，儿童开始主动与他人交往、建立关系。其次，良好的亲子关系为儿童提供了一个练习交往的机会，使其获得了社会交往所必需的能力。最后，良好的亲子关系给了儿童充分的安全感，使其能够以积极的态度与人交往、建立联系。

3. 活动材料和活动性质

学前儿童的社会交往多以游戏的方式展开，这决定了活动材料和活动性质在儿童同伴交往中的重要性。儿童的活动多围绕游戏材料展开，在游戏中，儿童经常需要就游戏材料的使用方法进行交流，例如，对于数量较少的游戏材料在使用前伙伴们要进行协商，这依赖于儿童良好社交技能的发展。活动性质对儿童同伴交往的影响主要体现在自由游戏情境下，不同类型的游戏中儿童的行为表现存在巨大差异。例如，在音乐游戏、表演游戏中，即使社会性程度较低的儿童也能够跟随同伴完成动作，因为游戏活动本身的性质、规则决定了其行为方式。

（五）教师对学前儿童同伴交往的指导

对学前儿童的同伴交往，教师应注意做到以下几点。

1. 仔细观察

教师对学前儿童的同伴交往进行指导的前提是深入细致地观察，只有了解儿童的社交地位、被同伴的接纳程度，做到心中有数，才能进行有针对性的指导。教师应注意现场观察儿童与同伴的交往活动，帮助他们建立良好的同伴关系。

2. 及时指导

教师应当帮助儿童在同伴交往中得到良好的体验，从中学会关心、分享及合作。对于儿童在交往中出现的困难，教师应有正确的判断，在儿童需要帮助时及时干预。对于被拒绝型和被忽视型儿童，教师应创造条件，鼓励他们大胆尝试，帮助他们掌握基本的同伴交往方式和技能策略。

3. 积极评价

学前儿童经常以同伴作为参照标准或榜样，根据同伴的行为表现进行自我评价。而能否成为其他儿童的榜样往往来自教师的评价，儿童对教师肯定、表扬过的同伴的行为模仿很快，以求得教师的表扬和认同。因此，教师应注意表扬儿童的良好行为。

历年真题

【8.3】婴儿寻求并企图保持与一个人亲密的身体和情感联系的倾向被称为（　　）。
A. 依恋　　　　B. 合作　　　　C. 移情　　　　D. 社会化

【8.4】最有利于儿童成长的依恋类型是（　　）。
A. 回避型　　　B. 安全型　　　C. 反抗型　　　D. 迟钝型

【8.5】儿童有不知足、不安全、忧虑、退缩、怀疑、不喜欢与同伴交往等特点是在（　　）教养方式下形成的。
A. 放纵型　　　B. 专制型　　　C. 民主型　　　D. 自由型

【8.6】亲子关系通常被分为三种类型：民主型、专制型和（　　）。
A. 放任型　　　B. 溺爱型　　　C. 保护型　　　D. 包办型

【8.7】简答题：影响幼儿同伴交往的因素有哪些？

【8.8】简答题：父母的陪伴对幼儿的健康成长有何意义？

【8.9】论述题：论述良好的师幼关系的意义，并联系实际谈谈教师应如何建立良好的师幼关系。

【8.10】材料题

幼儿园只有一架秋千，幼儿都很喜欢玩。大二班在户外活动时，胆小的诺诺走到正在荡秋千的小莉面前，请小莉把秋千让给他玩。小莉没理会他，诺诺就跑过来向老师求助："老师，小莉不让我荡秋千……"

对此，不同的教师可能会采取不同的回应方式：

教师A：牵着诺诺的手走到小莉面前，说："你们的事情我知道了，我现在想看小莉是不是个懂得谦让的孩子。小莉你已经玩了一会儿了，现在能不能让诺诺玩一会儿呢？"小莉听了后，把秋千让给了诺诺。

教师B："你对小莉怎么说的呢？"诺诺："我说我想玩一会儿。"想到诺诺平时说话总是低声细气的，教师B就说："是不是你说话声音太小了，她没有听清楚呢？现在去试试大声地对她说'我真的想荡秋千，我已经等了很久了！'如果这样说她还没给你，你就回来，我们再想别的方法……"

问题：请分析上述两位教师回应方式的利弊，并说明理由。

【8.11】材料题

蒙蒙3岁半了，很喜欢和小伙伴一起玩耍，但是他奶奶说他还小，不让他跟别的小朋友玩，担心他被欺负，当他人想找蒙蒙玩时，奶奶都想办法拒绝了。

问题：根据同伴关系发展对幼儿的影响，评析蒙蒙奶奶的做法。

第三节 学前儿童性别角色意识的发展

一、性别角色的概念

心理学研究认为，性别既是一种生理现象，也是一种社会现象。前者是指男性和女性自出生起，在生理结构和生理机能方面的差别。后者是指社会文化对男性和女性的差异的理解，反映了社会区分男性和女性的一般标准。对于社会现象中的性别，人们常用性别角色这一概念来描述。[①]

最早对性别角色的研究主要从男性和女性的外貌、态度和行为等方面展开。随着心理学的发展，美国学者斯宾塞将性别角色定义为适合男性和女性的性格、态度、价值观念和行为。[②]《中国大百科全书》将性别角色定义为，社会规范和他人期望所要求

[①] 邹晓燕. 学前儿童社会性发展与教育[M]. 北京：北京师范大学出版社，2015：316.

[②] Spence, J. T., Gender Identity and Its Implications for the Concepts of Masculinity and Femininity In Mahe B A, Maher W B (Exls) Progressing Experimental Personality Research. 1985.

与男女两性的行为模式。①

综上所述,性别角色是以性别为标准进行划分的一种社会角色,是特定社会对男性和女性社会成员所期待的适当行为的总和。性别角色决定着一个人的行为模式,是儿童自我意识发展的重要方面,也是学前儿童不断社会化的产物。随着社会的发展,性别角色的行为模式随着社会模式和社会分工的变化而演变。

二、学前儿童性别角色意识发展的意义

性别角色意识的发展是儿童自我意识和社会化发展的主要表现,由于性别的差异和社会文化的影响,儿童产生了不同的性别角色。因此,学前儿童性别角色意识的发展在儿童发展过程中具有重要的意义。

(一)性别角色意识的形成有助于促进儿童社会适应能力的发展

幼儿期是性别角色意识形成的关键期,幼儿在此阶段获得的关于性别角色的信息不仅影响自身行为,还会影响其对同伴及他人的行为判断。儿童会依据其自身对性别角色的理解来进行社会信息加工,进而产生相应的社会性行为。因此,学前儿童性别角色意识的形成对促进其社会适应能力的发展有着不可忽视的、直接的、持久的影响。

(二)性别角色意识的发展为儿童正确处理两性关系打下坚实的人格基础

学前儿童正确的性别角色意识的树立,能为儿童的健康人格的发展奠定坚实的基础。相关研究表明,几乎所有要求进行变性手术的成年人,其在童年期间均有异性行为。这说明,若儿童在其性别角色意识形成的关键期未形成正确的性别角色认知和行为,就会影响其成年后的人格发展。因此,正确的性别角色意识的建立,不仅关乎个体本身的身心健康,也会影响个体成年后对两性关系的正确处理。

三、学前儿童性别角色意识的获得

(一)人类的性别

儿童性别角色意识的发展以儿童性别概念的掌握为前提。一般认为,人类的性别可以按照不同的层次划分为六种,分别是基因性别、染色体性别、性腺性别、生殖器性别、心理性别和社会性别。②

1. 基因性别

基因性别是指在基因层面上,具有SRY基因(雄性的性别决定基因)的发育成男孩,不具有SRY基因的发育成女孩。

2. 染色体性别

染色体性别是指在染色体层面上,人类共有23对(46条)染色体,正常男性的染

---

① 中国大百科全书总编辑委员会. 中国大百科全书·心理学卷 [M]. 北京:中国大百科全书出版社,1991:469.
② 刘新学,唐雪梅. 学前心理学 [M]. 北京:北京师范大学出版社,2014:247-248.

色体核型表现为：46，XY；正常女性的染色体核型表现为：46，XX。

3. 性腺性别

性腺性别是指人的性腺组织的构成，男性的性腺为睾丸组织，女性的性腺为卵巢组织。

4. 生殖器性别

生殖器性别是指通过对外生殖器的辨别和对内生殖器的专业检查得知的性别。

5. 心理性别

心理性别是指人对自己性别的心理认同。个体的心理性别一方面与基因调控相关，另一方面与家庭教育和性别角色认知有关。

6. 社会性别

社会性别是指个体所在的社会环境对其性别的认定。学前儿童性别角色意识就是围绕儿童的社会性别展开。

(二) 学前儿童性别角色意识的发展阶段

学前儿童性别角色意识的获得主要经历了性别认同、性别稳定性和性别恒常性三个阶段。

1. 性别认同阶段（1.5～3岁）

性别认同是指儿童对自己和他人性别的正确标定。大多数研究认为，儿童的性别认同最早出现在1.5～2岁，一般2岁的儿童就能够正确分辨出照片中爸爸、妈妈等他人的性别，并且开始将某些特征与性别相联系。例如，短头发、扎领带的是爸爸；长头发、穿裙子的是妈妈。但他们还不能准确地辨别自己的性别，这种情况会一直持续到2.5～3岁。到3岁时，儿童对有关性别问题的理解有了进一步提高，此时，大多数儿童能够知道并且可以通过言语说出自己和他人的性别，但是还不能认识到性别的稳定性和恒常性。例如，此时的儿童认为，如果小男孩穿上了裙子就会变成小女孩。

2. 性别稳定性阶段（4～6岁）

性别稳定性是指儿童对人一生的性别保持不变的认识。3岁之前，儿童就能够正确地区分自己和他人的性别，但那时儿童并不知道性别是稳定的，即不可变的。从3～4岁开始，儿童开始认识到性别是个不可变的因素，即性别不会随着一个人的外表、行为等因素的变化而变化。例如，即使他们看到小男孩穿上了裙子，也会认为他依旧是一名男孩。随着年龄的增长，儿童对性别稳定性的认识会迅速提高，到了5～6岁时，儿童就已经完全意识到性别是稳定不变的。并且，儿童对自己性别的稳定性的认识要早于对他人性别稳定性的认识。

3. 性别恒常性阶段（5～7岁）

性别恒常性是指儿童对人的性别的认识不随其年龄、情景等因素的变化而变化。5～7岁时，儿童才能够认识到性别的恒常性。例如，他们会认为，如果一个人现在是男孩，那他的过去和将来都会是男孩，此时的儿童已经初步达到质量守恒阶段。

儿童大约在5岁时，就具备了对他人活动和职业的刻板印象，这个阶段的儿童，对男性和女性的穿着打扮、游戏活动等方面的认识都存在明显的差异。例如，女孩玩护理、家庭游戏的频率要多于男孩，说明女孩已经获得了性别的恒常性。同时，不同性别的儿童在选择玩伴上也存在明显的差异，相关研究表明，每个年龄阶段的儿童都偏好选择同性玩伴。① 并且，儿童对自己性别恒常性的认识也早于对他人性别恒常性的认识。

总而言之，学前儿童性别角色意识的获得要依次经过性别认同、性别稳定性和性别恒常性三个发展阶段，并且，随着年龄的不断增长，儿童的性别角色意识会逐渐从直接的、外在的向间接的、内在的转变。

第四节 学前儿童社会性行为的发展

一、学前儿童社会性行为概述

（一）社会性行为的含义

学前阶段是儿童社会化的起始阶段和关键时期，健康的社会性人格是儿童不断社会化的产物。前面提到，儿童社会性的发展体现在儿童与父母、教师、同伴等人际交互作用中，是儿童自身的自我概念、情绪情感、个性品质、行为习惯、社会认知等各方面的发展与变化。行为习惯作为社会性发展的重要部分，起着沟通人与人之间交往的"桥梁"作用。对行为狭义的解释，是指个体的一言一行、一举一动，是表现在外并且能被直接观察、描述、记录或测量的活动。例如，某教师观察到某个小朋友在自由游戏时间打了另外一个小朋友。而对行为广义的解释，是指人的行为不只局限于外在可观察的行为，还包括内在不可见的心理活动和心理过程。② 从人类社会的角度来说，个体的一切行为都与自身有关，都是人与外界社会环境相互作用的结果。

儿童的社会性行为在交往中产生，儿童通过社会性行为实现与他人的交往。因此，社会性行为作为社会性发展的重要组成部分，是指人们在交往活动中对他人或某件事情表现出的态度、言语和行为反应的总和。③ 根据行为的目的和动机，社会性行为可以划分为亲社会行为和攻击行为两类。

（二）学前儿童社会性行为的影响因素

学前儿童的社会性行为受诸多因素影响，这些因素主要包括生物因素、家庭教育、社会文化环境等。

1. 生物因素

人类的社会性行为具有一定的遗传基础。俗话说"有其父必有其子"，这在一定程度上表明了遗传因素的重要性。人类在漫长的生物进化过程中，为了维护自身的生存和发展，逐渐形成了一定的社会性反应模式和行为倾向，如微笑，乐群等。相关研究

---

① Huston, A. C., Wright, J. C., Marquis, J., Green, S. B., How young children spend their time: Television and other activities, Developmental Psychology, Vol. 35, 1999, pp. 912-925.
② 张晗. 幼儿性别概念及性别偏好的研究 [D]. 山东师范大学, 2007: 4.
③ 李国祥, 等. 幼儿心理学 [M]. 北京: 人民邮电出版社, 2015: 134.

表明，儿童表现出的亲社会行为水平与母亲的亲社会行为水平呈显著相关性，若母亲的亲社会行为水平较高，则其孩子的亲社会行为水平也会较高。

2. 家庭教育

家庭教育是影响儿童社会性行为的重要因素。家庭中父母的教养方式、亲子关系、夫妻关系、家庭氛围等因素都会影响儿童社会性行为的发展。国内外多项研究一致表明，父母温暖的教养方式可以促进儿童亲社会行为的发展；而过度控制的教养方式则会适得其反。另外，在夫妻关系和睦、亲子关系融洽的家庭中生活和成长的孩子的亲社会行为多，攻击行为少。

3. 社会文化环境

社会文化环境影响着儿童社会生活的方方面面，对儿童社会性行为的形成起着潜移默化的作用。社会文化环境主要包括同伴关系、师生关系和媒体因素三个方面，其中，大众媒体对儿童社会性行为的影响越来越大。班杜拉的社会观察学习理论认为，通过观看视频中的暴力行为，儿童就会通过模仿习得攻击行为。

（三）学前儿童社会性行为发展的意义

著名教育家陶行知曾说：凡人生所需之重要习惯性格态度，多半可以在6岁以前培养成功。因此，学前儿童的社会性行为的发展对其一生的发展起着至关重要的作用。

1. 亲社会行为的发展是儿童适应社会生活的基本保障

当今社会，社交能力往往能够反映个体的综合能力，也是其品质的一种表现。儿童亲社会行为的发展，不仅可以增强其理解、关爱、分享的能力，而且能使他们在帮助他人的过程中获得满足感，与他人建立起积极的社会情感纽带。除此之外，亲社会行为的发展在一定程度上起到抑制攻击行为的产生的作用，有助于儿童良好行为习惯和道德品质的养成。因此，良好的社会性行为的发展不仅能够帮助儿童更好地融入社会环境，还可以为儿童适应当今社会生活提供基本的保障。

2. 攻击行为的发展是影响儿童健康人格形成的严重阻碍

社会性行为当中的攻击行为，不但会对他人和集体造成危害，而且不利于儿童自身社会性的发展。大量研究表明，有攻击行为的儿童，其同伴关系一般较差，大多同龄小朋友会对其敬而远之。因为具有攻击行为的儿童常常会惹是生非，扰乱正常的生活和教学秩序，所以他们往往会成为家长和教师的教育难题。并且，攻击行为还会延续到小学阶段，甚至是青年和成年时期，导致个体在人际交往过程中产生人际关系紧张、社交困难等现象，严重阻碍其社会性人格的健康发展。资料显示，青少年罪犯中有70%的青少年在其儿童时期就具有攻击行为。因此，家长和教师应尽早并科学有效地对儿童的攻击行为进行干预与控制，以免影响儿童以后的发展。

二、学前儿童亲社会行为的发展

（一）亲社会行为的含义

亲社会行为，也叫亲善行为。美国学者威斯伯指出，亲社会行为是"所有与侵犯性行为等否定性行为相对立的行为"。马乔里·J. 克斯特尔尼克等人也对亲社会行为进行过定义，他们认为亲社会行为是能够善意地帮助和支持他人，或使他人受益的行为。

执行者在执行这些行为时一般不期望得到外部回报。亲社会行为具体包括：助人、同情、关心、谦让、援助、分享、鼓励、保护、给予、牺牲、安慰、合作、鼓舞等。①

简单地说，亲社会行为是指一个人帮助或打算帮助他人或群体的行为。亲社会行为是儿童形成和维持良好人际关系的基础，对儿童良好个性的形成大有裨益，对学前儿童发展具有重要影响。

亲社会行为是儿童社会性发展的重要内容，国内外学者很早就开始通过观察、实验等方法对儿童的亲社会行为进行研究。最早关于儿童亲社会行为的记录可以追溯到皮亚杰1932年发表的关于儿童亲社会行为的观察记录表，他认为，8～12个月的婴儿就已经有分享的倾向。

知识拓展10

综合国内外相关研究结论，亲社会行为往往具有以下四方面的特征：一是高社会称许性，即亲社会行为往往能够获得社会的高度评价；二是社会互动性，即亲社会行为是社会互动过程中的交往行为；三是自利性，即亲社会行为能够获得自己和他人的认可；四是利他性或互惠性，即亲社会行为不仅有利于行为者的自身发展，还对他人有益。

2岁左右的儿童，在社会性发展的基础上，形成了最初的道德观念和道德行为，儿童的品德开始产生。4岁左右的儿童，自我责任感和他人责任感开始发展，于是在幼儿园中会出现中班幼儿告状行为频发的现象。教师应当保护儿童的这种"多管闲事"的道德责任感。

（二）亲社会行为的类型

亲社会行为的类型一直是研究者关注的主要问题，研究者依据不同的标准对亲社会行为进行了不同的划分。

1. 根据动机和目的进行划分

根据动机和目的，亲社会行为可以分为自发性亲社会行为和常规性亲社会行为。自发性亲社会行为的动机和目的是关心他人。常规性亲社会行为的动机和目的是期望自己得到利益或避免自己被批评。②

2. 根据发生的情境进行划分

根据发生的情境，亲社会行为可以分为紧急情境下的亲社会行为和非紧急情境下的亲社会行为。紧急情境下的亲社会行为是指存在威胁生命财产安全的隐患，实施时具有一定的危险性时表现出来的亲社会行为。例如，看到有人落水时的援助行为。非紧急情境下的亲社会行为是指在不存在维系生命财产安全的隐患的情境下，表现出来的亲社会行为。

3. 根据形式进行划分

根据形式，亲社会行为可以分为助人、同情、援助、分享、鼓励、保护、牺牲、安慰、合作、鼓舞等类型。并且，综合国内外相关学者的研究结果，较为集中的亲社会行为有合作行为、分享行为、助人行为、安慰行为、谦让行为等。

除以上分类标准外，我国有些学者还从利他性的角度将亲社会行为分为八种不同

---

① 马乔里·J. 克斯特尔尼克等. 儿童社会性发展指南——理论到实践 [M]. 邹晓燕，等译，北京：人民教育出版社，2009：509.

② 邹晓燕. 学前儿童社会性发展与教育 [M]. 北京：北京师范大学出版社，2015：236.

的类型，分别包括：调节性行为、帮助性行为、分享性行为、完全利他性行为、习俗性行为、包容性行为、公正性行为和控制性行为。但是，国内外研究者更多地从亲社会行为的不同形式对亲社会行为进行划分，将儿童在社会生活中表现出来的合作、分享、助人、安慰、谦让等积极行为作为典型的亲社会行为进行研究。

（三）学前儿童亲社会行为的发展特点

学前儿童亲社会行为的发展表现出以下主要特点。

1. 婴儿出生一年后就已经具备亲社会行为的倾向

根据皮亚杰的关于儿童亲社会行为的观察记录，8～12个月的婴儿已经开始注意照顾到其抚养者的情绪情感反应，他们会通过自己的方式对抚养者做出安慰行为。[①] 例如，他们不仅会轻轻拍打对方、拥抱对方，还会通过给予食物、玩具等方式安慰对方，甚至用哭泣的行为表示同情对方。

2. 亲社会行为发展具有明显的年龄趋势

多数研究者的研究结果证明，亲社会行为会随着儿童年龄的增长呈上升趋势。例如，关于合作行为的多项研究证明，儿童2岁时，合作行为开始发生并迅速发展；在3岁时，儿童就能够进行简单的分工合作，并且随着年龄的增长，合作行为的目的性和稳定性逐渐增强。可能原因有以下两点：一是随着儿童认知能力的发展，其认知能力与行为匹配程度增加；二是儿童反应动机基础的成熟。但也有研究者持相反观点，例如，个别研究证明，儿童随着年龄的不断增加，其分享行为不断减少。[②] 即使如此，也不排斥亲社会行为的发展具有明显的年龄趋势。

3. 亲社会行为发展具有一定的性别差异

儿童亲社会行为的性别差异一直是研究者十分关注的问题。但是，不同研究者对亲社会行为的性别差异研究一直没有统一的结论。在关于合作行为的研究中，一些研究者认为，女孩比男孩更容易产生合作行为，这与传统的教养方式相关；但是，另一些研究者则认为，男孩的合作能力优于女孩，原因在于，与女孩相比，男孩具备更强的组织能力。[③]

4. 亲社会行为的对象有一定的指向性

学前儿童亲社会行为的对象较多地指向同伴，而极少指向教师。我国学者王美芳、庞维国的观察结果表明，[④] 在学前儿童的亲社会行为中有88.7%指向同伴，而指向教师和其他对象的仅占6.5%和4.8%。这说明学前儿童的亲社会行为的对象具有一定的指向性。究其原因：一是相对于师生关系，儿童更容易处理平等的同伴关系；二是儿童的亲社会行为主要发生在自由活动时间，交往对象多为同伴，而不是教师。

5. 亲社会行为的发生频率依次为合作行为、分享行为、助人行为、安慰行为、谦让行为等

国内外许多研究在此方面已得到相似结论。例如，有研究者在对小班和大班的亲

---

① 张萍. 儿童亲社会行为及其培养策略 [J]. 中小学心理健康教育，2007（11）：6-8.
② 吴念阳，许政援. 3～6岁幼儿亲社会行为一致性的研究 [J]. 心理科学，1992（5）：52.
③ 邹晓燕. 学前儿童社会性发展与教育 [M]. 北京：北京师范大学出版社，2015：250.
④ 李国祥，等. 幼儿心理学 [M]. 北京：人民邮电出版社，2015：135.

社会行为进行观察后发现，幼儿的合作行为发生频率最高，其次是分享、助人行为，安慰行为最少发生。

（四）学前儿童亲社会行为的培养

亲社会行为的发展对学前儿童具有重要意义，因此，教师和家长要注意多培养他们的亲社会行为。

1. 移情训练

移情是一种十分重要的社会性情感，它有助于人格的完善和亲社会行为的形成。儿童先是在移情的基础上产生情感反应，进而产生安慰、援助等亲社会行为。可以说，移情是亲社会行为产生的基础。移情的作用主要表现在两个方面：一是移情可以使儿童摆脱自我中心，产生利他思想，从而促使其产生亲社会行为；二是移情可以引起儿童的情感共鸣，促使其产生同情心和羞愧感。因此，可以说移情是亲社会行为发生的根本因素和内在因素。

随着儿童认知能力的提高，儿童在社会生活和交往中对他人需要帮助的线索的识别能力越来越强，而且移情能力也逐渐增加。儿童逐渐能够换位思考和体验别人的情绪情感，体察别人有需要帮助的时候，这些能力促使儿童在生活和交往中能够更多地表现出助人、分享及其他亲社会行为。

具有攻击性的儿童通常不关心别人或意识不到自己的行为给别人带来的伤害。移情训练可以培养儿童理解和认知他人的情绪情感，引导他们体验他人的情感状态，从而促使其做出亲社会行为。具体方法包括听故事、角色扮演等。

2. 为学前儿童创造合作的机会

教师和家长在幼儿园和家庭中应尽可能地给学前儿童创造各种合作游戏或合作完成任务的机会，让学前儿童在活动与交往的过程中学会合作。在合作的过程中，儿童能充分体会到团队合作、相互关心、相互帮助的成功与快乐，这既可以激发儿童合作的积极性，增进同伴合作的乐趣，又可以增强成人与幼儿的互动。

教师应尽可能多地给儿童创造与同伴一起学习和做游戏的机会，让儿童在实践中学会合作，从小培养团队合作精神。教师可以以大孩子的身份参与到儿童的活动中去，当儿童发生争吵时，尽量不当"裁判员"，而是根据情境的需要对儿童的语言和动作做出应答式的反馈，也可以偶尔地提出问题，适当地对其进行引导。例如，谁都愿意当善良的小羊，没有人愿意当大灰狼，怎么办呢？一块冰糕三个人吃，会怎么样？在教师积极的鼓励和引导下，儿童的交往意识与团队合作精神会逐步得到有效培养。

3. 交往技能和行为训练

许多学前儿童之所以在交往中表现出不恰当的社会性行为，往往是因为缺乏相应的技能。所以，幼儿园和家庭要尽可能地创造机会对儿童进行交往技能的训练。对儿童进行合作能力与交往技能的培养，可使他们逐步增强团队合作精神，团队合作精神正是学前儿童亲社会行为的具体表现。儿童在与同伴的交往过程中真正感觉到自己是集体中的一分子，有助于他们逐渐学会站在他人的立场上看自己，克服自我为中心倾向，并体验人与人相互交往、合作的重要性与乐趣。

随着社会的发展，对团队合作精神的培养将会被更多人所认识，被更多领域所重视。幼儿期正是人格品质形成的开始阶段，教师和家长应当通过各种教育手段和措施，培养儿童的亲社会行为，为他们以后的学习生涯和人生之路打下坚实的基础。

三、学前儿童攻击行为的发展

（一）攻击行为的含义

攻击行为是相对于亲社会行为的消极社会行为，也称侵犯性行为。[1] 关于攻击行为的定义有很多，既要考虑到动机意图，又要考虑到发生背景和环境，因此，本书采用美国学者马乔里·J. 克斯特尔尼克等人对攻击行为的定义。攻击行为是指一种导致人或动物身体或情感受伤害，或者是导致财物被损坏或被破坏的行为。攻击行为总体上分为言语攻击和身体攻击，通常包括拍、抓、掐、踢、吐、咬、威胁、侵犯、羞辱、破坏等。[2]

攻击行为一直以来都是心理学关注的焦点，研究者一直对其保持高度的研究热情。从攻击行为的行为方式来看，儿童从一出生就出现了身体攻击，学会说话后就出现言语攻击。从攻击行为的行为表现来看，学前儿童的攻击行为通常伴随着以下三种表现：一是攻击者常常表现得脾气暴躁、情绪不稳定，稍有不满意就会哭喊、打闹，甚至经常情绪失控；二是攻击者在实施攻击行为时往往伴随着破坏物品的行为，例如，摔坏玩具、故意抢走他人物品等；三是攻击者往往对他人表现出敌意，例如，经常毫无征兆地对周围的人（如父母、同伴等）进行言语攻击和身体攻击，事后又毫无悔意。[3]

（二）攻击行为的类型

攻击行为的类型一直是研究者关注的主要问题，相关研究者根据不同标准将攻击行为进行了不同的划分。

1. 根据行为的动机进行划分

根据行为的动机，攻击行为可以分为工具性攻击和敌意性攻击。工具性攻击是指行为者为了争夺物体、空间或权利而与他人发生的抢夺、推拉等身体冲突，致使他人受伤的行为。例如，某儿童为了抢夺自己喜欢的玩具而把另外一个儿童抓伤。敌意性攻击是指行为者以打击、伤害他人身心为根本目的的攻击行为。例如，一个儿童故意把另外一个儿童打哭。

工具性攻击和敌意性攻击的共同点是：两者都是有目的的攻击行为。它们的不同点是：工具性攻击是小班幼儿常见的攻击类型，指向对象通常是物品，往往缺少预见性；敌意性攻击多为大班幼儿常见的攻击类型，指向的对象往往是人，通常具有一定的预见性。

---

[1] 陈帼眉，冯晓霞，庞丽娟. 学前儿童发展心理学 [M]. 北京：北京师范大学出版社，1995：308.
[2] 马乔里·J. 克斯特尔尼克等. 儿童社会性发展指南——理论到实践 [M]. 邹晓燕，等译. 北京：人民教育出版社，2009：463.
[3] 姚雅萍，朱宗顺. 儿童攻击行为的功能性评估及干预 [J]. 幼儿教育，2010（10）：47.

2. 根据行为的起因进行划分

根据行为的起因,攻击行为可以分为主动性攻击和反应性攻击。主动性攻击是指行为者在未受激怒的情况下主动发起攻击行为,主要表现为欺负同伴、抢夺物品等。反应性攻击是指行为者在受到激怒之后发出的攻击反应,主要表现为愤怒、情绪失控等。

3. 根据行为的表现形式进行划分

根据行为的表现形式,攻击行为可以分为身体攻击、言语攻击和间接攻击。身体攻击是指行为者利用身体动作直接对他人实施的攻击行为,例如,打人、踢人等。言语攻击是指行为者通过言语形式对他人实施的攻击行为,例如,羞辱、嘲笑等。间接攻击又称心理攻击,是指行为者通过控制第三方间接对他人实施的攻击行为,主要包括造谣生事、拉帮结派等。

4. 根据行为的有意性进行划分

根据行为的有意性,攻击行为可以分为无意性攻击和表现性攻击。无意性攻击是指行为者在游戏过程中无意伤害他人但实际上却伤害到他人的行为。表现性攻击是指行为者从对某人无心的伤害,或从妨碍某些人的身体行为中获得乐趣的行为。表现性攻击对于攻击者来说是一种快乐的体验。

除以上分类标准之外,攻击行为还可以划分为可接受性攻击和不可接受性攻击等。

(三) 攻击行为的发展特点

学前儿童攻击行为有其独特的发展特点。

1. 幼儿在其出生后第一年就出现了攻击行为倾向

美国心理学家墨森的研究指出,年仅1岁的儿童就开始出现工具性攻击行为;到了2岁左右,儿童之间就开始出现明显的攻击行为,如踢、打、抓、咬等。其中,绝大多数的攻击行为是因争夺物品而发生的,并更多地指向同龄伙伴,但有时也会攻击父母或年龄较大的其他儿童。美国心理学家霍姆伯格发现,12~16个月的儿童之间的行为有一半可被看作是破坏性和冲突性的。格林、雪莉等美国第一批发展心理学家的研究也支持以上观点,他们认为儿童与同伴之间的社会冲突至少在其出生后第二年就出现了。①

2. 攻击行为频率随着年龄的增长呈下降趋势

关于攻击行为的发展与年龄的关系,多数研究已得出一致的结论。相关研究表明,学前阶段的儿童攻击行为频率最高,且随着年龄的增长,攻击行为频率呈下降趋势。②并且,4岁是攻击行为的年龄分界点,4岁之前的儿童攻击行为频率随年龄增长呈上升趋势,4岁之后的儿童攻击行为频率明显下降。

3. 攻击行为方式随年龄的增长呈曲线形变化

我国心理学家对儿童攻击行为的调查研究发现,儿童攻击方式随年龄的增长呈曲线形变化。研究表明,3~4岁组的儿童较多地使用下肢动作的攻击方式;4~5岁组

---

① 白丽辉,齐桂林. 学前心理学 [M]. 南京:东南大学出版社,2015:189.
② Cairns R B., Social development: The origins and plasticity of interchanges. San Francisco: W. H. Freeman, 1979.

的儿童除下肢动作外，上肢和综合动作明显提高，敌意性攻击增多；5～6岁组的儿童已经开始注意到攻击的隐蔽性，避免头部、肢体的直接击打，逐渐从身体攻击转移到言语攻击。

4. 攻击行为具有明显的性别差异

男孩的攻击行为多于女孩，且攻击行为方式也具有明显的性别差异。国内外多项研究证明，男孩比女孩更多地愁恿和更多地卷入攻击性事件；[1] 并且，男孩更容易在受到攻击后采取报复性行为。女孩相对于男孩更偏向言语攻击。

5. 攻击行为具有一定的稳定性

大多数儿童的攻击行为在学前阶段就表现出来了，且一直持续到小学阶段，甚至是青少年时期。有研究表明，儿童在8岁左右的攻击行为水平适当预言了其在成人后的攻击行为趋势。因此，儿童早期建立起来的攻击行为方式对儿童未来一生的发展有着直接、持久的影响。

（四）防止攻击行为的教育

攻击行为，尤其是有意的攻击行为往往会导致儿童不受欢迎，被他人排斥，也不利于儿童良好道德品质的养成。因此，家长和教师应采取合适的教育方式，减少或避免儿童的攻击行为。

1. 创设良好的生活环境

创设良好的生活环境离不开家长和幼儿园的共同努力。首先，良好家庭环境的创设是减少儿童攻击行为的基础。父母要成为儿童行为的正面榜样，坚持正面教育和积极引导。在儿童犯错误的时候，盲目地斥责只会引起更为严重的攻击行为。其次，父母要尽量减少不良媒体因素对儿童的影响，适当地观看有益的电视节目不仅会对儿童的发展起到积极的引导作用，还会平衡儿童各方面的发展。最后，良好幼儿园环境的创设是减少儿童攻击行为的关键。教师是除家长之外儿童接触最多的成人，教师拥有正确的教育观和儿童观是引导儿童积极发展的前提条件。

2. 引导儿童掌握合理的宣泄方法

培养儿童的移情能力，引导儿童掌握合理的宣泄方法，对减少儿童的攻击行为可以起到事半功倍的效果。合理宣泄是指儿童用积极的情绪情感去表达宣泄的方式，如参与挑战性的运动、找人倾诉等。另外，攻击行为产生的直接原因是挫折，因此，成人要有意识地创造机会对儿童进行挫折教育，帮助其情绪得到合理宣泄。

3. 培养儿童的社交技能

由于儿童自我控制能力弱，缺乏解决人际问题的策略和能力，因此经常用攻击行为解决冲突。研究证明，受欢迎型儿童，其人际交往技能强，掌握、使用的策略多；被拒绝型儿童掌握和使用的策略也多，但有效性较差；被忽视型儿童人际交往技能较弱，策略使用较少。因此，培养儿童的社交技能，要做到以下几点：一是尊重他人；二是熟悉、掌握倾听、协商的社交技能；三是成人要以身作则，为儿童社交树立一个

---

[1] Maccoby E E., Jacklin C N. Sex Differences in Aggression: A Rejoinder and Reprise. Child Development, Vol. 51, 1980, pp. 964-980.

良好的榜样。

历年真题

【8.12】个体认识到他人的心理状态，并由此对其相应行为做出因果性推测和解释的能力称为（　　）。
A. 元认知　　　　B. 道德认知　　　　C. 心理理论　　　　D. 认知理论

【8.13】在陌生情境实验中，妈妈在婴儿身边时，婴儿一般就能安心地玩玩具，对陌生人的反应也比较积极，婴儿对妈妈的这种依恋类型属于（　　）。
A. 回避型　　　　B. 无依恋型　　　　C. 安全型　　　　D. 反抗型

【8.14】婴幼儿的"认生"通常出现在（　　）。
A. 3～6个月　　B. 6～12个月　　C. 1～2岁　　D. 2～3岁

【8.15】田田因为想妈妈哭了起来，冰冰见状也哭了。过了一会儿，冰冰边擦眼泪边对田田说："不哭不哭，妈妈会来接我们的。"冰冰的表现属于什么行为？（　　）
A. 依恋　　　　B. 移情　　　　C. 自律　　　　D. 他律

【8.16】小明搭房子时缺一块长条积木，他发现苗苗手里有一块，就直接过去抢。小明的这种行为属于（　　）。
A. 工具性攻击　　B. 言语性攻击　　C. 生理性攻击　　D. 敌意性攻击

【8.17】简答题：简述移情对儿童亲社会行为发展的影响。

【8.18】简答题：简述幼儿工具性攻击和敌意性攻击的异同。

本章小结

本章是对学前儿童社会性发展理论的概述，按照"总—分"的结构框架，首先总体介绍社会性发展的含义和意义，进而延伸到学前儿童社会性交往的三大人际关系、性别角色意识以及社会性行为等方面。本章重点突出四个方面：一是对三大人际关系基本内容的理解、掌握与实践应用；二是在理解亲子依恋的概念及类型特征的同时，识记亲子依恋的形成与发展阶段；三是了解学前儿童性别角色意识的概念，并理解性别角色意识的发展阶段；四是了解学前儿童社会性行为的内涵，重点掌握亲社会行为和攻击行为的概念及发展特点。

☞ 本章要点回顾

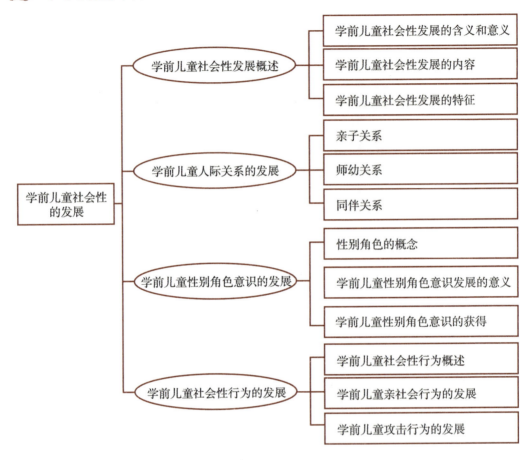

第九章

学前儿童发展的个体差异

☞ **学习完本章，应该做到：**

◎ 理解学前儿童发展中存在的个体差异表现，包括智力发展、认知风格和性别的差异等。
◎ 了解学前儿童个体差异形成的原因。
◎ 掌握加德纳的多元智能理论的具体内容及其在保教活动中的实践意义。

☞ **学习本章时，重点内容为：**

◎ 学前儿童的能力差异的表现。
◎ 加德纳的多元智能理论的具体内容。
◎ 学前儿童个体差异形成的原因。

☞ **学习本章时，知识要点与具体方法为：**

本章主要介绍学前儿童的个体差异，学习本章，除了从整体上掌握学前儿童个体差异的表现外，还要分析学前儿童发展出现个体差异的原因。另外，加德纳的多元智能理论是进行学前教育因材施教的重要依据，必须重点把握，同时，还应能将这一理论运用到具体的保教实践活动中去。

【引子】

动物学校①

很久以前，动物们决定创办一所学校，以应对日益变化的世界的需要。在这所学校里，教授一组由跑、跳、爬、游泳、飞行等科目组成的活动课程。为了便于管理，所有的动物都要学习所有的科目。

第一批学员有鸭子、兔子、松鼠、鹰和泥鳅。

鸭子在游泳这门课上表现得相当突出，甚至比它的老师还要好，可飞行课勉强及格，而对于跑则感到非常吃力。由于跑得慢，它不得不每天放学后仍留在学校里，放弃心爱的游泳以腾出时间练习跑步。它不停地练，脚掌都磨破了，终于获得了勉强及格的成绩。而它的游泳科目，由于长期得不到练习，期末时只获得了中等成绩。学校对中等成绩是能够接受的，所以除鸭子自己以外没有人在乎这一点。

兔子在刚一开学时是班里跑得最快的，由于在游泳科目中有太多的作业要做，结果精神都快崩溃了。

松鼠的成绩一向是班里最出色的，但它对于飞行感到非常沮丧，因为它的老师只许它从地面上起飞，而不允许从树顶上起飞。由于它非常喜欢跳跃，并花了很多时间

---

① 黎国胜. 美国教育的个性化[J]. 江西教育（管理版），2015（7）：83-84.

致力于发明一种跳跃的游戏,结果期末时爬行只得了一个 C,跑只得了一个 D。

鹰由于活泼爱动而受到老师的严格管制。在爬行课上的一次测验中,它战胜了所有的同学,第一个到达了树的顶端,但它用的是自己的爬行方式而不是老师所教的那种,因此它并没有得到老师的表扬。

学期结束公布成绩,普普通通的泥鳅同学,由于游泳还马马虎虎,跑、跳、爬的成绩一般,也能飞一点,因此它的成绩是班里最好的。毕业典礼那天,它作为全体学员的唯一代表在大会上发了言。

生活在草原上的许多鼠类动物没有在这所学校里学习,因为这所学校的管理者拒绝在课程内增加挖掘这一科目。为了子女的将来着想,鼠类动物们把孩子送到一个商贩那里学习,之后又联合了其他鼠类创办了一所私立学校,据说这所学校办得相当成功。

在动物学校里,为什么普普通通的泥鳅同学的成绩最好呢?为什么成绩一向出色的松鼠不能得到优秀呢?动物们各有特长,为什么却在动物学校的教育中沦为平庸之辈呢?

2022年教育部颁布的《幼儿园保育教育质量评估指南》给出了幼儿园保育教育质量评估指标,"办园方向"下"科学理念"中的两条指标为:遵循幼儿身心发展规律和学前教育规律,尊重幼儿个体差异,坚持以游戏为基本活动,珍视生活和游戏的独特教育价值。充分尊重和保护幼儿的好奇心和探究兴趣,相信每一个幼儿都是积极主动、有能力的学习者,最大限度地支持和满足幼儿通过直接感知、实际操作和亲身体验获取经验的需要,不提前教授小学阶段的课程内容,不搞不切实际的特色课程。

教师不仅要关注学前儿童发展中的问题,还要注意根据学前儿童发展的差异,进行有针对性的教育,这样才能真正地发挥儿童的潜能。学前儿童发展的差异很广泛,前面的章节中我们讲到个性的差异,如需要、兴趣、气质、性格等的差异,本章将继续阐述学前儿童在智力发展、认知风格和性别发展方面的差异。

第一节　学前儿童智力发展的差异

学前儿童智力发展的差异是个体差异的重要方面。用来衡量智力发展水平高低的是智商。学前儿童智力发展的差异主要有个体和团体两个方面。本节着重阐述学前儿童智力发展的个体差异,包括智力发展水平的差异和智力类型(结构)的差异。

一、智力概述

智力是指个体处理抽象概念、处理新情境、进行学习,以适应新环境的能力。智力是人的一种综合认知能力,包括学习能力、适应能力、抽象推理能力等。这种能力是个体在遗传的基础上,受到外界环境影响而形成的,它在吸收、存储和运用知识经验以适应外界环境中得到表现。智力是个体先天禀赋和后天环境相互作用的结果。

在心理学中,"能力"经常与"智力"混用。能力的含义实际上很笼统,它在多个方面都有所表现,可以表现在肢体或动作方面的能力,表现在人际关系方面(即交际)的能力,表现在处理事务方面的才能等。总的来说,能力是指人们成功地完成某种活动所必须具备的个性心理特征,可以有多种表现形式,而智力大多表现在人的认知学习方面,故而智力也称作"智能"。

智力测验是通过一定的测量工具和手段来测量人的智力水平高低的一种科学方法。我国自古就有七巧板、九连环等智力测验工具,但用科学方法编制智力测验的是法国心理学家比纳和西蒙,他们在 1905 年编订了比纳-西蒙智力测验量表。[①] 这个测验量表由一系列难度不同的题目组成,依据完成这个难度系列中题目的多少,可以计算出与之相对应的年龄,称为心理年龄。为表示一个儿童的智力发展水平,比纳-西蒙提出了智力商数的概念,简称智商,英文缩写为"IQ"。例如,一个 10 岁的儿童如果能完成 10 岁组的全部项目,那么他的心理年龄就是 10 岁,如果他还能完成 11 岁组的部分项目,他的智力年龄就大于 10 岁,可能是 10 岁 4 个月或 10 岁 6 个月。

智商是心理年龄与实足年龄的比值,如果二者相等,其值为 1;如果心理年龄大于实足年龄,其值大于 1;如果心理年龄小于实足年龄,其值小于 1。为了避免出现小数,将商数乘以 100 就是智商。智商的计算公式为:

$$智商 = [心理年龄(MA)/实足年龄(CA)] \times 100$$

这个智商由于是用心理年龄除以实足年龄而求得的,因此可称为比率智商。比率智商的计算方法只适用于儿童,因为当人发展到一定的年龄后,智力就不会随着年龄的增长而增长,老年时甚至有智力随着年龄增长而下降的现象。

到 20 世纪 50 年代,美国心理学家韦克斯勒依据统计学原理提出了智商的新的计算法,称为离差智商。他在原有测验的基础上,编制了分别适用于儿童、成人和幼儿的三个智力测验量表。离差智商是确定个体在相同条件的团体(如同年龄组)中的相对位置,它实质上是将个体的成绩和同年龄组被试的平均成绩比较而得出的相对分数。韦克斯勒指出,若假定人们的智商分布呈平均数为 100 和标准差为 15 的正态分布形式,则离差智商的计算公式为:

$$离差智商 = 100 + 15Z [其中 Z = (X - MX)/S]$$

上面公式中,MX 代表团体平均分数;X 代表个体测验的实得分数;S 代表该团体分数的标准差;Z 代表该人在团体中所处的位置,即他的标准分数。

二、学前儿童智力发展差异的表现

由于人们在先天的遗传素质、后天的生长环境和所接受的教育等方面都不相同,因此,人和人之间在智力发展上存在很大的差异。

(一)智力发展的个体差异

智力发展的个体差异主要表现在智力发展水平的差异和智力类型(结构)的差异两个方面。

1. 智力发展水平的差异

智力发展水平的差异是指个体与同龄团体智商稳定的平均数相比较所表现出的

---

① Anita. Woolfolk. Education Psychology (Ninth Edition) [M]. Pearson Education, Inc, 2004:113.

差异。

在智力发展水平上,不同的人所达到的最高水平是不同的。研究表明,全人口的智力发展水平差异从低到高表现为许多不同的层次。人类的智力分布基本上呈两头小、中间大的正态分布形式。在一个代表性广泛的人群中,有接近一半的人的智商在90～110之间,而智力发展水平非常优秀者和智力发展水平落后者只占很小的比例(如表9.1所示)。①

表9.1 智商在人口中的分布

IQ	名称	百分比
140以上	极优等	1.30%
120～139	优异	11.30%
110～119	中上	18.10%
90～109	中等	46.30%
80～89	中下	14.50%
70～79	临界	5.60%
70以下	智力落后	2.90%

2. 智力类型(结构)的差异

智力类型(结构)的差异是指根据个体在知觉、记忆、表象、思维和言语等活动中的特点与品质不同,智力表现形式也不同。

每个人智力的结构,即组成方式有所不同。由于智力不是一个单一的心理品质,它可以分解成许多基本成分,用单一的智商分数,是不足以表明智力的特点的。

美国心理学家卡特尔认为,智力有流体智力和晶体智力之分。② 他认为流体智力是人的一种潜在智力,主要与神经生理的结构和功能有关,很少受社会教育影响。它与个体通过遗传获得的学习和解决问题的能力有联系。例如,瞬时记忆、思维敏捷性、反应速度、知觉的整合能力等。人的神经系统受到损伤时,流体智力就会发生变化。这种智力几乎可以转换到一切要求智力练习的活动中,所以称为流体智力。晶体智力则主要是后天获得的,受文化背景影响很大,与知识经验的积累有关,是流体智力运用在不同文化环境中的产物。例如,知识、词汇、计算等方面的能力,它包括大量的知识和技能,与学习能力有密切联系。这种智力表现为来自经验的"结晶",所以称为晶体智力。流体智力与晶体智力的发展是不同的,流体智力随生理成长曲线而变化,到十四五岁时达到高峰,而后逐渐下降;晶体智力不仅能够随年龄的增长继续保持,而且还会有所增长,可能要缓慢上升至25岁或30岁以后,一直到60岁左右才逐渐衰退。

美国心理学家吉尔福特提出了智力结构的 SI 模型,认为智力应该由内容、操作和

---

① Anita. Woolfolk. Education Psychology(Ninth Edition)[M]. Pearson Education, Inc, 2004:114.
② 高觉敷. 西方心理学的新发展[M]. 北京:人民教育出版社,1987:238.

生成形式三个方面构成。① 内容是指信息材料的类型，包括图形、符号、语义和行为等；操作是指智力活动的几种形式，包括认知、记忆、发散生成、辐合生成和评价等；生成形式是思辨的产物，即对心理测验资料进行因素分析的结果，包含单元、关系、系统、变换、蕴含等。

美国心理学家斯腾伯格提出了"三元智力理论"，强调在问题解决中认知过程的重要性。他认为智力包括三个部分——成分智力、经验智力和情境智力，它们分别代表了智力操作的不同方面。成分智力是指个人在问题情境中运用知识分析资料，通过思维、判断推理以达到问题解决的能力。经验智力是指个人运用已有经验解决新问题时整合不同观念所形成的创造能力。例如，一个有经验智力的人比无经验智力的人能够更有效地适应新的环境，能较好地分析情况并解决问题，即使是从未遇到过的问题。经过多次解决某个问题之后，有经验智力的人就能不假思索、自动地启动程序来解决该问题，从而把节省下来的心理资源用在别的工作上。情境智力是指个人在日常生活中应用学得的知识经验解决生活实际问题的能力。例如，在不同的文化中，人们对日常生活实际问题的解决能力是不同的。区分有毒和无毒植物是从事狩猎、采集部落的人们具有的重要能力，而就业面试则是工业化社会的一种重要情境智力，这两种情境智力是不同的。三元智力理论是当代智力理论的代表之一。它与当代认知心理学的发展相契合，并将传统智力理论中的智力概念扩大了，传统智力测验所测的智商只是三元智力理论中的成分智力。

另外，智力发展的个体差异还表现为存在着早晚差异：有的人从小就表现出了超常的智力，被称为早慧儿童、小天才；而有的人却大器晚成。

（二）智力发展的团体差异

智力发展的差异不仅表现在个体与个体之间，而且还表现在团体与团体之间，最明显的是性别差异。大量的研究表明，男性和女性在总的智商方面没有显著的差别。男性和女性在智力上的差异主要表现在一些特殊能力方面，如空间能力、数学能力、言语能力等。男性在空间能力上具有一定优势，这种优势的显示具有一定的年龄特征，其发展趋势表现为随年龄增长而差异加大。女性在小学和初中阶段的数学能力优于男生，但青春期以后，这种优势被男生所取代，并且男生一直把这种优势保持到老年。女性在言语能力上具有较大的优势，与女性相比，男性更容易被诊断为具有阅读障碍。

除了性别之间存在一定的智力差异之外，不同职业、种族之间在智力上也存在着差异。一般认为智力的差异主要表现在智力测验的平均得分上。对不同职业团体进行大量研究发现，从事脑力劳动的人群比从事体力劳动的人群具有更高的智商。这种团体间在智力测验平均分数上的差异是普遍存在的，过去也曾经对不同种族间的智力差异有过争论，但是重要的是应该对其产生的原因认真分析。我们认为最主要的原因在于后天的环境和教育等人为因素的影响，同时，智力测验本身的公平性问题也不容忽视。

---

① 高觉敷．西方心理学的新发展 [M]．北京：人民教育出版社，1987：225．

三、多元智能理论

美国心理学家加德纳突破了以往智商测验的局限性,认为智能是人在特定情境中解决问题并有所创造的能力,提出了著名的"多元智能理论"。①

(一) 多元智能理论的九种智能

1983年,加德纳的研究指出,人类至少存在七种智能,即语言智能、逻辑数学智能、空间智能、运动身体智能、音乐智能、人际关系智能、内省智能(自我觉知智能)。加德纳认为,这七种智能同等重要。1999年,他又补充了自然观察智能和生存智能,最终形成九种智能。② 加德纳认为这九种智能没有优劣之分,各种智能是多维度地、相对独立地表现出来的,而不是以整合的方式表现出来的。

1. 语言智能

语言智能主要是指有效地运用口头语言及文字的能力,即听、说、读、写能力,表现为个人能够顺利而高效地利用语言描述事件、表达思想并与人交流的能力。这种智能在作家、演说家、记者、编辑、节目主持人、播音员、律师等职业上有更加突出的表现。

2. 逻辑数学智能

逻辑数学智能是指数学和逻辑推理的能力以及科学分析的能力。从事与数字有关工作的人特别需要这种有效运用数字和推理的智能。他们学习时靠推理来进行思考,喜欢提出问题并执行实验以寻求答案,寻找事物的规律及逻辑顺序,对科学的新发展有兴趣。他们对可被测量、归类、分析的事物比较容易接受。

3. 空间智能

空间智能强调人对色彩、线条、形状、形式、空间及它们之间关系的敏感性很高,感受、辨别、记忆、改变物体的空间关系并借此表达思想和情感的能力比较强,表现为对线条、形状、结构、色彩和空间关系的敏感以及通过平面图形和立体造型将它们表现出来的能力。这种能力强的个体能准确地感觉视觉空间,并把所感觉到的内容表现出来。这类人在学习时是用意象及图像来思考的。空间智能可以分为形象的空间智能和抽象的空间智能两种。形象的空间智能为画家的特长,抽象的空间智能为几何学家的特长,建筑学家则二者都擅长。

4. 运动身体智能

运动身体智能是指善于运用整个身体来表达想法和感觉,以及运用双手灵巧地生产或改造事物的能力。这种能力强的个体很难长时间坐着不动,他们喜欢动手建造东西,喜欢户外活动,与人谈话时常用手势或其他肢体语言。他们学习时是透过身体感觉来思考的。

这种智能表现为能够较好地控制自己的身体,对事件能够做出恰当的身体反应,以及善于利用身体语言来表达自己的思想。运动员、舞蹈家、外科医生、手艺人都有

---

① 加德纳. 多元智能[M]. 沈致隆,译. 北京:新华出版社,1999:9.
② Anita. Woolfolk. Education Psychology (Ninth Edition) [M]. Pearson Education, Inc, 2004: 108-110.

这种智能优势。

5. 音乐智能

音乐智能是指能敏感地感知音调、旋律、节奏和音色等能力，表现为个体对音乐节奏、音调、音色和旋律的敏感以及通过作曲、演奏和歌唱等表达音乐的能力。这种智能在作曲家、指挥家、歌唱家、乐师、乐器制作者、音乐评论家等群体身上都有出色的表现。

6. 人际关系智能

人际关系智能是指能够有效地理解别人及其关系，以及与人交往的能力。它包括四大要素：① 组织能力，包括群体动员与协调能力；② 协商能力，是指仲裁与排解纷争的能力；③ 分析能力，是指能够敏锐知会他人的情感动向与想法，易与他人建立密切关系的能力。④ 人际联系能力，是指对他人表现出关心，善体人意，适于团体合作的能力。

7. 内省智能（自我觉知智能）

内省智能主要表现在：认识到自己的能力，正确把握自己的长处和短处，把握自己的情绪、意向、动机、欲望，对自己的生活有规划，能自尊、自律；会学习他人的优点，会从各种回馈渠道中了解自己的优劣，常静思以规划自己的人生目标，爱独处，以深入自我的方式来思考；喜欢独立工作，有自我选择的空间。这种智能在优秀的政治家、哲学家、心理学家、教师等人员那里都有出色的表现。

8. 自然观察智能

自然观察智能主要是认识植物、动物和其他自然环境（如云和石头），以及在自然中生存的能力。自然观察智能强的人，在打猎、耕作、生物科学上表现得较为突出。

9. 生存智能

生存智能是一种全身心的力量，是指陈述思考有关生死和终极世界的倾向性，探索和分析有关人类存在的深奥问题的敏感性和能力。在哲学家、科学家、天文学家和宗教人士等人身上这种能力表现得尤为突出。

（二）多元智能理论对教育的启示

多元智能理论的提出，改变了传统教育中的儿童观、目的观、教学观和评价观等。多元智能理论促使教师明白儿童发展中的差异的多样性，理解为什么有的人记忆力好，有的人观察能力强；有的人擅长逻辑推理，但缺乏音乐才能；也有的人很擅长音乐，等等。3岁左右的儿童，其智力优势已有明显差异。教师必须善于发现并尊重这种差异，确保教学的高效率和高质量。

在儿童观方面，多元智能理论认为每个人都是聪明的，但聪明的范畴和性质呈现出差异。儿童的差异性不应该成为教育上的负担；相反，差异性是一种宝贵的资源。教师要改变以往的儿童观，用赏识和发现的目光去看待儿童，改变以往用一把尺子衡量儿童的标准，要重新认识到每个儿童都是一位天才，只要进行正确的引导和挖掘，每个儿童都能成才。

在目的观方面，教师要改变自己的教学目标，让每个儿童都有所学、学有所得、得有所长，注意鉴别并发展儿童的优势智能领域，注重培养儿童的创造能力，根据儿童的不同情况来确定每个儿童最适合的发展道路。

在教学观方面，多元智能理论强调应该根据每个儿童的智能优势和智能弱势选择最适合儿童个体的教育方法，即要考虑个体差异，因材施教。教师要关注儿童的个体差异，在教学中，要根据儿童的差异，运用多样化的教学模式，促进儿童潜能的开发，最终促进每个儿童都成为最优秀的自己。

在评价观方面，多元智能理论并不主张将所有人都培养成全才，而是认为应该根据儿童的不同情况来确定每个儿童最适合的发展道路。教师应当根据儿童不同的智能表现进行全面评价，不得将考试分数作为评价儿童的唯一标准。

> **历年真题**

【9.1】生活在不同环境中的同卵双胞胎的智商测试分数很接近，这说明（　　）。
A. 遗传和后天环境对儿童的影响是平行的
B. 后天环境对智商的影响较大
C. 遗传对智商的影响较大
D. 遗传和后天环境对智商的影响相对较小

【9.2】简述加德纳的多元智能理论的主要观点、智能种类及教育启示。

第二节　学前儿童的认知风格差异

学前儿童在认知风格方面也存在较大的差异，如有的儿童喜欢不假思索，有的儿童喜欢再三思考；有的儿童喜欢先做完一件事情再继续做另一件事情，有的儿童却喜欢一心二用，等等。因此，在学前教育中教师也应当根据学前儿童认知风格的差异进行因材施教。

一、认知风格概述

（一）认知风格的概念

认知风格，也称"认知方式"，是指个体在信息加工过程中表现在认知组织和认知功能方面持久一贯的特有风格，即个体在认知过程中所表现出来的习惯化的行为模式。认知风格一般用来描述个体在加工信息（包括接收、存储、转化、提取和使用信息）时习惯采用的不同方式。因此，它既包括个体知觉、记忆、思维等认知过程方面的差异，又包括个体态度、动机等人格形成和认知能力与认知功能方面的差异。

认知风格与智力无相关或相关不显著，大多是自幼养成的在知觉、记忆、问题解决过程中的态度和表达方式。认知风格是认知过程中的个体差异，是一个过程变量，而非内容变量。

（二）认知风格的特征

一般来说，认知风格具有以下三个特征。
1. 认知风格是个体的理智特征
如前所述，认知风格这一术语一般用来描述个体在加工信息时习惯采用的不同方式，而习惯采用的方式往往是自认为最合适的策略。在此过程中，个体需要进行逻辑分析、类比推理等理性过程。因此，认知风格也通常与认知策略紧密相关。

2. 认知风格描述的是那些在时间上相对稳定的过程

由于认知风格具有一致性和持久性，因此，它们必然是与儿童的个性相关的。心理学家们早就发现，个性不同的人，不仅在行为方面有所不同，而且在思维方式上也有所不同。例如，儿童的性格是内倾还是外倾，与他们的思维方式相关，从而对儿童的学业成绩有一定的影响。一些心理学家认为，认知风格不仅同个性有关，而且是与儿童的情感和动机特征等联系在一起的，尤其是在儿童采用截然不同的认知方式时，更是这样。

3. 个体在完成类似的任务时始终表现出相对稳定性

认知风格具有相对稳定性，即儿童在不同时间、不同认知任务上始终会有一致的表现，从这一点上讲，认知风格与智力或能力这类概念又有相似之处。不过，各种认知风格在与智力或能力的相关性方面是不同的。例如，场独立性测验与智力测验的成绩有很高的相关性，而倾向于整体性加工与倾向于系列性加工的认知风格，则同智商相关性较低。

二、学前儿童认知风格差异的表现

学前儿童的认知风格表现各异，学界主要依据三种不同的分类标准对认知风格进行了不同的划分。

（一）场依存型与场独立型

根据知觉信息主要来自外部环境还是内部环境，可将学前儿童的认知风格分为场依存型和场独立型两类。在所有认知风格中，最著名的是场依存型与场独立型。这种认知风格差异吸引了许多心理学家和教育学家的注意。

个体的知觉信息不仅来自外部环境，而且也来自身体内部。事实上，知觉过程始终表示一种个体身体内部过程与外界信息输入之间微妙的平衡。这种平衡的性质决定了认知风格的一个方面。美国心理学家威特金为探索这种认知现象付出了毕生的精力。

第二次世界大战期间，威特金在为美国空军服务时，对飞行员根据什么线索来确定自己是否坐直的问题感兴趣。知道自己身体是坐直的还是倾斜的，这对飞行员在雾天或黑夜飞行来说是很重要的。为此，他设计了一种可以倾斜的房间，让被试坐在一张椅子上，椅子可以通过转动把手与房间同向或逆向倾斜。当房间倾斜后，要求被试转动把手使椅子转到事实上垂直的位置。结果发现，有些被试在离垂直差35度的情况下，仍然坚持认为自己完全是坐直的；而有些被试则能在椅子与倾斜的房间看上去角度明显不正的情况下，能使椅子非常接近于垂直状态。威特金由此得出结论，有些人产生知觉时较多地受他所看到的环境信息的影响，有些人则较多地受来自身体内部的线索的影响。他把受环境因素影响较大者称为场依存型，把不受或很少受环境因素影响者称为场独立型。前者是"外部定向者"，后者是"内部定向者"。这种个别差异，是个体在周围视觉场中看到的东西，与他身体内部感觉到的东西产生冲突的结果。实际上，被试只要一闭上眼睛，这种冲突就会消除。因为，如果看不到环境提供的信息，每个人都会以一种非常相似的方式——根据身体内部的感觉来判断和操作。

场依存型与场独立型这两种认知风格，与学习有密切关系。一般来说，场依存型者对人文学科和社会学科更感兴趣，而场独立型者在数学与自然科学方面更出众。所以，在学习中，凡是与儿童的认知风格相符合的学科，成绩一般会好些。此外，场依存型者较易于接受别人的暗示，他们学习的努力程度往往受外来因素的影响；而场独立型者在内在动机作用下学习，时常会产生更好的学习效果，尤其表现在数学成绩上。

场依存型者与场独立型者的差异，特别明显地表现在对事物的观察上。例如，场依存型者比场独立型者更多地注意他人的脸色。他们往往力图使自己与社会环境相协调，因而在形成自己的观点与态度时会更多地考虑所处的社会环境。也许是由于他们对社会环境很敏感的结果，场依存型者看起来比较招人喜欢。而场独立型者一般都有很强的个人定向，而且比较自信，自尊心较强。一项研究结果发现，场独立型的六年级男生比场依存型的同龄男生具有更强的领导能力。因此，尽管具有场依存型认知风格的人有更强的社会取向，但这并不能证明他们更具有领导的素质。

研究还表明，一个人在做出判断时依赖环境线索的程度，是随着年龄增长而发生变化的。8～17岁，儿童依赖环境线索的程度随年龄增长呈下降趋势，所以，年龄大些的儿童能较快地从镶嵌图形中找到简单图形。而且，男生比女生在场依存方面要少些。我国心理学者张厚粲等人的实验研究也发现了类似的结果。在全部被试68人中，男生29人，女生39人，经过测验选出的场独立型者12人中，男生7人，女生5人；场依存型者12人中，男生2人，女生10人。这明显表现出男生场独立性强和女生场依存性强的差异。

（二）冲动型和反省型（沉思型）

根据个体信息加工的速度，可将认知风格分为冲动型和反省型两类，其中反省型也称"沉思型"。美国心理学家卡根经过一系列实验后发现，有些儿童知觉与思维的方式是以冲动为特征的，有些儿童则是以反省为特征的。具有冲动型认知风格的儿童往往以很快的速度形成自己的看法，在回答问题时很快就做出反应；具有反省型认知风格的儿童则不急于回答，他们在做出回答之前，倾向于先评估各种可替代的答案，然后给予较有把握的答案。简单地说，具有冲动型认知风格的儿童的特点是反应快，但精确性差；具有反省型认知风格的儿童的特点是速度慢，但精确性高。

卡根主要是根据儿童寻找相同图案和辨认镶嵌图形的速度和成绩来对儿童的认知风格做出区分的。

实验者要求儿童尽快地做出回答，但在每次错误反应后，还要再作尝试，直到找到正确答案为止。因此，儿童若要很好地完成任务，是有点压力的，而且要迅速做出抉择。儿童在这种情境里会形成一种正确反应与迅速反应之间竞争的焦虑感。测验成绩是根据做出反应的时间和错误反应的数量来决定的。通过这类测验，可以识别出两种不同的认知风格。具有冲动型认知风格的儿童一直有一种迅速确认相同图案的欲望，他们急忙做出选择，犯的错误多些；具有反省型认知风格的儿童则采取小心谨慎的态度，做出的选择比较精确，但速度要慢些。有些心理学家认为，冲动型与反省型认知风格的区别，表明了儿童信息加工策略方面的重要差异。

相关实验结果表明,在进行阅读测验时,速度与精确性是与智力相关的。但在推理速度测验中,一些智商高的儿童往往倾向于做出小心谨慎的反应。反省型儿童在完成需要对细节做分析的学习任务时,学习成绩较好些;冲动型儿童在完成需要做整体性解释的学习任务时,成绩要好些。总体结论是,冲动型儿童在解决问题的能力方面,并不一定比反省型儿童差。一般人认为冲动型儿童学业成绩差,主要是因为学校里的测验往往注重对细节的分析,而他们擅长的则是从整体上来分析问题。

(三) 继时型和同时型

加拿大学者达斯等人根据脑功能的研究,区分了继时型和同时型的认知风格。[①] 他们认为,左脑具有优势的个体表现出继时型认知风格,而右脑具有优势的个体则表现出同时型认知风格。继时型认知风格的特点是:在解决问题时,能一步一步地分析问题,每一个步骤只考虑一种假设或一种属性,提出的假设在时间上有明显的前后顺序。同时型认知风格的特点是:在解决问题时,采取宽视野的方式,同时考虑多种假设,并兼顾到解决问题的各种可能。继时型和同时型不是加工水平的差异,而是认知方式的差异。

除了上述三种主要的分类外,对学前儿童认知风格的差异,还有其他心理学家提出不同的看法,如美国心理学家吉尔福特认为,认知风格可以分为求同型和求异型;瑞士心理学家荣格认为认知风格应该分为内倾型和外倾型等。由于儿童的认知风格不同,教师在教育教学中有效的学习指导方法也应有所不同。

> **历年真题**

【9.3】论述教师尊重幼儿个体差异的意义与举措。

第三节 学前儿童的性别发展差异

性别是个体最早形成并用于对他人进行分类的社会学范畴之一,当儿童刚刚降临在这个世界上时,男孩和女孩就已经没有被同等对待了,至少他们的父母已经准备好了不同的教养方式。

一、性别发展概述

(一) 性别的含义

在心理学研究中,性别有"生理性别"和"社会性别"之分:前者是指男性和女性的生理结构和生理机能的差别,后者是指由社会文化形成的对男女差异的理解,以及在社会文化中形成的属于男性或女性的群体特征和行为方式。

---

① 沃建中,闻莉,周少贤,等. 认知风格理论研究的进展 [J]. 心理与行为研究,2004 (4): 597-602.

(二) 学前儿童性别角色意识的发展阶段

从性别发展过程来看，大约在 1.5～3 岁时，儿童已经能够明确表达出他们的性别知识，几乎所有的儿童都能正确地说出自己和他人的性别，得到了性别认同。4～6 岁儿童进入了性别稳定性阶段，形成个体一生性别保持不变的概念，即儿童认识到性别不会随着个体的外表、行为等因素的变化而变化。儿童对性别恒常性的掌握通常是在 5～7 岁。此阶段，儿童认识到性别是个体的基本的、持久的、不变的特质。性别恒常性对儿童认识与了解性别起着组织和调节作用。儿童性别恒常性概念的形成意味着儿童在本质上获得了效仿同性行为的先决条件。大约 6～8 岁时，儿童性别角色认同更加稳定，能根据社会对性别角色的要求来确认自己与特定的性别相关的行为、能力和特征。

(三) 性别刻板印象的发展

性别刻板印象是指人们对男性或女性在活动、角色、人格特征等方面的固定看法或信念，它是刻板印象的一种重要表现形式。

对于学前儿童来说，性别刻板印象的形成主要包括四个领域：身体外貌、角色行为、职业和人格特质。

学前儿童在知道了自己是男孩或女孩的时候，就开始习得性别刻板印象。学前儿童在 5～6 个月时就对玩具产生了性别偏好。2 岁左右的儿童就开始了解一些物品与女性有关（如女装、丝带、小钱包等），而另一些物品（如枪、卡车、螺丝刀等）与男性有关。研究发现，几乎所有 2.5 岁的儿童都具有一些与性别刻板印象相关的知识。学前儿童对颜色已有明显的性别刻板印象，并能把颜色和衣服之类的明显的身体线索与性别联系起来。

美国学者杜茨等人的研究发现，儿童到大约 26 个月时就已能意识到成人的与职业、角色、身体外貌有关的性别差异，能够运用有关的人格特质（如温柔、残忍）以及与特质有关的行为（如打人、不会修理东西）等方面的信息来区分男性和女性。儿童倾向于把笨拙粗糙、危险的东西归于男孩（如钳子），而把柔软的、轻盈的、优美的东西归于女孩（如蝴蝶结）。

儿童对成人活动和职业的刻板印象在 3～5 岁之间迅速增长，在 5 岁左右达到最高水平。儿童大约在 5 岁时就具有了对个人社会特质的刻板印象知识，通常会认为同性个体具有积极特质，异性个体具有消极特质，并且儿童的这种知识在整个儿童期都会稳定增长。儿童的这种同性特质偏见在 5 岁时达到最高峰。[①] 儿童在性别领域的刻板印象是随着年龄不断增长的，趋向于从运用具体的、外在的性别化特征发展到运用更抽象的、内在的性别化特征来描述他人。

二、学前儿童性别发展差异的表现及原因

不同性别的儿童自获得性别意识开始，其在生活、游戏中就会表现出不同的选择和行为方式。

---

① 徐利. 学前儿童性别刻板印象的研究 [D]. 江西科技师范大学，2018：5.

（一）学前儿童性别发展差异的表现

学前儿童性别发展的差异主要表现在以下几个方面。

1. 玩具和游戏偏爱的差异

男孩和女孩都偏爱适合自己性别的玩具，但这种偏爱发展的趋势不同。随着年龄的增长，男孩对适合自己性别的玩具的偏爱更为明显，而女孩对玩具的偏爱程度变化不大。由于性别化的玩具可以促进儿童性别行为的发展，如性别行为中的支配性、独立性和观察力等，因此，有些心理学家把儿童在选择玩具方面的差异作为男女性别行为的早期表现。

关于对玩具和游戏的选择，相关研究发现，12个月大的男孩和女孩都更喜欢注视娃娃而不是卡车，但18～24个月大的儿童已经对属于自己性别类型的玩具表现出了明显的偏好，这个年龄的儿童在没有其他玩具的情况下，依然会拒绝与自己性别类型不符的玩具。很多研究均发现，男孩倾向于玩玩具卡车、积木和玩具枪；女孩喜欢玩娃娃和生活用品。男孩喜欢更主动、更粗野的游戏，如警察和强盗的扮演游戏；女孩喜欢玩过家家、跳格子等游戏。进一步的研究发现，2岁的男孩明显偏爱与其性别相适宜的玩具，但2岁的女孩却并不一定如此。到3～5岁的时候，男孩比女孩更有可能说出他们不喜欢异性的玩具。

2. 玩伴选择的差异

儿童对同性别玩伴的偏好也出现得很早，女孩比男孩会更早表现出只和同性别同伴玩耍的倾向。美国学者费高特等人发现，儿童在2～3岁时可能喜欢和同性别的玩伴一起玩耍，女孩甚至比男孩更早地表现出这种偏好。我国学者张晗的研究表明，在玩伴的选择上，儿童存在显著的性别差异，并且各个年龄阶段的儿童都偏爱选择同性别的玩伴。

在幼儿园里，2岁的女孩就喜欢与其他的女孩玩耍；3岁的时候，男孩们稳定地选择男孩而不是女孩作为玩伴；6岁半时，儿童与同性别同伴相处的时间超过与异性同伴相处的时间10倍以上。

3. 角色期待的差异

在儿童成长的过程中，父母往往较早地给孩子灌输关于男孩或女孩的性别角色期望，对待不同性别的孩子，父母的抚育方式或态度往往是不同的。社会通常对男孩子有更高的期待或期望，因此父母在培养男孩子时，往往希望他们不要有"娘娘腔"，但不太介意女孩的"假小子气"，觉得男孩子应当有更多的勇气、担当或责任心，而父母对女孩的期待往往没有对男孩的高，往往集中在女孩应当温柔、具有爱心，能帮忙整理家务等品质上。在一项"如何对待比自己年龄小的儿童"的实验上，研究人员发现女孩更容易对比自己年龄小的儿童表现出兴趣，并乐意提供帮助，而多数男孩不会倾向于接近比自己年龄小的儿童。

（二）学前儿童性别发展差异的原因

对学前儿童性别发展的差异，主要有以下几种理论解释。

1. 生物学理论解释

性别形成源于儿童对女性和男性之间解剖差异的意识与他们强烈的先天欲望的结合。

按照这种理论,儿童具有的性冲动随其发育会从身体的一个区域向另一个区域移动。

儿童被异性父母所吸引,在男孩和女孩的发展中有着不同的过程并导致不同的结果。对男孩来说,母亲的性吸引伴随着认为父亲是与他争夺母亲情感的竞争对手。与此同时,男孩逐渐意识到女性和男性之间的解剖差异,并与父亲形成紧密的情感联系,采取父亲的男性化行为和特质,形成男性角色认同。

与男孩相比,发现男女解剖上的不同对女孩有不同的含义。当女孩认识到她永远不能拥有像父亲那样的特质时,女孩逐渐放弃了她的恋父情结,转向认同母亲,以母亲为榜样,不断内化母亲的特质和行为,并聚焦于使自己具有性吸引力,于是形成女性角色认同。儿童就这样通过模仿同性别家长的行为来形成重要的性别定型。

2. 社会观察学习理论解释

与生物学理论设想的成长中的儿童受到先天欲望的驱动不同,社会观察学习理论强调性别的发展受社会环境的影响。他们认为,与其他类型的社会行为发展的过程一样,性别相关行为的发展也是通过观察学习而来,并通过强化与惩罚获得适宜的行为。

3. 认知发展理论解释

认知发展理论的代表人物是美国儿童发展心理学家柯尔伯格,他把皮亚杰的观点运用于社会认知领域,提出了"性别恒常性"的概念。他认为儿童性别认知的发展是普遍认知发展的一部分,性别恒常性的发展与物理守恒概念的发展是一致的,只有当儿童达到具体运算思维阶段,获得了守恒的概念之后,他们才能获得性别恒常性。

4. 性别图式理论解释

性别图式理论是一套系统化的关于男性和女性的观点和期望,它能影响人的行为和思维。当儿童处于认知发展理论中的性别认同阶段时,即儿童具有标识男女性别的能力时,这就意味着儿童开始获得了性别图式。形成性别图式后,儿童就被期望按与传统性别角色相一致的行为行事,他们自己对于与自身性别图式相符的信息进行编码和记忆,同时遗忘与图式不相符的信息或把它们转化为与性别图式一致的信息。

5. 群体社会化理论解释

群体社会化理论的提出者美国心理学家哈里斯认为,家庭对儿童的性别角色影响并不大,在儿童性别角色意识发展中起重要作用的是同伴群体。一项元分析的研究发现,父母对待儿子和女儿的态度并无显著性差异,以双性化方式教养孩子并不减少孩子具有性别特征的行为和态度。有研究证明了男孩在场对女孩行为的影响:女孩单独玩球时表现得很有竞争性,在男孩加入后,女孩的行为发生了很大变化,她们显得比较害羞而且没有竞争性。

> **历年真题**

【9.4】在学龄前期,( )儿童的性别角色的教育对儿童的智力发展和性格发展是有益的。

A. 强化   B. 适当淡化   C. 不考虑   D. 以上说法都不对

【9.5】幼儿如果能够认识到他们的性别不会随着年龄的增长而发生改变,说明他已经具有( )。

A. 性别倾向性　　B. 性别差异性　　C. 性别独特性　　D. 性别恒常性

【9.6】教师要根据幼儿的个体差异进行教育，不属于幼儿个体差异的是（　　）。

A. 某幼儿往常吃饭很慢，今天为了得到教师的表扬，吃得很快

B. 有的幼儿吃饭快，有的幼儿吃饭慢

C. 某幼儿动手能力很强，但语言能力弱于同龄儿童

D. 男孩通常比女孩表现出更多的身体攻击行为

【9.7】下列针对幼儿个体差异的教育观点，（　　）不妥。

A. 应关注和尊重幼儿的不同学习方式和认知风格

B. 应支持幼儿富有个性和创造性的学习与探索

C. 应确保每位幼儿在同一时间达成同样目标

D. 应对有特殊需要的幼儿给予特别关注

【9.8】教师通常在班级设置许多活动区，提供多层次的活动材料，以方便幼儿自选，这遵循的心理发展原则是（　　）。

A. 阶段性原则　　B. 社会性原则　　C. 操作性原则　　D. 差异性原则

本章小结

本章阐述的是学前儿童的个体差异，主要包括三个方面，分别是学前儿童智力发展的差异、认知风格差异和性别发展差异。本章的考试知识点主要集中在智力发展差异和认知风格差异上，尤其是智力发展差异中的结构类型的差异和认知风格差异的几种不同分类，如场独立型和场依存型、冲动型和反省型、继时型和同时型等。应当全面掌握加德纳提出的多元智能理论，包括其内容、意义等。

本章要点回顾

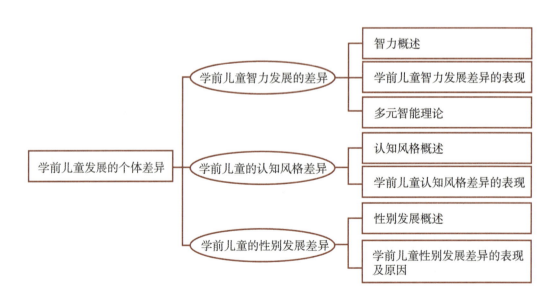

第十章

学前儿童发展中的常见问题

☞ **学习完本章，应该做到：**

◎ 了解学前儿童身体发展中的常见问题，掌握学前儿童发育迟缓、肥胖症、自闭症的常见干预方法。

◎ 了解学前儿童心理发展中的常见问题，掌握学前儿童多动症、分离焦虑、口吃的常见干预方法。

☞ **学习本章时，重点内容为：**

◎ 学前儿童身心发展中的常见问题。
◎ 几种主要的学前儿童身心发展问题的界定和主要表现。
◎ 几种主要的学前儿童身心发展问题的成因及干预方法。

☞ **学习本章时，知识要点与具体方法为：**

本章主要通过对学前儿童发展过程中的常见问题进行描述和分析，帮助学生了解学前儿童身体和心理发展中可能出现的问题和行为表现，并掌握一定的干预方法以应用到教育实践中。

【引子】

林林，老师该拿你怎么办呢？

林林4岁2个月了，就读于上海浦东新区某私立幼儿园。林林的父母均健康，父亲为留美博士，跨国公司高管，气质类型为黏液质，专注工作、科研与公司管理。母亲为大学本科毕业，上市公司中层管理人员，气质类型为黏液质和胆汁质结合，在发现孩子的问题前，同样十分专注工作。林林是母亲38岁时顺产生的。出生后13个月左右，林林持续一个月时间在凌晨3点就开始哭闹，后其父母通过各种途径解决。截至上幼儿园之前，林林在家从不与家人交流，每天都是自己玩，也鲜有同伴。保姆对其十分溺爱，过度满足他的需求。林林的机械记忆能力和数学逻辑能力超常，可识读大量的英语和汉字；在没有人刻意教授的情况下，可以正序和倒序数数，并且明晰"个、十、百、千、万"等数位关系。

林林入园后，频繁和同伴发生冲突，因而成为教师眼中的"头痛人物"。林林经常不按班级规则行事，不懂得表达自己的需求，比如，不排队，随意乱跑而不顾他人安全，与他人产生肢体冲撞；该轮流的时候争抢物品，不用语言表达拒绝，而是直接用动作和愤怒表达拒绝，教师和家长对林林的表现都困惑不已……

学前阶段是人生发展历程中的一个重要时期，总会出现这样或那样的行为问题。有些问题有明显的外化表现，如肥胖、多动、攻击行为等；有些问题则表现出内化问题，如焦虑、抑郁等。相关研究发现，学前阶段儿童的问题行为表现形式多样，且发生率较高。这些问题可能来自生理因素、环境因素、遗传因素等，但不论原因如何，都会对学前儿童造成较大的身体和心理上的伤害,阻碍其身心的健康发展,若不及时加以干预,这些问题和伤害会一直持续到青少年期甚至一生。例如,学前儿童的分离焦虑,如果没有得到干预,则到青少年期可能会变为社交恐惧症或泛化性焦虑;一些问题行为会直接影响儿童以后的学业成绩,那些退缩、具有破坏性行为的儿童受到的关注较少,学习的积极主动性也较低。

本章对学前儿童发展中的主要问题进行论述,从身体和心理两个视角对发育迟缓、肥胖症、自闭症、多动症、分离焦虑、口吃等主要的身心问题进行具体分析,详细阐述问题的表现、产生的原因及主要干预策略。

学前阶段是儿童许多心理技能发展的关键时期。良好的教养环境和教育方法能够促进儿童各项心理技能的发展,对出现的行为进行有效干预,可以降低问题行为对儿童发展带来的伤害,促进其形成良好的个性品质;而不良的教养环境和不正确的教养行为会阻碍儿童各项心理机能的正常发展,甚至会给儿童带来更多伤害,使儿童形成许多新的身体和心理问题。因此,学会甄别和判断学前儿童发展中的身体和心理问题,并掌握一些基本的干预策略和方法是每位幼教工作者的基本职业能力的体现。

第一节 学前儿童身体发展中的常见问题

一、发育迟缓

儿童发育迟缓是指 5 岁以下儿童在大运动、精细动作、语言理解与表达、认知、个性、社会、日常生活及活动等发育维度中存在两个及以上发育、发展维度的显著落后问题。发育迟缓的结局具有多种可能性,如果得到及时治疗和干预,部分儿童在发育到可以智力测试的年龄时,测得的智商并不低,而未及时干预或儿童发育严重迟缓者也可能发展为发育障碍。

美国 2006 年基于社区的一项大规模病因回顾性研究显示:儿童发育迟缓的男女发生比例为 2.84∶1,其中,12.6% 为轻度发育迟缓,43.3% 为中度发育迟缓,44.1% 为重度发育迟缓。2001 年我国五省一市与 2004 年北京市流行病学调查显示,儿童发育迟缓患病率均为 9.31‰,北京市的男女比例为 1.67∶1;其中,轻度:65.54%,中度:20.98%,重度:5.99%,极重度:7.49%。我国儿童发育迟缓程度的比例同国外研究有所不同,但调查结果都显示发育迟缓已是影响学前儿童顺利发展的严重问题。

(一) 发育迟缓的表现

发育迟缓包括身高发育迟缓、运动发育迟缓、语言发育迟缓、智力发育迟缓、心理发育迟缓、发育障碍或发育疾病,其中最常见的是身高发育迟缓。

1. 身高发育迟缓

身高发育迟缓是指儿童在生长发育过程中身高发育偏离正常,身高低于同年龄、同性别儿童正常参照值的中位数减去两个标准差或低于第三个百分位以下者。如果儿童的身高、体重、头围的测量值全都偏低,就表示其发育出现了全面的迟缓,应该到儿科找医师进行详细咨询，以确认是否需要做进一步的检查。

2. 运动发育迟缓

运动发育迟缓是一种特殊的发育障碍，其主要特征是动作在协调性方面的明显损害，早期表现为运动发育迟缓，如大运动和精细运动技能发育迟缓。此外，在生长过程中还可能遗留不同程度的认知和行为缺陷。

3. 语言发育迟缓

语言发育迟缓是指儿童在发育过程中语言发育没有达到与其年龄相应的水平，包括与理解力相关的"接受能力"和与说话相关的"表达能力"，但不包括听力障碍以及构音障碍引起的类型。

4. 智力发育迟缓

智力发育迟缓是指儿童在发育期内，总的智力发育水平明显低于同龄儿童，同时伴有适应行为缺陷，如自理技能发育迟缓等。

5. 心理发育迟缓

心理发育迟缓包括注意力、记忆、思维、想象力、意志、情绪、人格、社会行为的发育异常，如社交技能学习掌握迟缓等。

6. 发育障碍或发育疾病

发育障碍或发育疾病是一种儿童早期发生的慢性病征，其病因各异，带有相互关联性，共同特征是儿童在获得认知、运动、语言、社会适应等功能方面有严重障碍。

（二）发育迟缓产生的原因

现代医学认为引起儿童发育迟缓的原因是多方面的，发育迟缓的病因复杂，与遗传、性别、孕母情况、营养、生物、社会环境、疾病等多种因素有关。遗传决定了儿童生长发育的潜力，这种潜力又受到众多外界因素的作用与调节，两个方面共同作用的结果决定了儿童的生长发育水平。

1. 生物医学原因

生物医学原因主要包括两个方面。一是由遗传因素导致的发育迟缓，如家族性矮身材、体质性发育延迟以及低出生体重性矮小。这些与先天遗传因素或在母体宫内的发育不良有关，其生长速度基本正常，不需要特殊治疗。二是由染色体异常、基因异常、宫内窒息、脑发育不全等医学因素导致的发育迟缓，如染色体异常（小儿唐氏综合征、特纳综合征）、代谢性疾病、骨骼疾病（骨软骨发育不全）、慢性疾病、慢性营养不良性疾病、内分泌疾病（如生长激素缺乏症、甲状腺功能低下症）等引起的发育迟缓。

2. 社会心理原因

社会心理原因，即儿童的发育迟缓是由社会的和文化的不良环境所引起的。例如，早期的社会心理剥夺、不良的家庭环境等都可能导致儿童在饮食习惯、食欲、心理健康等方面存在问题，从而导致学前儿童发育迟缓。

（三）发育迟缓的预防和干预

发育迟缓儿童的发育结果具有多种可能性，部分脑瘫、某些神经肌肉性疾病等病症及早期发育环境剥夺等均可造成儿童早期发育的滞后，约 18% 的发育迟缓儿童中存在听觉损伤，13%～50% 存在视觉损伤，如果及时得到治疗和干预，这些儿童的智力水平并不一定落后。因此，提前预防和有效干预是非常必要的。

1. 预防策略

预防学前儿童发育迟缓的策略主要有以下几个。

(1) 学前儿童发育迟缓的基本预防策略是实现学前儿童的合理营养配餐，全面均衡饮食，培养良好的饮食习惯，促进食欲。

(2) 若为全身疾病引起的矮小、家族性矮小或体质性生长发育迟缓，则可通过各种调养充分发挥生长潜力，酌情使用生长激素。

(3) 改善生活环境，使儿童得到精神上的安慰和生活上的照顾。

(4) 对于先天性遗传、代谢性疾病，应根据情况进行特殊治疗。

2. 干预策略

针对学前儿童的发育迟缓，主要有以下几个干预策略。

(1) 药物干预。

药物干预对发育迟缓儿童因疾病因素而导致的生长发育的阻挠作用十分明显，如癫痫治疗，其目的是完全控制发作、消除病因、减少脑损伤和维持精神神经功能的正常，尽量保证儿童的正常生活、学习和精神愉快，使儿童在身体、心理和社会适应方面达到良好的状态，通过药物干预完全可以达到这个目的。药物干预对学前儿童的其他发育迟缓病因也有积极作用，如有营养不良的加强营养，可以食疗。同时，微量元素的失衡对儿童的生长发育、健康保健也有很大的影响，可以结合检测结果和临床表现做出确诊，根据生长发育迟缓儿童的血清微量元素检测结果的分析，及时定量补充微量元素。对脑发育缺陷及脑损伤的发育迟缓儿童可给予活化脑细胞的药物治疗。

(2) 康复训练干预。

康复训练干预大多主张传统康复与现代康复相结合，共同发挥疗效。传统康复有针刺疗法、推拿疗法、穴位注射疗法、耳穴贴压、穴位埋线疗法、艾灸疗法、火罐疗法、中药熏蒸等。现代康复主要包括神经发育学疗法和作业疗法，以进行大运动功能促进、精细运动功能促进等。

(3) 心理行为干预。

心理行为干预对发育迟缓儿童的影响是积极的。有研究显示，儿童早期依恋关系的建立可以有效改善儿童的智力发展（包括最高智力发展水平和智力发展指标），经过干预，存在某方面发育迟缓症状的儿童可能出现赶上生长的表现。此外，依恋关系的重建也有利于运动功能的改善。对于语言发育迟缓的学前儿童可以进行语言训练，语言训练主要遵循刺激—反应—强化的原理。智力发育迟缓需要进行认知训练，包括特殊教育、感觉统合训练、生活自理能力训练等。而对于智龄落后 3 个月的儿童要及早介入语言训练；1 岁以内的儿童注意力不集中，要运用多种方式吸引儿童的注意力，不断延长儿童注视及追视的时间以促进儿童认知和语言的共同发育。另外，音乐疗法也是近些年比较好的心理干预方法，它能改善脑组织的微循环，调整中枢神经系统的兴奋性，还有不同程度的镇静、镇痛作用。世界上有 200 多个国家成立了音乐治疗协会，主要在早产儿、脑瘫、神经损伤等领域开展工作。

学前儿童发育迟缓要做到早发现、早诊断，早干预和早治疗。这是提高儿童发育迟缓治疗效果的关键，也是预防儿童发育障碍乃至脑部疾病的重要措施。利用有效的干预手段，可大大降低儿童发育迟缓的发生率。如果到了幼儿期运动发育迟缓仍无明显改善，则可能存在终身运动异常。干预缺乏针对性、干预不到位或过度干预都可能导致错失干预的最佳时间。有些地区因条件有限，做不到准确评估和诊断，干预方法和措施欠缺，采用不恰当的干预，都会影响干预效果。也有部分儿童为单纯运动发育迟缓，而家长过于在意和担心，进行过度干预和治疗，反而对儿童的正常发育造成影响。因此，要通过仔细评定，做出诊断后再积极采取有针对性的干预措施。

二、肥胖症

肥胖症是指体内脂肪积聚过多，体重超过按身高计算的平均标准体重的20%，或者超过按年龄计算的平均标准体重加上两个标准差以上。一般超过标准体重20%～30%者为轻度肥胖，超过标准体重30%～50%者为中度肥胖，超过标准体重50%以上者为重度肥胖。儿童肥胖症是由于摄食过多和（或）耗能不足导致能量代谢失衡、机体脂肪容量增多的状态，是人体长期能量摄入超过消耗的慢性疾病。儿童肥胖症对儿童的生长发育、智力和心理发展均有严重影响，是高血脂、心脑血管疾病、糖尿病、癌症等疾病的高危因素。儿童肥胖症已成为影响儿童健康进而造成日后成人一系列疾患的严重问题。目前全球儿童超重率接近10%，肥胖率为2%～3%，虽然不同国家或地区之间差别较大，但总体上各地区均呈现明显的上升趋势。儿童肥胖症的95%～97%为单纯性肥胖，若不早期干预，大约75%～80%的肥胖青少年将持续至成人期。肥胖对儿童的危害不仅限于生理，同时也对其心理带来负面影响，并且不易被发现。有研究指出，肥胖儿童的智力和学习能力（如阅读和数学能力的得分）均不如正常体重的儿童，这可能对他们未来的性格、气质、个性及各种能力的培养和发展产生影响。肥胖儿童通常会表现出对自己的体重、外形不满意，出现自卑、自信心不足，甚至焦虑和抑郁等。

（一）肥胖症的表现及诊断标准

1. 肥胖症的表现

肥胖症的表现主要包括：食欲旺盛、食量超常、偏食、懒动、爱睡；体格发育较正常儿童迅速；体重明显超过同龄、同身高者；脂肪呈全身性分布，以腹部为主。肥胖症不是一种精神障碍，但它可以在很大程度上影响一个儿童的心理和身体发展。一些肥胖症儿童会伴随有一定的心理压力，如出现缺乏自信、低自尊和低自我效能、同伴关系不良等问题。

2. 肥胖症的诊断标准

1995年世界卫生组织建议，针对不同年龄段的儿童应采用不同标准来判定超重与肥胖。

（1）身高标准体重法。

世界卫生组织认为身高标准体重是评价青春期前（10岁以下）儿童肥胖的最好指标。本方法以身高为基础，采用同一身高人群的第80百分位数作为该身高人群的标准体重，超过该标准体重的10%～19%为超重，超过20%～29%为轻度肥胖，超过30%～49%为中度肥胖，超过50%为重度肥胖。

（2）体重指数法。

体重指数法（BMI）即体重（千克）除以身高的平方（平方米）。世界卫生组织建议在10岁以上的青少年中使用该方法，并将大于等于第85百分位数定义为超重，大于等于第95百分位数定义为肥胖。2000年，国际肥胖专家工作组以来自一些发达国家的0～18岁儿童作为参照人群，提出国际通用的儿童超重和肥胖的BMI诊断标准，超重和肥胖的BMI界值点分别为25千克/平方米与30千克/平方米。世界卫生组织考虑到亚洲人群体脂百分比的特点，提出以23千克/平方米及25千克/平方米作为亚洲人群超重及肥胖的BMI界值点标准。我国学者丁宗一等在2002年分析了167 065名国内7岁以下儿童的体格发育资料后认为，我国在使用BMI指数筛选肥胖儿童时，18千克/平方米为比较合适的界值点。

（二）肥胖症产生的原因

肥胖症产生的原因主要有四个：遗传因素、环境因素、心理因素、医学因素。

1. 遗传因素

肥胖症有一定的家族遗传倾向，父母都为肥胖者的，后代有70%～81%出现肥胖的可能性；父母一方肥胖的，后代有40%～50%肥胖的可能性；双亲均无肥胖的，后代近1%出现肥胖；同卵双生子同病率亦极高。另外，胎儿在宫内的生长发育情况也是儿童早期肥胖发生的重要影响因素。近年来，我国巨大儿的发生率呈显著上升趋势，达到7%～8%，沿海较发达地区甚至可达10%及以上。而大量研究均证实，出生体重增加是出生后出现儿童肥胖的重要影响因素之一。出生时高体重的儿童由于已经生成了大量的脂肪细胞，并且这些脂肪细胞一旦形成一般难以消失，因此为儿童早期肥胖奠定了基础，最终极可能发展成儿童期、青春期肥胖症。

2. 环境因素

家庭饮食模式直接影响到儿童肥胖的发生。父母对食物和饮食的态度会成为儿童的学习楷模。父母决定了提供什么样的食物，并示范了自己的运动和饮食习惯和方式，肥胖症儿童的父母不仅带给儿童生物的遗传，也带给儿童不良的示范和习惯。所以，父母错误的认识和喂养行为常常会增加子女肥胖发生的危险性。

研究发现，与正常体重儿童相比，大多数肥胖儿童存在许多不良饮食行为，如食欲旺盛、食量大，尤其喜欢吃甜食、油炸食品等高能量食品，进食速度偏快、暴饮暴食，有吃夜宵和大量零食的习惯。以上这些不良的饮食行为、习惯是导致儿童肥胖的主要原因。在零食选择方面，肥胖儿童明显更喜欢蛋糕和奶茶等高糖、高热量食物。另外，静态生活方式或较少的体育活动也增加了儿童肥胖的危险性。随着社会的进步，日益发达的交通工具给人们的生活带来了方便和快捷，代步工具使得人们步行的机会越来越少，加之儿童学业压力大，户外活动少，使能量消耗减少，过多的能量储存于体内导致能量失衡，从而造成儿童超重、肥胖的情况不断增加。

3. 心理因素

儿童成长期的不良经历（如情绪创伤或父母离异、丧父或者丧母、被虐待、受溺爱等），可诱发其胆小、恐惧、孤独的心理，进而可能造成儿童不合群、不活动，以进食为自娱自乐，这也是导致肥胖症发生的可能性因素。

4. 医学因素

正常人体存在中枢能量平衡调节功能，能控制体重并使其相对稳定，如果个体调解功能失去平衡，而致机体摄入过多，超过需求，就会引起肥胖。另外，某些疾病（如瘫痪、原发性疾病或严重智力落后等）导致活动过少，消耗能量减少，也容易引发肥胖症。儿童一旦形成肥胖，由于行动不便，便更不愿意活动，会使体重增加更快，形成恶性循环。

（三）肥胖症的预防和干预

肥胖症的预防和干预主要可以从以下三个方面着手。

1. 合理饮食

通过适当的营养搭配可以抑制儿童体重的增加，直到其身高和体重符合比例。儿童食欲旺盛，可给予大量蔬菜和水果，逐渐让其习惯减少进食。

2. 改变家庭生活模式

加强对家长营养膳食知识的宣传和教育，改善家庭生活习惯和饮食结构，可以有效降低儿童肥胖症的发生。例如，父母不把高热量的快餐食物带回家；注意自己在孩子面前所吃的东西；向儿童提出运动要求或按规则进食，减少安坐不动的生活模式等。

3. 幼儿园的干预

幼儿园应注意培养儿童健康的身体，帮助儿童降低饮食危险，培养儿童正确的进食态度。同时，幼儿园还应经常性地组织儿童进行体育活动，活动强度以达中等体力活动水平，使儿童感到心跳稍微加快为宜。

三、自闭症

自闭症又称孤独症，是一种以严重孤独、缺乏情感反应、言语发育障碍、刻板重复动作以及对环境奇特的反应为特征的精神疾病。自闭症一般发生于儿童早期，有94%起病于3岁之前，其余的起病于3～5岁，这种疾病会一直延续终身。儿童自闭症无种族、社会、宗教之分，与家庭收入、生活方式、教育程度无关。据欧美各国统计，每一万名儿童中约有2～13例自闭症患者，多见于男孩，男女比例在2.6∶1到5.7∶1之间。目前，我国约有50万左右的自闭症儿童。

（一）自闭症的表现

自闭症的主要症状就是不能与他人交往和不能建立正常的社会关系。儿童沉浸在自己的世界里，无法用语言、表情、动作等跟他人，甚至自己的父母进行沟通、交流。自闭症患者主要症状表现如下。

1. 人际交往障碍

自闭症儿童与他人缺乏交往，即使对父母也毫不依恋，如同陌生人；而与陌生人在一起时，他们也不感到畏缩。自闭症儿童很少有社会性微笑，回避与他人进行眼对眼的凝视。很少与小朋友一起玩耍，常常会说出或做出一些不合社交规则的事情来。

2. 语言能力缺陷

患有自闭症的儿童通常缄默无语，而一些能说话的自闭症儿童说出的往往也是一些模仿语言，像鹦鹉学舌似的模仿他人的语言，或者是无意义的声音的重复。自闭症儿童一般对语言的理解和表达能力低下，无法理解有两个以上情境的句子，不会用手势表示再见。他们缺乏想象力，不能在游戏中扮演角色，不会理解和运用面部表情、动作、姿态及音调等。

3. 不寻常的行为模式

自闭症儿童要么非常敏捷和灵巧，要么活动方式呆板，呈现明显的两极性。他们的动作持续单调，常常重复一些肢体的动作。他们经常会产生自我伤害行为，还表现出明显的强迫性行为。

4. 认知障碍

在自闭症儿童中，约80%的人智商低，特别是语言智商低。自闭症儿童的认知发展是很不平衡的，即在某些方面差，而某些方面正常，甚至远远好于正常儿童。例如，有些自闭症儿童语言、抽象思维能力很差，但可能有高于同龄正常儿童的空间方位能力和记忆力。

5. 感觉障碍和情绪问题

患有自闭症的儿童有时会"聋"，对声音没反应。正常儿童会被声音（如狗叫）惊吓，而自闭症儿童却无动于衷。自闭症儿童对疼痛、冷热也不太明白；他们的表情冷漠，有时又过分敏感，情绪容易激动或暴露，常会没缘由地哭泣或笑。

(二) 自闭症产生的原因

自闭症产生的原因主要有三个：遗传因素、器质性因素、环境因素。

1. 遗传因素

特殊染色体和基因异常的研究以及来自家庭和双生子的研究，都显示出遗传因素会对自闭症病因产生影响。自闭症有遗传的倾向，家族中有同类病患者的儿童的发病率较一般人群高得多。有研究发现，41%自闭症儿童为长Y染色体，他们的父亲和兄弟也发现有长Y染色体，从而揭示自闭症可能与遗传因素有关。

2. 器质性因素

脑损伤，母孕期风疹感染，出生后患过脑膜炎、脑炎等都是造成儿童自闭症的器质性因素。近年来，大多数研究认为，自闭症儿童有表现出大脑右半球优势的迹象，可能是由于脑组织的变态反应所致。此病同时出现情绪、智力和交际的缺陷，也与脑病变有关。

3. 环境因素

早年生活环境中冷淡和过分理智化的抚养方法，缺乏丰富和适当的刺激，没有教以社会行为，是自闭症患者发病的重要因素。有关研究表明，患有自闭症的儿童的父母，多数是一些智力高、带强迫性格及缺乏感情的人。儿童的孤独是与无情感的冷漠的父母长久接触的结果。父母与儿童之间气质上的差异，也可能导致儿童孤独。父母对儿童过分苛求或置之不理，只给予物质满足，没有精神交流，对儿童进行体罚或精神虐待，使儿童的社会性需求受挫等，都会将儿童控制在一个狭小的范围内，将儿童与周围社会完全隔绝开来,于是儿童便生活在一个空虚的孤独世界中了,这些都可能是儿童患自闭症的原因。

(三) 自闭症的干预

对于自闭症儿童来讲,只有早发现、早干预,才能帮助他们缩小与正常儿童的差距,让他们早日融入社会。自闭症的干预方法主要有以下几种。

1. 环境疗法

使自闭症儿童处于一种被尊重、爱护及温馨的环境氛围中,儿童是很可能主动迈出交往的步伐的。例如,鼓励儿童和大人一起做家务,一起玩游戏,分散儿童对一种单调行为的注意程度等。这既有利于沟通感情,又能起到避免孤独的作用。

2. 行为疗法

自闭症儿童通常生活自理能力很差,这将对其未来的生活造成很大影响,因此,相关人员应对其进行这方面能力的训练。方法要尽量符合儿童的接受能力,也可以采用行为疗法来进行。行为疗法主要是通过正强化、负强化及模仿来克服儿童严重的行为缺陷。首先要教给儿童正确的行为模式,如果模仿正确,就对其进行物质和精神上的奖励;如果反应错误或仍然重复某种习惯动作,就给予适当的批评或取消某种奖励,用这样的负强化来帮助其消除不良习惯。在行为疗法训练中,家长要有足够的耐心,不能因孩子一时做不好而感到失望,要相信儿童自己能完成自己的事情,要减少儿童的依赖性和被动性。

3. 交往训练

自闭症儿童的孤独表现主要为社会性交往能力低下,所以家长和幼儿园工作人员要尽量为他们创造与小朋友交往的机会,帮助他们学会正常相处的方式。成人要特别注意保护自闭症儿童免受其他小朋友的嘲笑,要鼓励其他小朋友多帮助和接纳他们,为他们创造良好的交往氛围。

4. 语言训练

自闭症儿童经常处于缄默无语状态,语言障碍十分明显。成人在生活中要有意训练儿童的语言,如自闭症儿童想要什么东西,成人可先出示此物,让儿童用手势明确表示想要的东西,然后说出物品的名称。儿童有可能因为没有及时得到想要的东西而哭闹或大发脾气,成人不能因此而妥协退让,要坚持训练。成人平时要多与儿童交谈,并且教他们朗诵歌谣,训练他们的语言、语调、语速、节奏和记忆力。

第二节 学前儿童心理发展中的常见问题

一、多动症

多动症的全称是儿童注意缺陷多动障碍 (Attention Deficit Hyperactivity Disorder, ADHD),亦称注意力缺陷障碍、运动过度障碍等。这是一种常见的以神经生理为基础的儿童发育障碍,主要以注意力缺损、运动量过度、容易冲动、攻击性和反抗性较强为主要表现特征。这种障碍发生时常伴有品行障碍、对立违抗障碍、情绪障碍及学习障碍，并伴有认知障碍和学习困难。多动症儿童智力大多正常或接近正常。该病症于学前起病，呈慢性发展过程。多动症不仅影响儿童的学校生活和校外生活，而且容易导致儿童持久的学习困难、行为问题和较低的自尊心。此外，多动症儿童也不为其他同龄伙伴接受。如果不能得到及时治疗，有相当一部分儿童的症状或将持续终身。

（一）多动症的主要特征

多动症主要表现为活动过多与注意障碍。以下一些常见症状虽然不能作为诊断依据，但对于初步判断该病症有一定帮助。

1. 活动过度

多动症儿童会呈现出与发育年龄不相称的活动过度的表现。这类儿童在婴幼儿期就表现得不安宁、过分哭闹、活动增多。长大一些后，他们会经常发生与人打斗、不顾危险攀高、爱惹是生非或做各种怪事、不能安静地写作业等情况。

有专家将多动症分为持续性多动症和情境性多动症两大类，前者多见于学校、家庭及其他任何场合，且表现较明显；后者仅在某些特定场合（如学校）出现，是一种较轻型的多动症。

2. 注意力集中困难

注意力涣散，无法较长时间集中于指定目标是多动症儿童的突出特点。正常儿童到6岁时，注意力可集中20～40分钟，而多动症儿童的注意力仅可集中5～10分钟，甚至更短。他们缺乏专注及贯彻到底的能力，很容易因环境的影响而分心。多动症儿童常常表现为玩一会儿某个玩具就要换别的玩具；上课不能集中注意力；做作业也是边做边玩，草率粗心。

3. 冲动性

冲动性是多动症儿童十分突出并且经常出现的症状。多动症儿童常常行动先于思维，遇事易冲动，心血来潮不计后果，全凭冲动行事，如好发脾气、无礼貌、爱滋事、行为冒失、经常破坏游戏规则，在学校、幼儿园等场合突然大喊大叫等。

4. 学习成绩不佳

大多数多动症儿童在智力方面不存在问题，甚至有极少部分多动症儿童还比较聪明。但由于他们注意力不能集中、学习主动性差、情绪易波动、易受到批评和挫折等，约有60%的人会出现学习困难。在幼儿园，这类儿童经常不能服从教师的指令，完成任务较困难。上小学后，这类儿童的考试成绩波动较大，如课后能抓紧复习，尚可赶上学习进度。

5. 神经发育障碍

大多数多动症儿童的神经系统无明显异常，但有可能存在以下问题：运动功能异常，如动作笨拙，精细运动和协调性差——穿衣服、扣纽扣和系鞋带时动作缓慢且容易出错；闭眼站立不稳，走路摇摆不成直线，做体操跟不上节拍或做错等；言语异常，发音存在缺陷；眼球震颤或斜视；脑电图异常等。

6. 情绪和行为问题

多动症儿童情绪不稳，对自己欲望的克制力很薄弱，情绪波动大，易怒、易哭，个性倔强，稍受挫折就发脾气、哭闹。多动症儿童身上还存有各种不良行为倾向，如打架、干扰他人等，部分儿童还伴有各种行为问题，如说谎、偷窃等。因此，多动症儿童在同龄儿童中是不受欢迎的人。

（二）多动症产生的原因

多动症确切的病因至今仍不明确，一般认为是由生物学因素、心理因素及环境因素单独或共同作用所造成的一种综合征。由于原因不同，多动症儿童可能有不同的症状特征，如多动、冲动、注意障碍等，并伴有一些诸如品行问题、情绪问题、学习问题等障碍。

1. 生物学因素

多动症产生的生物学因素具体包括三个：遗传因素、脑部器质性病变、发育迟缓。

（1）遗传因素。

有研究表明，遗传因素是导致多动症发生的重要原因。家族成员中有注意力缺陷多动者，该家庭中的儿童发生同样情况的概率比一般儿童要高。

（2）脑部器质性病变。

容易引起胎儿或儿童发生脑部器质性病变的因素包括：①母亲在妊娠期间吸烟、酗酒、用药不当、受到辐射、营养不良、外伤、疾病、情绪异常等；②因产前、产时、产后缺血和缺氧引起的轻微脑损伤，如难产、早产窒息、颅内出血或宫内发育不良等；③出生后有脑外伤、高热惊厥、脑炎、脑膜炎、癫痫、一氧化碳中毒等情况。有学者认为，脑部器质性病变可能与脑内神经递质代谢异常有关。

（3）发育迟缓。

多动症儿童的外部特征多为个儿小、瘦弱、精干、精力旺盛、面黄肌瘦。有些多动症儿童明显存在知觉问题、学习基本技能问题等，显得比同龄儿童更幼稚、不成熟，甚至落后，三分之二的多动症儿童在青春期后多动迹象明显改善。所以，此病估计与个体发育迟缓有关，低龄儿童与大龄儿童相比，活动频率要更高些，成熟水平低的儿童比普通儿童更具多动倾向。

2. 心理因素

研究发现，一些多动症患者与其早期心理所受的创伤有关，早期缺乏关爱的儿童更易患多动症。这可能是由于早期失去他人关爱的儿童没能形成良好的认知和情绪控制能力，不能有效控制自己的不良行为表现所致。

多动症儿童经常表现出多种神经心理的缺陷，多数缺陷与大脑的执行功能有关。另外，儿童中的多动症患者不愿延迟满足自己的需要，他们更容易选择能马上获得较小奖励的即时满足，而放弃可以得到较大奖励但需要时间等待的延迟满足。

3. 环境因素

多动症产生的环境因素主要有两个：胎内环境、家庭及幼儿园环境。

（1）胎内环境。

多动症的发生率受母亲怀孕时期的营养不良、吸烟、压力、长时间劳动、感染、患妊娠毒血症等因素影响。这些因素可能使胎儿大脑受损伤、增加儿童患多动症的概率。

(2) 家庭及幼儿园环境。

社会系统理论指出，儿童问题行为的发生受儿童生活环境的影响。其中，家庭和幼儿园是影响儿童身心发展的重要微观环境。家长的心理问题、父母关系紧张、婴儿期教育过于严格、父母缺乏教育技巧等都与儿童多动症的发病有关。儿童同伴关系不良、师生关系紧张也是诱发多动症的危险因素。此外，儿童经常在学校进餐、睡眠不足也是引起儿童多动症的重要原因。

（三）多动症的干预方法

多动症的干预方法主要有以下几种。

1. 药物干预

药物干预在改善多动症儿童注意力缺陷、降低活动水平和冲动行为、提高学习成绩及改善人际关系方面有较好的疗效，是多动症干预的主要方法。药物干预可以控制病症，有效地改善各种问题行为，为心理干预和教育训练收到明显效果创造条件。但药物本身或多或少会有一定的副作用，所以一般情况下，不满4周岁，而且患有心血管疾病、精神障碍、焦虑症等病症的儿童不适合使用药物干预。

2. 心理行为干预

学前多动症儿童由于年龄小，一般不鼓励更多地使用药物干预。学前阶段儿童的许多心理社会问题没有出现或已经出现但尚不严重，因此，对学前多动症儿童实施心理行为干预的效果一般优于学龄儿童和青少年。

对多动症儿童进行心理行为干预实际上就是对儿童本人及环境支持系统进行全面的干预，从而使多动症儿童的症状得到缓解。干预的方法主要有认知行为干预、行为干预和技能训练等。具体干预形式包括家庭干预、个别辅导、团队训练等。具体干预技术包括问题解决训练、移情训练、自信心培养、社交技能训练、父母训练等。

3. 家庭支持

药物干预和心理行为干预的背后都必须要有多动症儿童家庭的有力支持，多动症儿童家长的心理状态将直接影响儿童的康复质量。在对多动症儿童进行干预的同时，家长也要进行相关培训，以便给患病儿童提供更具体的支持措施，避免使用那些让儿童问题行为加重的不正确的教养方式和教养行为。首先，家长要了解多动症的知识；其次，家长要使用行为矫正的方法，多鼓励、少批评，通过奖励和惩罚手段来达到特定目标；再次，家长要每天花一点时间与孩子一起进行亲子活动，发现其爱好和特长，在活动中让孩子体验更多的成功和快乐；最后，家长要学会降低期待，控制情绪，对孩子的任何表现不要有太多过激反应，应尽量平静对待。

二、分离焦虑

分离焦虑是儿童因与亲人分离而引起的焦虑、不安或不愉快的情绪反应，又称离别焦虑。儿童在离开母亲，遇到陌生人和陌生环境的情况下，往往会产生惊恐、躲避反应，这时会出现痛苦、愤怒的情绪，以及求助、反抗、警惕、谨慎等行为。分离焦虑在婴儿5~6个月时产生，随着母婴依恋的建立而同时发生。最初，这种焦虑的出现是具有特殊意义的，儿童如缺乏分离焦虑，表明其存在非安全性依恋。分离焦虑促使儿童去寻找他所亲近的人，或者发出信号，呼唤妈妈的出现。这是儿童寻求安全的一种有效的方法。

婴幼儿处于分离焦虑情绪下时，其身心都会受到影响，可能会睡眠不好，易受惊扰，食欲不良，甚至出现行为问题。如果这种状态过重、时间过长，就会影响儿童的智力、个性和社会适应性的发展。国外学者进行的大量分离焦虑的研究证实了分离焦虑对儿童社会适应能力也有影响。若分离焦虑带来的压力不能得到及时、恰当的处理，则儿童将出现无法融入团体情境，对照顾者之外的其他人缺乏适当反应，甚至会出现亲社会行为缺乏等状况。

（一）分离焦虑的发展过程

英国心理学家、精神分析学家鲍尔比通过观察把儿童的分离焦虑分为以下三个阶段。

1. 第一阶段：反抗阶段

这个阶段的儿童常常出现啼哭、悲伤、又踢又闹、呼唤妈妈、拒绝陌生人以及痛苦地求助、愤怒地抗议等情况。

2. 第二阶段：失望阶段

这个阶段的儿童在无人理睬、无法摆脱陌生环境、无从改善困境的情况下，渴求母亲的急切愿望受到打击，希望破灭，在悲戚中尝受失望，便减少啼哭，不理睪他人，表情迟钝，出现情感冷漠的状况。

3. 第三阶段：超脱阶段

这个阶段的儿童在无能为力、无可奈何之下，开始寻求可亲近的陌生人的帮助，表现出似乎超脱分离焦虑困扰的状态，企图去适应新的环境，但看见母亲时又会出现悲伤。

（二）分离焦虑产生的原因

分离焦虑的产生主要与以下五个方面有关。

1. 与认知能力的发展有关

认知能力包括提取记忆的能力、比较过去和现在的能力、预期可能在最近发生的事件的能力。6个月之前的婴儿还没能产生这三个方面的能力，因此不会有分离焦虑。6个月以后的婴儿记忆能力有所提高，比较过去母亲在场和现在情景差异的能力也有所提高，但往往不能预料未来事件，容易产生焦虑、苦恼并哭叫。

2. 与应对情境的能力有关

儿童面对不同寻常的情境，如果没有好的应对办法，会不知如何做出积极、有控制性的反应。当儿童感觉自己无力减轻压力或改变环境时，压力便更大，紧张、惊恐、痛苦、焦虑由此产生。

3. 与分离时的即时情境有关

当母亲离开时，婴儿处于一个陌生的环境，或与一个陌生人在一起，则更容易产生焦虑。

4. 与父母的教养方式和养育行为有关

大量研究表明，养育行为在儿童焦虑及持续性上有很大的影响。父母养育方式不当（如父母侵扰、过度控制等）会导致儿童产生分离焦虑。分离焦虑又会提高儿童的依赖行为。

5. 与亲子依恋关系有关

不安全型依恋与儿童分离焦虑密切相关，早期安全型依恋会显著降低儿童的焦虑水平，也有助于减少儿童学习的情绪障碍，提高儿童的学习能力。与此相反，不安全型依恋的儿童更容易出现分离焦虑和抑郁症状。

除以上原因外，一些学者还提出分离焦虑可能与遗传因素、儿童的气质类型、母亲的焦虑水平等有一定关系。

（三）分离焦虑的预防和干预

预防分离焦虑，主要可以从以下三个方面着手。

1. 分离焦虑的预防。

(1) 提供爱和支持。

养护者应从以下几个方面为儿童提供爱和支持：①帮助儿童处理矛盾；②尽量避免用不给予爱的方式作为惩罚儿童的手段；③在儿童维护自己正当的独立性时，应予以鼓励和支持；④帮助儿童处理愿望与规则间的冲突。

(2) 满足儿童安全感的需要、爱的需要和自尊心的需要。

养护者应让儿童做一些使其感到安全的事情，不仅要考虑身体上的安全，还要使儿童感到他的行动受到了成人的支持。当儿童在行动中受到挫折或找同伴被轻视的，成人要给予更多的支持，及时帮助他们消除顾虑。

(3) 鼓励独立性和创造性，回避可能导致怀疑、羞耻或内疚的反应。

当儿童希望自己独立做某件事时，成人要有耐心，不要随便给予帮助或代办，除非儿童自己提出请求或确实没有这方面的能力。当儿童表现出创造性时，成人要给予极大的鼓励。

2. 分离焦虑的干预

分离焦虑的干预方法主要有以下几种。

(1) 行为干预。

行为干预是指运用行为疗法干预分离焦虑，把干预的重点放在孩子的外显行为上，并不考虑焦虑产生的内在原因及情绪冲突。研究者以条件反射的基本原理为理论依据，发现运用系统脱敏、强化、情绪意象、应激管理等技术可以对儿童进行各种形式的行为矫正。

(2) 认知行为干预。

认知行为干预分离焦虑的重点，在于教给儿童几种主要的技能，即教儿童认识到分离时的焦虑情绪，并识别他们自身对焦虑的反应，使他们能够识别出在分离情境下的消极想法，并鼓励他们运用一些应对策略来减少或消除症状。此外，认知行为干预还应教会儿童评估他们所使用的成功应对策略。家长参与的认知行为干预过程，可加强儿童应对策略的学习，有利于增强干预效果。

(3) 精神分析的家庭干预。

精神分析的家庭干预是指通过采取培训的方式教给家长一些教养策略，使家长学会调整不良亲子互动的方法，促进家长更好地理解和处理儿童的分离焦虑。培训的重点在于通过建立良好的亲子关系来增强儿童情绪的安全性，从而减少儿童的焦虑。

三、口吃

口吃俗称结巴，是指讲话过程中出现阻塞、重复、不流畅等使语流中断的问题，是一种语言障碍。儿童真正患口吃的只有1%～4%，其中有一半以上的人不经治疗就可以痊愈，口吃延续到青春期或成年期的只有1%。儿童9岁以后很少发生口吃，男孩患口吃比女孩多4倍左右。严重口吃会影响儿童的语言发展，并可引起儿童出现继发性心理障碍，妨碍儿童的正常学习、生活和人际交流。因此，对口吃儿童进行及时的干预可以避免口吃带给儿童的一系列问题。

（一）口吃的表现和发生期

1. 口吃的表现

口吃的表现包括：说话时缓慢迟疑、不时地重复字或词、发音拖长或语言阻塞，明显不同于正常的说话节奏，有特殊的断续性；说话时常常面红耳赤、张目结舌或出现伸颈昂头、挤眼、摇头、握拳等姿势，等讲出想要说的话而放松下来之后，紧张口吃表现就会有所好转。

口吃的儿童在唱歌、朗读、自言自语时表现较为正常；而当情绪激动、紧张、害怕、着急时，其口吃表现加剧。

2. 口吃的发生期

纽约城市大学布鲁克林学院语言和听觉中心的研究者认为：①口吃发生的早期阶段仅仅在句子的首音上出现重复；②幼儿的口吃很少发生在单词句（由一个单词组成的句子）上；③口吃最早发生在第18个月，即语法开始发展的时候；④口吃发生最频繁的时期在2～5岁，与儿童获得句法的阶段重合；⑤自我康复最多发生在儿童已经熟练掌握句法的阶段；⑥发生口吃的幼儿通常具有其他言语缺陷。

伦敦大学人类沟通中心的研究者总结了过去对口吃儿童研究的成果，认为可以将口吃儿童区分为8-（不到8岁）和12+（超过12岁）两个阶段，儿童在12岁以后，口吃不再存在自我康复的可能性。8岁之前，口吃儿童主要出现一个或者多个整词的重复，发生口吃的词可能仅仅是对即将到来的复杂词的一个预期。

（二）口吃产生的原因

口吃产生的原因主要分为两类：一类是生理因素，另一类是心理因素。研究者们普遍认为，口吃主要是由心理因素造成的。

1. 生理因素

造成口吃的生理因素主要有两个：遗传和疾病。

（1）遗传。

双生子和谱系研究发现口吃具有一定遗传性。双生子研究发现同卵双生子都发生口吃的概率要大于异卵双生子。谱系研究也发现，口吃患者的直系亲属中发生口吃的概率远远大于口吃在人群中的流行率；父母都是口吃者，孩子有60%可能出现口吃。

这些研究都说明口吃具有遗传性。

（2）疾病。

儿童患了百日咳、流感、麻疹、猩红热或大脑外伤以后，大脑功能受损，容易产生口吃。有先天性神经质的儿童在比较衰弱或特别兴奋的时候也容易发生口吃。

2. 心理因素

造成口吃的心理因素主要有三个：有缺陷的学习、精神过度紧张、强行改变左利手习惯。

（1）有缺陷的学习。

儿童有爱模仿的习惯，缺乏必要的辨别能力，当父母和周围的熟人说话口吃时，儿童就会有意或无意地模仿。在此基础上，又由于得到了显而易见的或非常复杂微妙的反复强化，结果形成了巩固的口吃习惯。

（2）精神过度紧张。

如果儿童受到惊吓、严厉的训斥、强烈的精神打击，或者环境发生变化，都会引起或加重儿童口吃。一些儿童表现出学着玩的、未定型的口吃表现，相当多的父母选择使用打骂训斥的方法处理，使儿童在说话时形成一种焦虑紧张的特殊情感气氛，实际上对口吃起到了强化的作用。一旦形成口吃，精神紧张是一种最容易和最经常诱发口吃的因素。

（3）强行改变左利手习惯。

人的左手由右脑控制，右手由左脑控制，左利手的人被强行改为使用右手时，大脑两半球对语言的管制会出现矛盾与混乱，会因语言中枢受到干扰而出现口吃。

（三）口吃的干预方法

在儿童发展中为避免口吃的发生，父母和教师要做到以下几点：对儿童的语言学习和说话的指导不能急躁、指责和矫正过多；避免语言环境多变，帮助儿童养成良好的说话习惯；不要让儿童去模仿口吃患者说话；儿童偶尔说话有些迟疑困难，不必大惊小怪、过分注意，避免儿童形成说话压力；儿童一旦出现口吃的情况，要尽早、及时干预。对儿童口吃的干预策略主要包括以下几种。

1. 支持性心理治疗

良好的语言习惯是从儿童开始学说话的时候培养起来的，这才能防患于未然。对于已经表现出口吃的儿童，家长和教师一定不要嘲笑、责怪儿童，而要让儿童相信自己的发音器官是正常的，完全有可能像其他人一样准确发音，从而减轻口吃给儿童带来的苦恼和急躁情绪；同时，要消除儿童的紧张因素，教会他们在急于表达之前做深呼吸。

2. 语言训练

语言训练要有一定的顺序。首先，要从简单的发音开始，发音不要过猛，第一个音要柔和，呼吸应该均匀；其次，要训练口吃儿童轻而慢、柔和而连贯地说话；最后，可以通过让口吃儿童进行朗读练习来培养他们说话的流畅性。

3. 心理训练

口吃儿童越是在紧张的情绪状态下口吃就表现得越严重，因此要训练他们在发言之前做好心理准备，开始时要多与熟人说话，逐渐再过渡到在陌生人面前讲话和发言。

除此之外，还要针对口吃儿童说话时的紧张动作进行矫正。

对口吃儿童进行干预的主要是父母和教师。他们对儿童的口吃问题是关注的，但是由于缺乏科学的知识，惯用训斥、讥笑，甚至要求儿童重说等不科学的处理方法，导致儿童一般都说不下去，表达欲望也没有了，不利于口吃的消除。所以，父母和教师不要为儿童的口吃表现出焦虑、紧张，不要管教过严、要求过高；也不要用惩罚的方法；只有以良好的心理状态对口吃儿童施加干预，才能收到良好的干预效果。

历年真题

【10.1】自闭症儿童的典型特点不包括（　　）。
A. 言语发展迟缓　　B. 对人缺乏兴趣　　C. 胆小怕生　　D. 重复性的刻板行为

【10.2】材料题
开学不久，小班王老师就发现李虎小朋友经常说脏话。虽然老师多次批评，但他还是经常说，甚至影响其他孩子也说脏话。

问题：
（1）请分析李虎及其他幼儿说脏话的可能原因。
（2）王老师可以采取哪些有效的干预措施？

本章小结

本章对学前儿童发展中的几种常见问题进行了梳理，主要阐述了儿童发展中的身体和心理的常见问题，对学前儿童发育迟缓、肥胖症、自闭症、多动症、分离焦虑、口吃的主要概念、表现、产生原因及干预策略进行了详细阐述，目的是帮助学生对学前儿童的主要身心问题有基本认知，能对这些问题做初步的甄别，并掌握基本的干预方法。结合国家教师资格考试的内容，本章的重点在于了解幼儿身体发育和心理发育过程中容易出现的问题或障碍，如发育迟缓、肥胖、自闭倾向等，并根据具体案例进行分析。

本章要点回顾

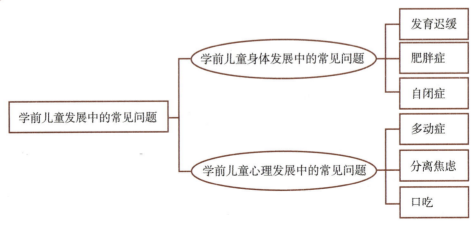